トポロジー

田村一郎著

岩波全書 276

まえがき

図形に関する数学としての幾何学の起原は古い．しかし幾何学が近代的性格を備えるようになったのはデカルトの解析幾何学以後である．17世紀から19世紀にかけて解析的方法および代数的方法が幾何学の主要な手段であったが，19世紀末にいたってポアンカレによって導入されたトポロジー(位相幾何学)は幾何学に全く新しい分野を切り開いたのである．

トポロジーのその後の発展は目ざましく，現在ではその影響するところは幾何学だけにとどまらず数学全般におよんで，現代数学の中心的存在にまで成長してきた．トポロジーでは図形の連続性に関する性質すなわち位相的性質が数量によって鮮かにとらえられるのであるが，その幾何的なものから代数的なものへの転換に，現代数学の性格を端的に見ることができよう．

この本は数学に興味をもつ多くの人々のためのトポロジーの入門書である．出来るだけ内容を直観的に理解しうるように，定義や定理の幾何学的意味を例や図によって示すようにした．また，高等学校程度の数学の知識があれば十分読みこなせるように，集合に関する記号，同値類，同位相，群などこの本で使われる用語や概念については十分丁寧に説明したつもりである．

幾何的なものから代数的なものへの転換の仲介をするのは

複体(第2章)であって，‘図式’

(位相的図形) ⇐ (複体) ⇒ (ホモロジー)

が示すように，複体が一方では位相的図形(第1章)に組合せ的構造を与え，他方では純粋に代数的操作によってホモロジー(第3章)を定義する．この図式の内容を示すのがホモロジーの不変性(第4章)であって，第1章から第4章までがこの本の基礎的部分である．

第5章から第7章まではそれぞれ独立していて，基礎的部分を終えた読者はそのうちから任意の章を選んで読むことができよう．後半の各章に共通な主題は多様体である．

現代数学を正確に記述するにはどうしても抽象化された概念が必要であるが，往々にしてそれにふりまわされて概念の平板な羅列になりがちである．この本では形式化を極力避けて，位相不変性の追求を軸として幾何学的考察を積重ねることによって，トポロジーがどのようにして構成されるかを明確にすることにつとめた．

校正刷を閲読して多くの注意を寄せられた東京大学理学部数学教室の松本幸夫氏，森田茂之氏と，出版に当って大変お世話になった岩波書店の荒井秀男氏に感謝の意を表したい．

1972年 春

日本数学会トポロジー分科会の誕生を記念して

著　　者

目　　次

第1章　位相的図形

トポロジー(位相幾何学)は一つの幾何学である．したがって，幾何学が図形を対象とする数学であるという意味で，トポロジーの対象を‘図形’と呼んでよいであろう．しかしその‘図形’は，われわれが図形という言葉からすぐ思いうかべるあのユークリッド幾何の図形と同じではない．ユークリッド幾何の図形と区別するために，トポロジーが対象とする図形を**位相的図形**とよぶことにしよう．

位相的図形がどのようなものかを明確にしておくことは，トポロジーを理解するためにぜひ必要なことであろう．そのためには，すでに直観的にわれわれのものとなっているユークリッド幾何の図形から出発して，位相的図形をそれと対比させてみるのが近道である．このようにして位相的図形はこの章で初めユークリッド空間の図形から定義される．しかしその基本的性質である連続性をつきつめていくと，位相的図形はもっと一般に位相空間として定義されるのが自然であり，より便利であることがわかってくる．

§1　集合と写像

これから話をすすめるのに必要な言葉と記号をこの節で述べておく．

‘もの’の集まりであって，その集まりに属するための条件がはっきり決められているとき，その集まりを**集合**という．

たとえば，実数全体の集まりは集合である．この集合を $\boldsymbol{R}$ と書くことにする．また，整数全体の集まりも集合であり，これを $\boldsymbol{Z}$ と書くことにする．

集合をつくる個々の‘もの’を，その集合の**元**(または**要素**)という．たとえば，0.5 や円周率 π は $\boldsymbol{R}$ の元である．しかし，0.5 や π は $\boldsymbol{Z}$ の元ではない．

x が集合 A の元であることを，x が A に**属する**ともいい，

$$x \in A \quad \text{または} \quad A \ni x$$

と書く．たとえば，$3 \in \boldsymbol{Z}$, $\boldsymbol{Z} \ni 10$ である．x, y がともに A の元であることを，$x, y \in A$ などと書く．また，x が A の元でないことを，$x \notin A$ または $A \not\ni x$ と書く．

$x, y, z, u, v, \cdots$ を元とする集合を

$$\{x, y, z, u, v, \cdots\}$$

と書き，この集合を $x, y, z, u, v, \cdots$ **からなる集合**などともいう．有限個の元からなる集合を**有限集合**という．

属する元が全くない‘集まり’も一つの集合と考えて**空集合**といい，ϕ で表わす．

二つの集合 A, B があって，$x \in A$ ならばつねに $x \in B$ のとき，すなわち A の各元はつねに B に属するとき，A は B の**部分集合**であるといい，

$$A \subset B \quad \text{または} \quad B \supset A$$

と書く．たとえば，$0 \leqq x \leqq 1$ を満たす実数 x 全体の集合を $\boldsymbol{I}$ と書くと，$\boldsymbol{I}$ は閉区間 $[0, 1]$ であって，$\boldsymbol{I} \subset \boldsymbol{R}$ である．部分集合の定義から，A 自身も A の部分集合である．また，任意の集合 A に対して $\phi \subset A$ であるとする．

$A \supset B$, $A \subset B$ が同時に成り立つとき，すなわち A と B と

が全く同じ元からなる集合であるとき,

$$A = B$$

と書く. これは同じ元からなる集合は同じ集合と見做すということである.

x が或る性質 P をもつことを $P(x)$ と書くとき, $P(x)$ であるようなすべての x の集合を

$$\{x;\ P(x)\}$$

で書き表わす. たとえば,

$$\boldsymbol{I} = \{x;\ x \in \boldsymbol{R},\ 0 \leqq x \leqq 1\}.$$

集合 A, B に対して, A, B の元を合せてできる集合を A, B の**和集合**といい, $A \cup B$ と書く. すなわち

$$A \cup B = \{x;\ x \in A \text{ または } x \in B\}.$$

同様に, 集合 $A_1, A_2, \cdots, A_n$ に対して, それらの元を合せてできる集合 $\{x;$ 或る i に対して $x \in A_i\}$ を

$$A_1 \cup A_2 \cup \cdots \cup A_n \quad \text{または} \quad \bigcup_{i=1}^{n} A_i$$

と書き, $A_1, A_2, \cdots, A_n$ の**和集合**という.

集合 A, B に共通な元全体の集合を A, B の**共通集合**といい, $A \cap B$ と書く. すなわち

$$A \cap B = \{x;\ x \in A,\ x \in B\}.$$

同様に, 集合 $A_1, A_2, \cdots, A_n$ に対して, それらに共通な元全体の集合 $\{x;$ すべての i に対して $x \in A_i\}$ を

$$A_1 \cap A_2 \cap \cdots \cap A_n \quad \text{または} \quad \bigcap_{i=1}^{n} A_i$$

と書き, $A_1, A_2, \cdots, A_n$ の**共通集合**という.

Λ を集合とし, Λ の各元 $\lambda \in \Lambda$ に対して一つの集合 A_λ が定まっているとする. このとき集合 $\{x;$ ある $\lambda \in \Lambda$ に対して $x \in A_\lambda\}$ を

$$\bigcup_{\lambda \in \Lambda} A_\lambda$$

と書き $A_\lambda (\lambda \in \Lambda)$ の**和集合**といい，集合 $\{x;$ すべての $\lambda \in \Lambda$ に対して $x \in A_\lambda\}$ を

$$\bigcap_{\lambda \in \Lambda} A_\lambda$$

と書き $A_\lambda (\lambda \in \Lambda)$ の**共通集合**という．

集合 A, B に対して，A の元ではあるが B の元ではないもの全体の集合を A と B の**差集合**といい，$A-B$ と書く．すなわち

$$A-B=\{x;\ x \in A \text{ であって } x \in B \text{ ではない}\}.$$

たとえば，$\boldsymbol{I}-\boldsymbol{Z}=\{x;\ x \in \boldsymbol{R},\ 0<x<1\}$．

A の元 x と B の元 y との対 (x, y) 全体の集合を A と B との**積集合**といい，$A \times B$ と書く．すなわち

$$A \times B=\{(x, y);\ x \in A,\ y \in B\}.$$

集合 A, B があって，A の一つ一つの元に対しそれぞれ B の元を一つずつ対応させる或る規則 f が定められているとき，この f を A から B への**写像**(または**関数**)といい，

$$f: A \to B$$

と書く．たとえば，$x \in \boldsymbol{R}$ に対して f を $f(x)=x^3+1$ とすれば，f は $\boldsymbol{R}$ から $\boldsymbol{R}$ への写像 $f: \boldsymbol{R} \to \boldsymbol{R}$ である．

写像 $f: A \to B$ において，A の元 a に B の元 b が対応するとき，b を(f による) a の**像**といい，

$$f(a)=b$$

と書く．

A の任意の元 a に同じ a を対応させる規則を 1_A とするとき，写像

$$1_A: A \to A,\ 1_A(a)=a$$

を A から A への**恒等写像**という．

$f: A \to B$ を写像，A' を A の部分集合とするとき，$a' \in A'$ によって $f(a')$ の形で表わされる B の元全体 $\{b;\ b=f(a'),\ a' \in A\}$ を $f(A')$ と書き，(f による) A' の**像**という．とくに $f(A)=\{b;\ b=f(a),\ a \in A\}$ を $\mathrm{Im}\, f$ と書くこともある．

写像 $f: A \to B$ が，

$$f(A) = B$$

であるとき，f を A から B の**上への写像**，または A から B への**全射**という．たとえば，上述の $f(x)=x^3+1$ は $\boldsymbol{R}$ から $\boldsymbol{R}$ への全射である．しかし，$g(x)=x^2+1$ とすれば $g: \boldsymbol{R} \to \boldsymbol{R}$ は全射ではない．

写像 $f: A \to B$ が，A の異なる二つの元につねに B の異なる二つの元を対応させているとき，いいかえれば

$$a, a' \in A,\ \ a \neq a' \quad \text{ならば} \quad f(a) \neq f(a')$$

であるとき，f を A から B への**1対1の写像**，または**単射**という．たとえば，$f: \boldsymbol{R} \to \boldsymbol{R}$，$(f(x)=x^3+1)$ は単射であるが，$g: \boldsymbol{R} \to \boldsymbol{R}$，$(g(x)=x^2+1)$ は単射ではない．

いま，A が集合 B の部分集合であるとき，A の元 a に B の元と見た a を対応させると単射 $A \to B$ がえられる．これを (B の部分集合 A から集合 B への)**自然な単射**という．

全射であり，同時に単射である写像を**全単射**という．たとえば，$f: \boldsymbol{R} \to \boldsymbol{R}$，$(f(x)=x^3+1)$ は全単射である．

例 1.1 A, B, C を集合とするとき，$(A\times B)\times C$ と $A\times(B\times C)$ との間には，$a \in A,\ b \in B,\ c \in C$ として，$((a, b), c)$ に $(a, (b, c))$ を対応させることによって自然な全単射が存在する．この全単射によって $(A\times B)\times C$ と $A\times(B\times C)$ とを同

一視して，それを

$$A \times B \times C$$

と書き，A, B, C の**積集合**という．$A \times B \times C = \{(a, b, c);\ a \in A, b \in B, c \in C\}$ である．同様に集合 $A_1, A_2, \cdots, A_n$ に対して集合

$$A_1 \times A_2 \times \cdots \times A_n$$
$$= \{(a_1, a_2, \cdots, a_n);\ a_1 \in A_1,\ a_2 \in A_2,\ \cdots,\ a_n \in A_n\}$$

が定まる．これを $A_1, A_2, \cdots, A_n$ の**積集合**という．❙

写像 $f : A \to B$ が全単射であるとき，B の元 b に対して，$f(a) = b$ となる $a \in A$ が唯一つ存在するから，b に a を対応させると，B から A への写像がえられる．これを

$$f^{-1} : B \to A$$

と書き，f の**逆写像**という．f^{-1} は B から A への全単射である．

$f : A \to B$ を写像，A' を A の部分集合とするとき，A' の元 a' に $f(a') \in B$ を対応させれば，A' から B への写像がえられる．これを

$$f|A' : A' \to B$$

と書き，写像 f の A' への**制限**という．

$f : A \to B$ を写像，B' を B の部分集合とするとき，A の部分集合

$$\{a;\ a \in A,\ f(a) \in B'\}$$

を $f^{-1}(B')$ と書き，(f による) B' の**逆像**という．

例 1.2 $f : A \to B$ を写像，B_1, B_2 を B の部分集合とするとき，

$$f^{-1}(B_1 \cup B_2) = f^{-1}(B_1) \cup f^{-1}(B_2),$$
$$f^{-1}(B_1 \cap B_2) = f^{-1}(B_1) \cap f^{-1}(B_2)$$

が成り立つ．なぜなら，$B_1 \subset B_1 \cup B_2$，$B_2 \subset B_1 \cup B_2$ から，$f^{-1}(B_1) \subset f^{-1}(B_1 \cup B_2)$，$f^{-1}(B_2) \subset f^{-1}(B_1 \cup B_2)$ で，

$$f^{-1}(B_1) \cup f^{-1}(B_2) \subset f^{-1}(B_1 \cup B_2)$$

が成り立つし，$f^{-1}(B_1 \cup B_2) \ni a$ とすると $f(a) \in B_1 \cup B_2$ だから $f(a) \in B_1$ あるいは $f(a) \in B_2$ で，$a \in f^{-1}(B_1) \cup f^{-1}(B_2)$ となり，

$$f^{-1}(B_1 \cup B_2) \subset f^{-1}(B_1) \cup f^{-1}(B_2)$$

が成り立つから，$f^{-1}(B_1 \cup B_2) = f^{-1}(B_1) \cup f^{-1}(B_2)$ である．$f^{-1}(B_1 \cap B_2) = f^{-1}(B_1) \cap f^{-1}(B_2)$ も同様に証明できる．また，一般に $B_\lambda\ (\lambda \in \Lambda)$ を B の部分集合とするとき，

$$f^{-1}\Bigl(\bigcup_{\lambda \in \Lambda} B_\lambda\Bigr) = \bigcup_{\lambda \in \Lambda} f^{-1}(B_\lambda), \qquad f^{-1}\Bigl(\bigcap_{\lambda \in \Lambda} B_\lambda\Bigr) = \bigcap_{\lambda \in \Lambda} f^{-1}(B_\lambda)$$

が同様に成り立つ．∎

集合 A, B, C の間に，写像 $f: A \to B$，$g: B \to C$ が与えられているとする．A の元 a に B の元 $f(a)$ が対応し，$f(a)$ に C の元 $g(f(a))$ が対応するから，a に $g(f(a))$ を対応させると，A から C への写像がえられる．この写像を gf と書き，f と g との**合成**という．すなわち

$$gf: A \to C, \quad gf(a) = g(f(a))$$

である．

ここで同値関係と同値類について述べておこう．集合 X の元の間に或る関係 $\sim$ が定義されて，X の任意の元 a, b, c に対して，次の三つの条件

（i）　$a \sim a$,　　　　　　　　　　　（反射律）

（ii）　$a \sim b$　ならば　$b \sim a$,　　　（対称律）

（iii）　$a \sim b$, $b \sim c$　ならば　$a \sim c$　　（推移律）

が満たされているとき，関係 $\sim$ を**同値関係**という．

例 1.3 X として整数全体の集合 $\boldsymbol{Z}$ を考え，$a, b \in \boldsymbol{Z}$ に対して，$a \sim b$ とは $a-b$ が 5 で割りきれることと定めると，この関係 $\sim$ は上記の条件(i), (ii), (iii)を満たすから，同値関係である．▎

集合 X に，同値関係 $\sim$ が与えられているとする．a を X の元とするとき，a と同値な X の元すべてからなる集合 $\{x; x \in X, a \sim x\}$ を a の定める**同値類**といい，$[a]$ と書く．また，a を同値類 $[a]$ の**代表元**という．

いま，$c \in [a]$ とすると，$[a]$ に属する任意の元 x に対して $a \sim x$, $a \sim c$ であるから，条件(ii), (iii)から $c \sim x$ となり，$[c] \supset [a]$ が成り立つ．全く同様に $[c] \subset [a]$ が成り立つから，$[c]=[a]$ である．よって，$[a]$ の任意の元は $[a]$ の代表元となりうる．

二つの同値類 $[a]$, $[b]$ が或る元 c を共有すれば，上述のことから $[a]=[c]$, $[b]=[c]$ だから $[a]=[b]$ である．したがって，二つの同値類は一致するか全く共通の元をもたないかのいずれかである．

X の各元について同値類をつくれば，X はこれらの同値類に分割される．これを(同値関係 $\sim$ による) X の**類別**という．

例 1.4 例 1.3 の同値関係では，$\boldsymbol{Z}$ は同値類 $[0]$, $[1]$, $[2]$, $[3]$, $[4]$ に類別される．ここで，$[a]$ は $a+5m$ $(m \in \boldsymbol{Z})$ の形の整数全体の集合である $(a=0, 1, 2, 3, 4)$．▎

同値類を元とする集合を同値関係 $\sim$ による**商集合**といい，$X/\sim$ と書く．$[a], [b]$ などが $X/\sim$ の元である．X の元 x に対して $X/\sim$ の元 $[x]$ を対応させる写像を

$$\boldsymbol{p} : X \to X/\sim$$

と書き，**射影**という．$\boldsymbol{p}(x)=[x]$ である．射影は定義から明らかなように全射である．

例 1.5　例1.3の同値関係による商集合は $\boldsymbol{Z}/\sim=\{[0],[1],[2],[3],[4]\}$ である．この場合，射影 $\boldsymbol{p}: \boldsymbol{Z}\to\boldsymbol{Z}/\sim$ は $\boldsymbol{p}(a)=\{a+5m;\ m\in\boldsymbol{Z}\}$ である．▌

§2　ユークリッド空間とユークリッド幾何

いま，$x^{(i)}\,(i=1,2,\cdots,n)$ を実数とし，実数を n 個ならべたもの

$$(x^{(1)}, x^{(2)}, \cdots, x^{(n)})$$

を考え，このような形のもの全体の集合を $\boldsymbol{R}^n$ と書く．すなわち

$$\boldsymbol{R}^n=\{x;\ x=(x^{(1)}, x^{(2)}, \cdots, x^{(n)}),\ \ x^{(i)}\in\boldsymbol{R},\ \ i=1,2,\cdots,n\}.$$

$\boldsymbol{R}^n$ の元 $(x^{(1)}, x^{(2)}, \cdots, x^{(n)})$ をとくに**点**といい，$x^{(i)}$ をその点の i **成分**という．

$\boldsymbol{R}^n$ の2点 $x=(x^{(1)}, x^{(2)}, \cdots, x^{(n)}),\ y=(y^{(1)}, y^{(2)}, \cdots, y^{(n)})$ に対して負でない実数 $\rho(x,y)$ を

$$\rho(x,y)=\sqrt{(x^{(1)}-y^{(1)})^2+(x^{(2)}-y^{(2)})^2+\cdots+(x^{(n)}-y^{(n)})^2}$$

で定義し，これを x と y との間の**距離**といい，このように定義された距離 ρ をもつ $\boldsymbol{R}^n$ を $\boldsymbol{n}$ **次元ユークリッド空間**という．

とくに $n=1$ の場合は，$\boldsymbol{R}^1=\boldsymbol{R}$ で，距離は $\rho(x,y)=|x-y|$ である．また $n=2$ の場合は，$\boldsymbol{R}^2$ は直交座標系により点を指定した例のユークリッド平面である．

いま，$q\leqq n$ とするとき，$\boldsymbol{R}^n$ の部分集合 $A^q=\{(x^{(1)}, x^{(2)}, \cdots, x^{(q)}, 0, 0, \cdots, 0);\ x^{(i)}\in\boldsymbol{R},\ i=1,2,\cdots,q\}$ と $\boldsymbol{R}^q$ との間には $(x^{(1)}, x^{(2)}, \cdots, x^{(q)}, 0, 0, \cdots, 0)$ に $(x^{(1)}, x^{(2)}, \cdots, x^{(q)})$ を対応させる

自然な全単射が存在するから，A^q と $\boldsymbol{R}^q$ とを同一視して，$\boldsymbol{R}^q \subset \boldsymbol{R}^n$ と見做し，この意味で

$$\boldsymbol{R}^1 \subset \boldsymbol{R}^2 \subset \boldsymbol{R}^3 \subset \cdots \subset \boldsymbol{R}^q \subset \cdots \subset \boldsymbol{R}^n$$

と考えることにする．

ユークリッド空間 $\boldsymbol{R}^n$ の部分集合がユークリッド幾何の対象である**図形**である．しかし，ユークリッド幾何の特性は図形そのものよりもむしろ図形のとらえ方にある．とらえ方とは例の合同概念のことである．よく知られているように，ユークリッド平面 $\boldsymbol{R}^2$ 上の二つの3角形 $\triangle abc$ と $\triangle a'b'c'$ は平行移動，回転および反転によって重ね合されるとき合同であるというが，ここでこの合同を別の形で定義してみよう．

$\boldsymbol{R}^2$ の図形には $\boldsymbol{R}^2$ の距離 ρ から自然にきまる距離が定義されている．$\boldsymbol{R}^2$ の二つの図形 A, B に対して，A から B への全単射 $f: A \to B$ で距離を保つもの，すなわち A の任意の二点 a, a' に対してつねに

$$\rho(a, a') = \rho(f(a), f(a'))$$

が成り立つものが存在するとき，二つの図形 A, B は**合同**であると定義することにしよう(図1.1)．この定義が重ね合せによる定義と一致することは次のようにして確かめられる．

$\triangle abc$ と $\triangle a'b'c'$ が重ね合せによって合同であるとすると，

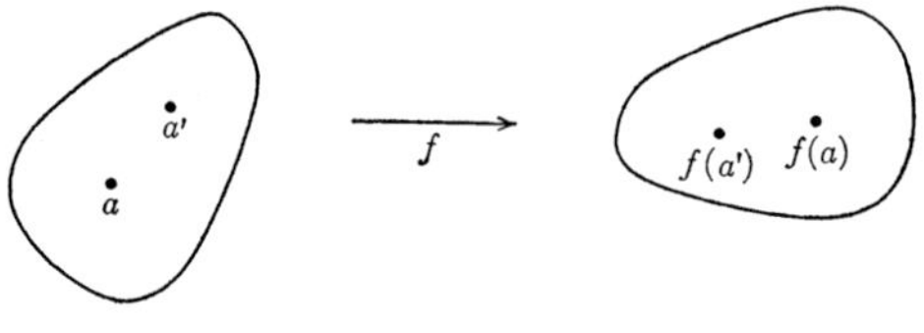

図 1.1

$\triangle abc$ の点 x とちょうど重なった $\triangle a'b'c'$ の点を $f(x)$ として写像 $f: \triangle abc \to \triangle a'b'c'$ を定義すれば，明らかに f は全単射で距離を保つ．したがって重ね合せによって合同であればここで定義した意味で合同である．

逆に，全単射で距離を保つ写像 $f: \triangle abc \to \triangle a'b'c'$ が存在するとしよう．$\triangle abc$ の3辺のうち長さが最大のもの(最大のものが二つ以上あればその任意の一つ)を $\overline{ab}$ とし，その長さを $l=\rho(a,b)$ とすれば，$\triangle abc$ の任意の2点 y,z に対して $\rho(y,z) \leqq l$ である(補助定理2.5参照)．いま，y',z' を $\triangle a'b'c'$ の任意の2点とすると，f が全単射だから，$f(y)=y'$，$f(z)=z'$ のような $y,z \in \triangle abc$ が一意的にきまる．f は距離を保つから，

$$\rho(y',z') = \rho(f(y),f(z)) = \rho(y,z) \leq l = \rho(f(a),f(b))$$

が成り立つ．したがって，線分 $\overline{f(a)f(b)}$ は $\triangle a'b'c'$ の最大の長さをもつ辺である(補助定理2.5参照)．必要があれば $\triangle a'b'c'$ の頂点の記号を変えて，$f(a)=a'$，$f(b)=b'$ であるとしよう．$\triangle abc$ の任意の点 x に対して，

$$\rho(a,x) = \rho(a',f(x)), \qquad \rho(b,x) = \rho(b',f(x))$$

だから，辺 $\overline{ab}$ を辺 $\overline{a'b'}$ に重ねることによって，ちょうど x が $f(x)$ に重なるようにできる(図1.2)．したがって $\triangle abc$ を

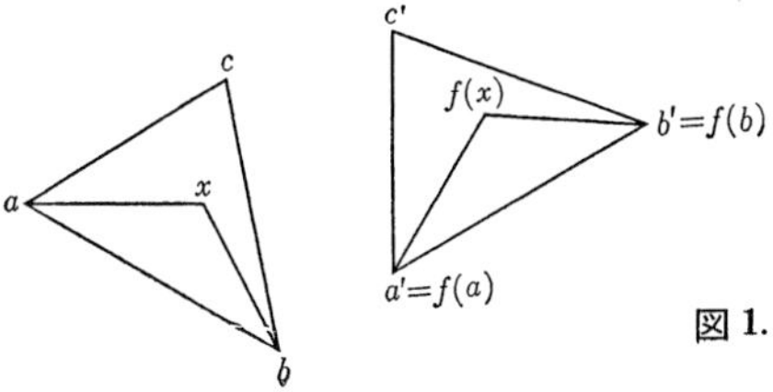

図 1.2

$\triangle a'b'c'$ に重ね合せることができる．すなわち，ここで定義した意味で合同であれば重ね合せによって合同である．

ユークリッド幾何とは図形の合同によって不変な性質を取扱う幾何学である．3角形の辺の長さや頂角はユークリッド幾何の量である．しかし3角形の頂点が $\boldsymbol{R}^2$ のどの点であるかといったことは，合同によって不変でないから，ユークリッド幾何的な量ではない．いいかえれば，$\boldsymbol{R}^2$ の或る図形 A のユークリッド幾何的な量とは，A そのものについての量ではなく，A と合同な図形全体に共通な量を指すのである．

2次元ユークリッド空間 $\boldsymbol{R}^2$ の図形全体の集合を $\boldsymbol{\Gamma}$ とし，二つの図形 A, B が合同であるとき関係 $A \sim B$ が成り立つと定めれば，この関係 $\sim$ は $\boldsymbol{\Gamma}$ における同値関係である．すなわち，$A, B, C \in \boldsymbol{\Gamma}$ に対して

(i)　$A \sim A$,

(ii)　$A \sim B$　ならば　$B \sim A$,

(iii)　$A \sim B,\ B \sim C$　ならば　$A \sim C$

が成り立つ．なぜなら，(i)は $1_A : A \to A$ を恒等写像とすれば 1_A は全単射で距離を保つことから明らかであるし，(ii)は $f : A \to B$ を全単射で距離を保つものとすると，$f^{-1} : B \to A$ がまた全単射で距離を保つことから成り立ち，$f : A \to B$, $g : B \to C$ を全単射で距離を保つとすると，明らかに f と g との合成 $gf : A \to C$ はまた全単射で距離を保つから(iii)が成り立つ．

したがって，$\boldsymbol{\Gamma}$ を関係 $\sim$ による同値類に類別することができる．このように合同による同値類を考えれば，(平面)ユークリッド幾何は $\boldsymbol{R}^2$ の個々の図形よりもむしろ合同による

同値類を対象としているというべきであろう．これを別の言葉でいえば，‘合同な図形はすべて同じものと見做す’ということである．

これまで2次元の場合を述べてきたが，n 次元ユークリッド空間 $\boldsymbol{R}^n$ の図形についても全く同じことがいえる．

§3　同位相と位相的図形

2次元ユークリッド空間 $\boldsymbol{R}^2$ の図形で図1.3に示す四つのものを考えよう．これらのどの二つも合同ではない．したがって，ユークリッド幾何の立場からはこの四つの図形は全く異なるものである．しかし共通点はある．それはどの図形も形はちがうが‘孔’が二つあいているということである．‘孔’が二つあいているということはユークリッド幾何的な量よりも広い概念として，図形に対して十分に特徴的なことである．

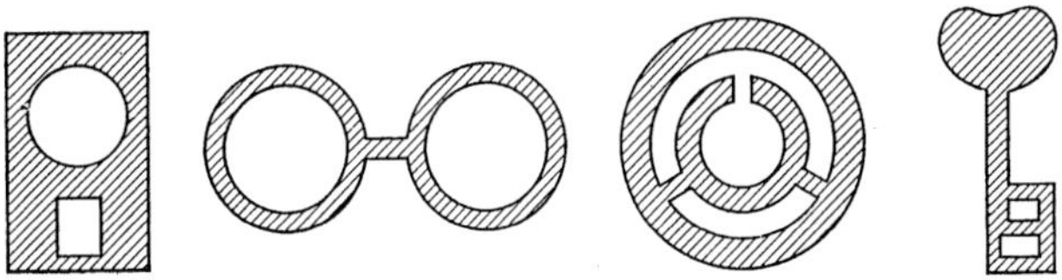

図1.3

ユークリッド幾何における図形の特徴をとらえるために，前節で $\boldsymbol{R}^2$ の図形全体の集合 $\boldsymbol{\Gamma}$ を合同な関係によって同値類に類別した．図1.3に共通な‘孔’が二つあいているという特徴をとらえるには，$\boldsymbol{\Gamma}$ に或る同値関係を導入して，図1.3の四つの図形が同じ同値類に入るようにすることが必要である．そのような同値関係がこの節で述べる同位相である．

A を n 次元ユークリッド空間 $\boldsymbol{R}^n$ の図形とする．A の点列 $x_1, x_2, \cdots, x_i, \cdots$ $(x_i \in A)$ が A の点 a に対して

$$\lim_{i\to\infty} \rho(x_i, a) = 0$$

であるとき，この点列は a に**収束**するという．

A, B を $\boldsymbol{R}^n$ の二つの図形とし，$f: A \to B$ を A から B への写像とする．写像 f が A の1点 a において**連続**であるとは，a に収束する A の任意の点列 $x_1, x_2, \cdots, x_i, \cdots$ に対して，B の点列 $f(x_1), f(x_2), \cdots, f(x_i), \cdots$ がつねに $f(a)$ に収束することをいう．

同じことを ε, δ をつかっていいかえれば，次のようになる．写像 $f: A \to B$ が $a \in A$ で**連続**であるとは，$\varepsilon > 0$ が与えられたとき $\delta > 0$ を適当に(十分小さく)とれば，

$$\rho(x, a) < \delta \quad (x \in A) \quad \text{ならば} \quad \rho(f(x), f(a)) < \varepsilon$$

であるようにできることをいう．たとえば $A = \boldsymbol{I}$, $B = \boldsymbol{R}$ とすれば，これは $\boldsymbol{I}$ で定義された関数の a における連続性のよく知られた定義にほかならない．

写像 $f: A \to B$ が A の各点において連続であるとき，f は(A で)**連続**であるといい，写像 f を**連続写像**という．

A, B, C を $\boldsymbol{R}^n$ の図形，$f: A \to B$, $g: B \to C$ を連続写像とすれば，f と g との合成 $gf: A \to C$ は，連続の定義から明らかなように，また連続写像である．

写像 $f: A \to B$ が全単射であって，f および $f^{-1}: B \to A$ がともに連続であるとき，f を**同位相写像**という．

二つの図形 A, B に対して A から B への同位相写像が存在するとき，A と B とは**同位相**であるという．

例 1.6　$f: A \to B$ が全単射で距離を保つとすると，f は同

位相写像である．なぜなら，f が $a\in A$ で連続であることは，$\varepsilon=\delta$ ととれば明らかであるし，f^{-1} についても同様だからである．したがって合同な図形は同位相である．∎

例 1.7 $\boldsymbol{R}^2$ において3角形の内部に図1.4のように1点 p_0 をとり，p_0 から出る半直線を考え，それが3角形の周と交わる点を y とする．円の中心を O とし，O から出る半直線で線分 $\overline{p_0y}$ と平行なものが円周と交わる点を z とする．$\overline{p_0y}$ 上の点 x が，$\overline{p_0y}$ を $t:(1-t)$ に内分するとき，線分 $\overline{Oz}$ を $t:(1-t)$ に内分する点を $f(x)$ とする．x に $f(x)$ を対応させれば，3角形から円への写像 f が定まるが，この写像 f は定義から明らかなように同位相写像である．したがって任意の3角形は円と同位相である．同様に，任意の二つの3角形は同位相である．∎

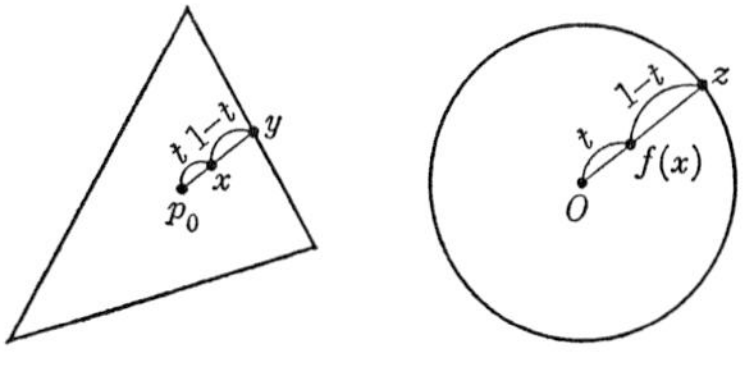

図 1.4

例1.6に示されているように，合同ならば同位相だから，同位相は合同より広い概念である．**トポロジーは図形の同位相によって不変な性質を取り扱う幾何学である**．同位相によって不変とは，たとえば図形を伸縮自在のものと見做して，伸縮に対して変らない性質を指している．したがってトポロジーでは図形の長さとか角度とかは意味をもたない．図1.3の四つの図形はすべて同位相である．それらの間の同位相写像を簡単な式で書き表わすことはできないが，伸縮自在な変形を考えれば，同位相であることは見やすいであろう．

n 次元ユークリッド空間 $\boldsymbol{R}^n$ の図形(部分集合)全体の集合を $\boldsymbol{\Gamma}'$ とし，$A, B \in \boldsymbol{\Gamma}'$ が同位相のとき関係 $A \sim B$ が成り立つと定めると，この関係 $\sim$ は同値関係である．なぜなら，$1_A: A \to A$ を恒等写像とすれば明らかに 1_A は同位相写像だから $A \sim A$ であるし，$f: A \to B$ が同位相写像ならば $f^{-1}: B \to A$ も同位相写像だから，$A \sim B$ から $B \sim A$ が成り立つ．また，$f: A \to B$，$g: B \to C$ を同位相写像とすると，$gf: A \to C$ が同位相写像となるから，$A \sim B$，$B \sim C$ から $A \sim C$ が成り立つ．

したがって，$\boldsymbol{\Gamma}'$ を同位相という関係によって同値類に類別することができる．一つの同値類に属する図形に共通な性質がトポロジー的性質である．図形とそのトポロジー的見方とをまとめたものとして，この同値類がトポロジーの対象である**位相的図形**である．これを別の言葉でいえば，‘トポロジーでは同位相な図形はすべて同じものと見做す’ということである．$\boldsymbol{R}^n$ の一つの図形を取りだしてみれば，それだけではユークリッド幾何的なものかトポロジー的なものか決められない．違いはむしろその図形の‘見方’である．

§4 距離空間と位相空間

前節で n 次元ユークリッド空間 $\boldsymbol{R}^n$ の図形について同位相を定義したが，そこで連続性をいうには距離が定義されていることだけで十分であって，$\boldsymbol{R}^n$ の図形であることは本質的でなかった．連続性の本質を抽象することによって，この節

で述べるように $\boldsymbol{R}^n$ の図形よりも一般的なものに対して連続性や同位相の概念を定義することができる．

はじめに距離空間を定義しよう．集合 A があって，A の任意の元 x, y に対して実数 $\rho(x, y)$ が定まって，次の三つの条件：

(i)　$\rho(x, y) \geqq 0$ で，しかも $\rho(x, y)=0$ となるのは $x=y$ のときにかぎる，

(ii)　$\rho(x, y)=\rho(y, x)$,

(iii)　$x, y, z \in A$ に対して，

$$\rho(x, y) \leqq \rho(x, z)+\rho(z, y) \quad \text{(三角不等式)}$$

を満たしているとき，ρ を A の**距離**といい，A を**距離空間**という．

A を距離空間，B を A の部分集合とするとき，$x, y \in B$ に対して，$\rho(x, y)$ を考えれば，明らかにこれによって B は距離空間となる．

例 1.8　n 次元ユークリッド空間 $\boldsymbol{R}^n$ は§2 で定義された距離 ρ によって距離空間である．ρ が(i)，(ii)を満たしていることは明らかであろう．(iii)が成り立つことをいうには，

$$\begin{aligned}\rho(x, y) &= \sqrt{\sum_{i=1}^{n}(x^{(i)}-y^{(i)})^2} \\ &\leqq \sqrt{\sum_{i=1}^{n}(x^{(i)}-z^{(i)})^2}+\sqrt{\sum_{i=1}^{n}(z^{(i)}-y^{(i)})^2} \\ &= \rho(x, z)+\rho(z, y)\end{aligned}$$

であることを示せばよいが，いま $\alpha_i=x^{(i)}-z^{(i)}$，$\beta_i=z^{(i)}-y^{(i)}$ $(i=1, 2, \cdots, n)$ とおくと，これは

$$\sqrt{\sum_{i=1}^{n}(\alpha_i+\beta_i)^2} \leqq \sqrt{\sum_{i=1}^{n}\alpha_i{}^2}+\sqrt{\sum_{i=1}^{n}\beta_i{}^2}$$

となる．λ に関する2次式 $\sum_{i=1}^{n}(\alpha_i+\beta_i\lambda)^2$ を考えればこの2次式はつねに負でないから，判別式をとれば

$$\left|\sum_{i=1}^{n}\alpha_i\beta_i\right| \leqq \sqrt{\sum_{i=1}^{n}\alpha_i^2}\sqrt{\sum_{i=1}^{n}\beta_i^2}$$

である．よって

$$\begin{aligned}\sum_{i=1}^{n}(\alpha_i+\beta_i)^2 &= \sum_{i=1}^{n}\alpha_i^2+2\sum_{i=1}^{n}\alpha_i\beta_i+\sum_{i=1}^{n}\beta_i^2\\ &\leqq \sum_{i=1}^{n}\alpha_i^2+2\sqrt{\sum_{i=1}^{n}\alpha_i^2}\sqrt{\sum_{i=1}^{n}\beta_i^2}+\sum_{i=1}^{n}\beta_i^2\\ &= \left(\sqrt{\sum_{i=1}^{n}\alpha_i^2}+\sqrt{\sum_{i=1}^{n}\beta_i^2}\right)^2\end{aligned}$$

で，求める不等式が成り立つ．$\boldsymbol{R}^n$ の図形は距離空間の部分集合であるからまた距離空間である． ▎

例 1.9 A, B を距離空間，ρ, ρ' をそれぞれ A, B の距離とするとき，積集合 $A\times B$ の元 (x, y), (x', y') $(x, x' \in A,\ y, y' \in B)$ に対して，

$$\rho''((x, y), (x', y')) = (\rho(x, x')^2+\rho'(y, y')^2)^{1/2}$$

と定めれば，ρ'' は容易にたしかめられるように距離空間の条件(i)，(ii)，(iii)を満たすから，ρ'' は距離で $A\times B$ は距離空間である．距離空間 $A\times B$ を A と B の**積空間**という．同様に $A_1, A_2, \cdots, A_n$ を距離空間とすると，$A_1\times A_2\times\cdots\times A_n$ に距離が定義され，これは距離空間となる．これを $A_1, A_2, \cdots, A_n$ の**積空間**という． ▎

例 1.10 例1.9から $\boldsymbol{R}^m\times\boldsymbol{R}^n$ は距離空間であるが，$\boldsymbol{R}^m\times\boldsymbol{R}^n$ の元 $((x^{(1)}, x^{(2)}, \cdots, x^{(m)}), (y^{(1)}, y^{(2)}, \cdots, y^{(n)}))$ に対して，$\boldsymbol{R}^{m+n}$ の元 $(x^{(1)}, x^{(2)}, \cdots, x^{(m)}, y^{(1)}, y^{(2)}, \cdots, y^{(n)})$ を対応させれば，$\boldsymbol{R}^m\times\boldsymbol{R}^n$ と $\boldsymbol{R}^{m+n}$ との間の全単射で距離を保つものがえられ

る．この全単射によって $\boldsymbol{R}^m\times\boldsymbol{R}^n$ と $\boldsymbol{R}^{m+n}$ とを同一視して，$\boldsymbol{R}^m\times\boldsymbol{R}^n=\boldsymbol{R}^{m+n}$ と考えることにする．同様に

$$\boldsymbol{R}^n = \underbrace{\boldsymbol{R}^1\times\boldsymbol{R}^1\times\cdots\times\boldsymbol{R}^1}_{n\text{ 個}}$$

である．▎

A, B を距離空間，ρ, ρ' をそれぞれ A, B の距離とする．$f: A\to B$ を写像とするとき，f が $a\in A$ で**連続**であるとは，§3のユークリッド空間の図形の場合と同じで，$\varepsilon>0$ が与えられたとき，$\delta>0$ を適当にとれば

$$\rho(x, a) < \delta \quad (x\in A) \quad \text{ならば} \quad \rho'(f(x), f(a)) < \varepsilon$$

であるようにできることをいう．**連続写像**，**同位相**の定義も全く同じである．

A を距離空間，p を A の1点とするとき，$\varepsilon>0$ に対して A の部分集合 $U_\varepsilon(p)$ を

$$U_\varepsilon(p) = \{x;\ x\in A,\ \rho(x, p)<\varepsilon\}$$

で定義し，p の **$\boldsymbol{\varepsilon}$ 近傍**という．明らかに $p\in U_\varepsilon(p)$ である．連続の定義をこの ε 近傍をつかっていいかえれば，次のようになる．$f: A\to B$ が $a\in A$ で**連続**であるとは，B における $f(a)$ の ε 近傍 $U_\varepsilon(f(a))$ が与えられたとき，A における a の δ 近傍 $U_\delta(a)$ を適当にとって

$$f(U_\delta(a)) \subset U_\varepsilon(f(a))$$

であるようにできることをいう．

A を距離空間，E を A の部分集合とする．E の1点 p に対し，p の ε 近傍 $U_\varepsilon(p)$ で $U_\varepsilon(p)\subset E$ であるようなものが存在するとき，p は E の**内点**であるといい，E の内点全体の集合を $(E)^\circ$ と書く．つねに $(E)^\circ\subset E$ であるが，とくに $(E)^\circ=E$

のとき，すなわちEのすべての点が内点であるときEを**開集合**という．特別の場合として，空集合ϕも開集合と見做すことにする．Aの部分集合Fに対して，$A-F$が開集合のとき，Fを**閉集合**という．また，閉集合Fに対して$F-(F)^\circ$をFの**境界**という．

例 1.11 距離空間$\boldsymbol{R}^2=\{(x,y);\ x,y\in\boldsymbol{R}\}$の部分集合$\{(x,y);\ x^2+y^2<1\}$，$\{(x,y);\ 0<x<1,\ 0<y<1\}$は開集合，$\{(x,0);\ 0\leqq x\leqq 1\}$，$\{(x,y);\ x^2+y^2\leqq 1\}$，$\{(x,y);\ 0\leqq x\leqq 1,\ 0\leqq y\leqq 1\}$は閉集合であり，$\{(x,y);\ 0\leqq x<1,\ 0\leqq y<1\}$は開集合でも閉集合でもない．

$U_\lambda\ (\lambda\in\Lambda)$を開集合とすると$\bigcup_{\lambda\in\Lambda}U_\lambda$は開集合であり，$U_1,U_2,\cdots,U_q$を開集合とすると$U_1\cap U_2\cap\cdots\cap U_q$は開集合である（例1.13参照）．また，$F_\lambda\ (\lambda\in\Lambda)$を閉集合とすると$\bigcap_{\lambda\in\Lambda}F_\lambda$は閉集合であり，$F_1,F_2,\cdots,F_q$を閉集合とすると$F_1\cup F_2\cup\cdots\cup F_q$は閉集合である． ▎

例 1.12 $U_\varepsilon(p)$は開集合である．なぜなら，$U_\varepsilon(p)\ni x$に対して$0<\varepsilon'<(\varepsilon-\rho(p,x))$と$\varepsilon'$をとると，$x$の$\varepsilon'$近傍$U_{\varepsilon'}(x)$は$U_{\varepsilon'}(x)\subset U_\varepsilon(p)$である． ▎

補助定理 1.1 A,Bを距離空間，$f:A\to B$を写像とする．fが$a\in A$で連続であるためには，$f(a)$を含むBの任意の開集合U'に対して，aを含むAの開集合Uで$f(U)\subset U'$を満たすものがつねに存在することが必要十分である．

証明 fが$a\in A$で連続であるとする．U'は開集合だから，$f(a)$のε近傍$U_\varepsilon(f(a))$で$U_\varepsilon(f(a))\subset U'$を満たすものが存在する．$f$が$a$で連続だから，$a$の$\delta$近傍$U_\delta(a)$で$f(U_\delta(a))\subset U_\varepsilon(f(a))$となるものが存在するが，$U_\delta(a)$は開集合だから（例

1.12), $U=U_\delta(a)$ ととれば $f(U)\subset U'$ となる.

逆に, 任意の開集合 $U'\ni f(a)$ に対して開集合 $U\ni a$ で $f(U)\subset U'$ となるものがつねに存在すれば, $f(a)$ の ε 近傍 $U_\varepsilon(f(a))$ を U' と考えると, $f(U)\subset U_\varepsilon(f(a))$ となる U が存在する. U が開集合だから a の δ 近傍 $U_\delta(a)$ で $U_\delta(a)\subset U$ を満たすものが存在し, $f(U_\delta(a))\subset U_\varepsilon(f(a))$ となるから, f は $a\in A$ で連続である. ∎

距離空間の間の写像の連続性は ε 近傍によって定義された. すなわち連続性を定義するには空間全体に距離が定められていることは必要でなく, 各点の近傍に関して距離が定められているだけで十分であった. ここでさらに補助定理1.1により, ε 近傍の概念を一般化した開集合の概念により, 連続の定義を'写像 $f: A\to B$ が $a\in A$ で連続であるとは, $f(a)$ を含む B の任意の開集合 U' に対して, a を含む A の開集合 U で $f(U)\subset U'$ を満たすものがつねに存在することである'としてもよいことがわかった. すなわち連続性は開集合によって規定される. このように連続性の問題をつきつめてゆけば, 連続性を論ずる空間としては'開集合が指定されている集合'が本質的である. それがつぎに定義する位相空間である.

X を集合とする. X の部分集合を元とする集合 $\mathcal{O}$ が次の三つの条件:

(i) $X\in\mathcal{O}$, $\phi\in\mathcal{O}$,

(ii) $U_\lambda\in\mathcal{O}\,(\lambda\in\Lambda)$ とするとき, つねに $\bigcup_{\lambda\in\Lambda}U_\lambda\in\mathcal{O}$,

(iii) $U, U'\in\mathcal{O}$ ならば $U\cap U'\in\mathcal{O}$

を満たしているとき, $\mathcal{O}$ は X に**位相**を定めるといい, X と $\mathcal{O}$ との対 $(X,\mathcal{O})$ あるいは単に X を**位相空間**, $\mathcal{O}$ を**開集合系**,

$\mathcal{O}$ の元を(この位相に関する)**開集合**という.

例 1.13 A を距離空間とし,A の(距離空間の場合の)開集合全体の集合を $\mathcal{O}$ とすると,$\mathcal{O}$ は条件(i),(ii),(iii)を満たす.なぜなら,(i),(ii)を満たすことは明白であるし,$U, U' \in \mathcal{O}$, $U \cap U' \neq \phi$ とすると $x \in U \cap U'$ に対して $U_\varepsilon(x) \subset U$, $U_{\varepsilon'}(x) \subset U'$ となる $\varepsilon, \varepsilon'$ が存在するから,ε'' を $\varepsilon, \varepsilon'$ の小さい方とすると $U_{\varepsilon''}(x) \subset U \cap U'$ となり,$U \cap U' \in \mathcal{O}$ である.したがって,$(A, \mathcal{O})$ は位相空間である.このようにして距離空間は自然な方法で位相空間となる.とくに例 1.8 からユークリッド空間の図形は自然な方法で位相空間となる. ∎

X, Y を位相空間,$f: X \to Y$ を写像とするとき,f が $x \in X$ で**連続**であるとは,$f(x)$ を含む Y の任意の開集合 U' に対して,x を含む X の開集合 U で

$$f(U) \subset U'$$

を満たすものがつねに存在することをいう.写像 $f: X \to Y$ が X の各点で連続であるとき,f を**連続写像**という.

X, Y, Z を位相空間,$f: X \to Y$, $g: Y \to Z$ を連続写像とすれば,f と g の合成 $gf: X \to Z$ は連続写像である.なぜなら,$x \in X$ を任意の点とするとき,$gf(x)$ を含む Z の開集合を U'' とすると,g が連続写像だから $f(x)$ を含む Y の開集合 U' で $g(U') \subset U''$ を満たすものが存在し,さらに f が連続写像だから x を含む X の開集合 U で $f(U) \subset U'$ を満たすものが存在するから,$gf(U) \subset U''$ となり,gf は $x \in X$ で連続となるからである.

$f: X \to Y$ が全単射であって,f および $f^{-1}: Y \to X$ がともに連続であるとき,f を**同位相写像**という.二つの位相空間

X, Y に対して，X から Y への同位相写像が存在するとき，X と Y とは**同位相**であるという．

例 1.14 A, B を $\boldsymbol{R}^n$ の図形，$f: A \to B$ を写像とする．補助定理 1.1，例 1.8，例 1.13 から，f が §3 の意味で連続であることと，A, B を例 1.13 のように位相空間と見做して f がこの節の意味で連続であることとは同じである．同様に，A, B が §3 の意味で同位相であることと，位相空間として同位相であることとは同じである． ∎

例 1.15 $(X, \mathcal{O})$ を位相空間，E を X の部分集合とするとき，$\mathcal{O}' = \{E \cap U_\lambda;\ U_\lambda \in \mathcal{O}\}$ とすると，E の部分集合を元とする集合 $\mathcal{O}'$ は容易に確かめられるように開集合系の条件(i)，(ii)，(iii)を満たす．したがって $(E, \mathcal{O}')$ は位相空間である．X の部分集合はこのようにしてつねに位相空間である． ∎

位相空間を元とする集合において，二つの位相空間 X, Y が同位相であるとき関係 $X \sim Y$ が成り立つと定めると，この関係 $\sim$ は同値関係で任意の位相空間 X, Y, Z に対して

(i) $X \sim X$,

(ii) $X \sim Y$ ならば $Y \sim X$,

(iii) $X \sim Y$，$Y \sim Z$ ならば $X \sim Z$

の三つの条件を満たしている．なぜなら，(i)は恒等写像 $1_X: X \to X$ が同位相写像であることから明らかであるし，(ii)は $f: X \to Y$ を同位相写像であるとすると $f^{-1}: Y \to X$ が同位相写像であることから，(iii)は $f: X \to Y$，$g: Y \to Z$ が同位相写像とすると $gf: X \to Z$ が同位相写像であることから明らかである．

したがって，位相空間を元とする集合を同位相という関係

によって類別することができる.

トポロジーは一般的な形でいえば位相空間の同位相によって不変な性質を取り扱う. したがって位相空間の同位相による同値類がトポロジーの対象である**位相的図形**である. しかしながら, 対象を位相空間まで拡げるとあまりに一般すぎて捕えどころのないものまでそれに含まれてしまい, 幾何学としてのイメージが失われるので, 本書では専らユークリッド空間の図形(したがって距離空間)について考察することにした. そう制限しても, トポロジーは十分豊富な内容をもっている.

位相空間はここで連続性の本質を示すものとして導入されたが, ユークリッド空間の図形に話をかぎるとしても位相空間をもち出す方が具合がいい場合が少なくない. その一例が次節に述べる商空間である.

§5 位相的図形の構成

n 次元ユークリッド空間 $\boldsymbol{R}^n$ の部分集合

$$\{(x^{(1)}, x^{(2)}, \cdots, x^{(n)});\ x^{(i)} \in \boldsymbol{R}\ (i=1,2,\cdots,n),\\ (x^{(1)})^2+(x^{(2)})^2+\cdots+(x^{(n)})^2 \leqq 1\}$$

を $\boldsymbol{n}$ **次元球体**といい, D^n と書く. また, $n+1$ 次元ユークリッド空間 $\boldsymbol{R}^{n+1}$ の部分集合

$$\{(x^{(1)}, x^{(2)}, \cdots, x^{(n+1)});\ x^{(i)} \in \boldsymbol{R}\ (i=1,2,\cdots,n+1),\\ (x^{(1)})^2+(x^{(2)})^2+\cdots+(x^{(n+1)})^2 = 1\}$$

を $\boldsymbol{n}$ **次元球面**といい, S^n と書く. とくに D^1 は閉区間 $[-1,1]$ であり, S^0 は2点 $\{-1\}\cup\{1\}$, S^1 は円周, D^2 は $\boldsymbol{R}^2$ の中の円板である.

例 1.16 $D^{n+1}-(D^{n+1})^\circ=S^n$, すなわち $\boldsymbol{R}^{n+1}$ における D^{n+1} の境界が S^n である. ▎

S^n の部分集合

$$D^n_+=\{(x^{(1)}, x^{(2)}, \cdots, x^{(n+1)})\in S^n;\ x^{(n+1)}\geqq 0\},$$
$$D^n_-=\{(x^{(1)}, x^{(2)}, \cdots, x^{(n+1)})\in S^n;\ x^{(n+1)}\leqq 0\}$$

をそれぞれ S^n の**上半球**, **下半球**という.

例 1.17 $(x^{(1)}, x^{(2)}, \cdots, x^{(n)}, x^{(n+1)})$ に $(x^{(1)}, x^{(2)}, \cdots, x^{(n)})$ を対応させることによって, D^n_+ は D^n と同位相である. 同様に, D^n_- は D^n と同位相である. また, $D^n_+\cap D^n_-=S^{n-1}$ である. この S^{n-1} を S^n の**赤道**という. ▎

例 1.18 $a=(0, 0, \cdots, 0, 1)$ を S^n の1点とし $(n\geqq 1)$, $S^n-\{a\}$ の任意の点 x に対し半直線 $\overrightarrow{ax}$ が $\boldsymbol{R}^n$ と交わる点を $p(x)$ とすると, 写像

$$p: S^n-\{a\}\to\boldsymbol{R}^n$$

が定義されるが(図1.5), p は明らかに同位相写像である. したがって $S^n-\{a\}$ は $\boldsymbol{R}^n$ と同位相である. このことを $\boldsymbol{R}^n$ に1点 ∞ をつけ加えたものが S^n であるとして, $S^n=\boldsymbol{R}^n\cup\{\infty\}$ と書く. ▎

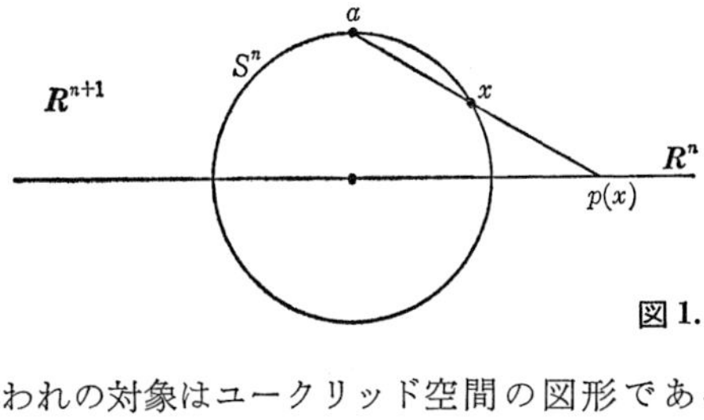

図 1.5

われわれの対象はユークリッド空間の図形であって, D^n, S^n はその中でも特に基本的なものである. しかし図形はは

じめからユークリッド空間の中にあるものとして与えられるとはかぎらない．トポロジーでは図形の位相的性質を問題としているということから，直接的にユークリッド空間の部分集合を指定して図形を定義するよりもより便利な方法がある．

3次元ユークリッド空間 $\boldsymbol{R}^3=\{(x,y,z);\ x,y,z\in\boldsymbol{R}\}$ の中で，$\boldsymbol{R}^2$ 上の円周 $\{(x,y,0);\ (x-2)^2+y^2=1\}$ を考え，この円周を y 軸 $\{(0,y,0);\ y\in R\}$ のまわりに回転してえられる図形を**円環面**(あるいは**トーラス**)といい，T と書く(図1.6)．円環面は定義から明らかなように，$S^1\times S^1$ と同位相である．したがって同位相な図形はすべて同じものと見做すというトポロジーの立場から，'$S^1\times S^1$ を**円環面**という' と定義してもよい．しかし $S^1\subset\boldsymbol{R}^2$ だから，$S^1\times S^1$ はそのままでは $\boldsymbol{R}^2\times\boldsymbol{R}^2=\boldsymbol{R}^4$ の図形である．

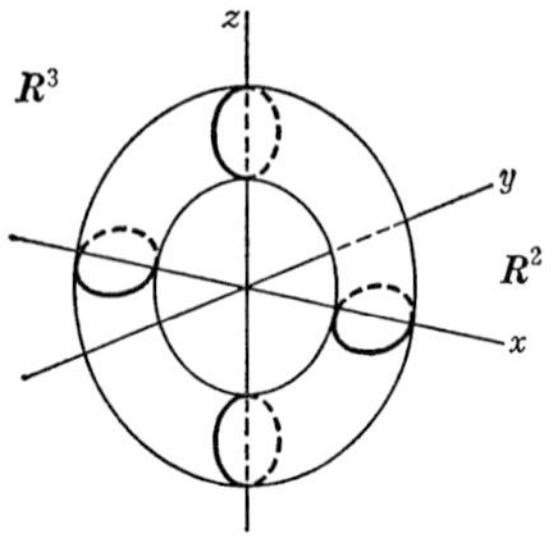

図1.6

円環面をまた次のように構成することも出来る．正方形 $ABCD$(図1.7(i))において，この正方形が伸縮自在であると考えて，辺 AD と辺 BC とを糊づけして A に B が重なり D に C が重なるようにすれば，図1.7(ii)の円筒がえられる．ここでさらに，辺 AB と辺 DC とを糊づけすれば，円筒の両

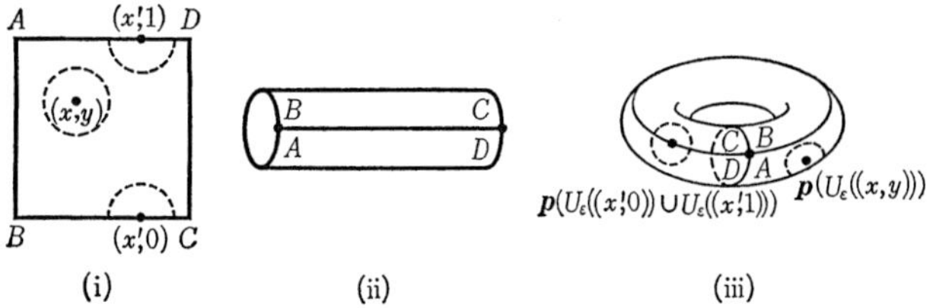

図 1.7

端が糊づけされることになって，図 1.7 (iii) に示すように，円環面と同位相な図形ができる．円環面をこのように構成されたものと考えれば，円環面上の点を正方形 $ABCD$ 上の点で表わせて便利である．この構成には‘糊づけ’という多分に直観的な表現がつかわれたが，これを数学的に定式化すれば次のようになる．

A, B, C, D を $\boldsymbol{R}^2$ の 4 点 $(0,1)$, $(0,0)$, $(1,0)$, $(1,1)$ とする．$\boldsymbol{R}^2$ の部分集合 $\boldsymbol{I}\times\boldsymbol{I}=\{(x, y);\ 0\leqq x\leqq 1,\ 0\leqq y\leqq 1\}$ において，関係 $\sim$ を

$$(x, y)\sim(x, y),\ (x, 0)\sim(x, 1),\ (x, 1)\sim(x, 0)\quad (0\leqq x\leqq 1),$$
$$(0, y)\sim(1, y),\ (1, y)\sim(0, y)\quad (0\leqq y\leqq 1)$$

で定義すると，この関係 $\sim$ は明らかに同値関係である．

$0<x<1$, $0<y<1$ であるとき，関係 $\sim$ による同値類 $[(x, y)]$ は (x, y) だけを元とする集合である．また，$0<x<1$ のとき $[(x, 0)]=\{(x, 0), (x, 1)\}$ であり，$[(0, 1)]=\{(0, 1), (0, 0), (1, 0), (1, 1)\}$ である．$\boldsymbol{I}\times\boldsymbol{I}$ を同値関係 $\sim$ によって同値類に類別し，同値類を元とする集合すなわち商集合 $\boldsymbol{I}\times\boldsymbol{I}/\sim$ を T' とする．明らかにたがいに糊づけされる点が一つの同値類をつくっているから，T' の元が円環面の点を表わしてい

ると考えてよい．

しかしこの T' はあくまでも集合であって，T' をわれわれの対象である位相的図形とするためには元の間の状態すなわち位相が定義されなければならない．

$\boldsymbol{p}: \boldsymbol{I}\times\boldsymbol{I}\to\boldsymbol{I}\times\boldsymbol{I}/\sim=T'$ を§1で定義した射影とする．すなわち $\boldsymbol{p}((x, y))=[(x, y)]$ である．$(x, y)\in\boldsymbol{I}\times\boldsymbol{I}$ $(0<x<1,\ 0<y<1)$ とすると，ε を十分小さくとれば $\boldsymbol{I}\times\boldsymbol{I}$ における (x, y) の ε 近傍 $U_\varepsilon((x, y))$ は図1.7(i)のようになり，$\boldsymbol{p}(U_\varepsilon((x, y)))$ は図1.7(iii)に示されるようになる．また，$(x', 0), (x', 1)\in\boldsymbol{I}\times\boldsymbol{I}$ $(0<x'<1)$ の ε 近傍 $U_\varepsilon((x', 0))$, $U_\varepsilon((x', 1))$ (図1.7(i)) に対して，$\boldsymbol{p}(U_\varepsilon((x', 0))\cup U_\varepsilon((x', 1)))$ は図1.7(iii)に示されるようになる．これらのことから，$\boldsymbol{p}(U_\varepsilon((x, y)))$ が T' における $[(x, y)]$ の ε 近傍の役割をはたすものであり，$\boldsymbol{p}(U_\varepsilon((x', 0))\cup U_\varepsilon((x', 1)))$ が T' における $[(x', 0)]=[(x', 1)]=\{(x', 0), (x', 1)\}$ の ε 近傍の役割をはたすものであると考えればごく自然であろう．また，$\boldsymbol{p}(U_\varepsilon((0, 1))\cup U_\varepsilon((0, 0))\cup U_\varepsilon((1, 0))\cup U_\varepsilon((1, 1)))$ が $[(0, 0)]$ の ε 近傍の役割をはたすのである．

T' の元 $[(x, y)]$ に対して上述の ε 近傍の役割をはたすものを $U'_\varepsilon([(x, y)])$ と書くことにしよう．ただし，ε は十分小であるとする．V を T' の部分集合とするとき，V の任意の元 $[(x, y)]$ に対して，ε を十分小にとって $U'_\varepsilon([(x, y)])\subset V$ とできるとき V を T' の開集合と定義しよう．T' における開集合全体のつくる集合を $\mathcal{O}'$ とすると，この $\mathcal{O}'$ が T' に位相を定めることは容易にたしかめられる．

このようにして $\boldsymbol{I}\times\boldsymbol{I}$ の位相から自然に $\boldsymbol{I}\times\boldsymbol{I}/\sim=T'$ の位相を定めることができる．ここで，

$$p^{-1}(U'_\varepsilon([(x,y)])) = \bigcup_{(x,y)\in[(x,y)]} U_\varepsilon((x,y))$$

であって，このことからすぐわかるように V を T' の開集合とすると，$p^{-1}(V)$ は $I\times I$ の開集合である．

$I\times I$ は距離空間であり，円環面もユークリッド空間の中の図形として距離空間と考えることができるが，$I\times I$ の距離から円環面の距離を'自然に'定めることはできない．距離空間にこだわっていないで位相空間と見做すことにすれば自然な方法で位相がきまるのである．

$I\times I$ から円環面を構成したが，この構成法を次のように一般化することができる．

X を位相空間とし，X に或る同値関係 $\sim$ が与えられているとする．同値関係 $\sim$ による商集合 $X/\sim$ を Y と書くことにし，$p: X\to X/\sim = Y$ を射影とする．Y の部分集合 V に対して，$p^{-1}(V)$ が X の開集合であるとき，V を Y の開集合であると定め，$\mathcal{O}'$ を Y のすべての開集合からなる集合とすれば，$\mathcal{O}'$ によって Y は位相空間となる．なぜなら，$\mathcal{O}'$ が開集合系の条件(i)を満たすことは明らかであるし，条件(ii)を満たすことは $p^{-1}(\bigcup_\lambda V_\lambda) = \bigcup_\lambda p^{-1}(V_\lambda)$ から，条件(iii)を満たすことは $p^{-1}(V_1\cap V_2) = p^{-1}(V_1)\cap p^{-1}(V_2)$ から導びかれる(例1.2)．位相空間 Y を位相空間 X の**同値関係 $\sim$ による商空間**という．あるいは同値関係の代りに同一視という見方をつかって，位相空間 X から**同一視によってえられる商空間**ともいう．たとえば，$I\times I$ において $(x,0)$ と $(x,1)$ $(0\leqq x\leqq 1)$ を同一視し，$(0,y)$ と $(1,y)$ $(0\leqq y\leqq 1)$ を同一視してえられる商空間が円環面である．

例 1.19 $I\times I$ において $(0,y)$ と $(1,1-y)$ $(y\in I)$ とを同一

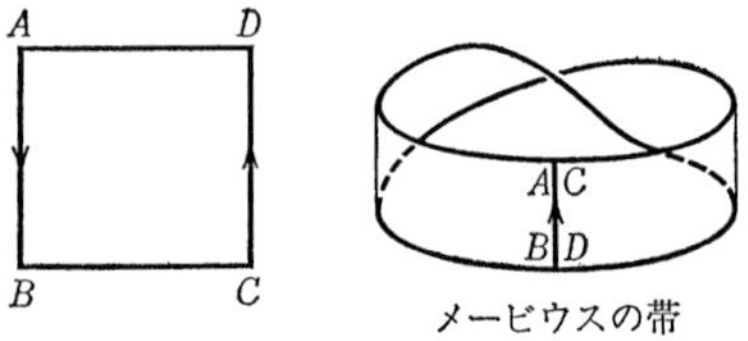

図 1.8

視してえられる商空間を**メービウスの帯**という．すなわち，メービウスの帯は図 1.8 のように $\boldsymbol{I}\times\boldsymbol{I}$ から $\overrightarrow{AB}$ と $\overrightarrow{CD}$ とを同一視（糊づけ）してえられる位相的図形である．∎

例 1.20　1 次元球面 $S^1=\{(x,y);\ x^2+y^2=1\}$ と閉区間 $\boldsymbol{I}=[0,1]$ との積空間 $S^1\times\boldsymbol{I}$ において $((x,y),0)$ と $((-x,y),1)$ を同一視 $((x,y)\in S^1)$ してえられる商空間を**クラインの壺**という．クラインの壺を正確に書き表わすには 4 次元ユークリッド空間が必要で，3 次元ユークリッド空間の中で書き表わすことはできない．図 1.9 はクラインの壺の大体の感じを出すために無理に書いたもので，実際に交わりがあるわけではない．∎

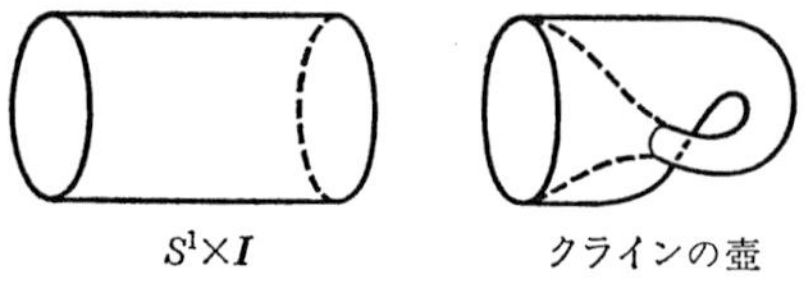

図 1.9

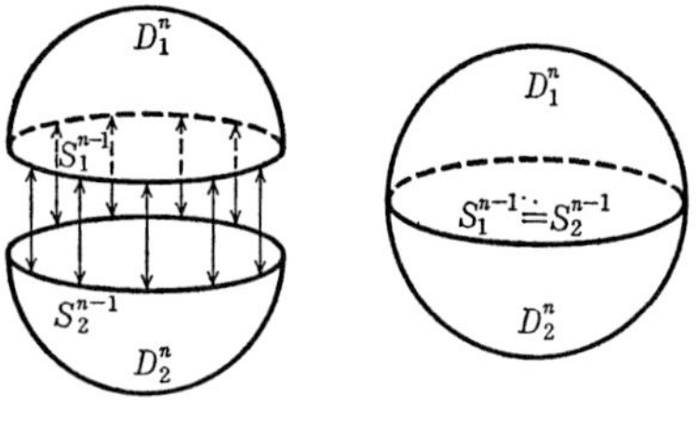

図 1.10

例 1.21 二つの n 次元球体を D_1^n, D_2^n とし，D_1^n, D_2^n の境界を S_1^{n-1}, S_2^{n-1} とする．D_1^n と D_2^n から S_1^{n-1} と S_2^{n-1} とを自然に同一視すれば，商空間として図 1.10 のように位相的図形 S^n がえられる．▌

例 1.22 n 次元球面 $S^n\,(n\geqq 1)$ において，$(x^{(1)}, x^{(2)}, \cdots, x^{(n+1)})$ と $(-x^{(1)}, -x^{(2)}, \cdots, -x^{(n+1)})$ とを同一視して，いいかえれば原点に関して対称な位置にある点を同一視してえられる商空間を **n 次元射影空間**といい，P^n と書く(図 1.11 (i))．$(x^{(1)}, x^{(2)}, \cdots, x^{(n+1)})$ と $(-x^{(1)}, -x^{(2)}, \cdots, -x^{(n+1)})$ との同一視によって出来る P^n の点を $[x^{(1)}, x^{(2)}, \cdots, x^{(n+1)}]$ と書くと，$[x^{(1)}, x^{(2)}, \cdots, x^{(n+1)}]=[-x^{(1)}, -x^{(2)}, \cdots, -x^{(n+1)}]$ である．

S^n の赤道 S^{n-1} 上の点の対称点はやはり S^{n-1} 上にあるから，$S^{n-1}\subset S^n$ から自然に $P^{n-1}\subset P^n$ をうる．

とくに P^1 は $S^1=\{(x^{(1)}, x^{(2)});\ (x^{(1)})^2+(x^{(2)})^2=1\}$ において $x_2\geqq 0$ の部分(図 1.11 (ii) では太線で示されている)の両端を同一視したものと考えられるから S^1 と同位相である．P^2 は S^2 の上半球 D_+^2 において，赤道上の対称点を同一視したもので 3 次元ユークリッド空間の中に書き表わすことはむずかしい．▌

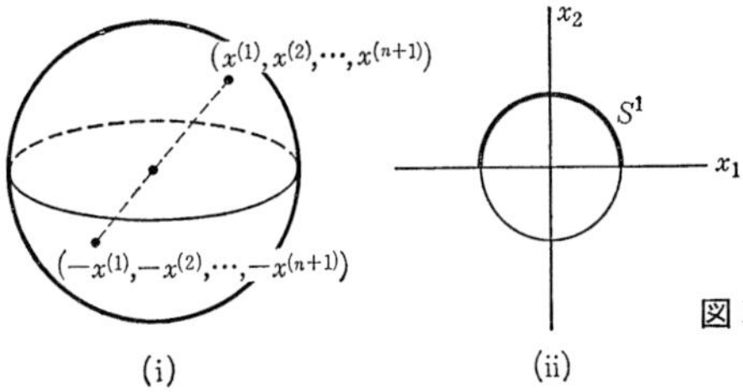

図 1.11

あとで述べるように(例2.12)，n 次元射影空間 P^n を十分次元の高いユークリッド空間の中に(位相的図形として)実現することもできるが，P^n をユークリッド空間の部分集合として定義するよりも例1.22のように S^n から同一視によって定義するほうがはるかに簡単である．

いままで述べてきたように，トポロジーの対象として位相空間を考えるのは自然なことであり，多くの利点をもつ．しかし，それでは直観的に理解しがたいものまで対象として認めることになってしまうので，位相空間についてはそれが連続性をとらえるのに本質的な概念であり，位相的図形の構成等にも便利であることを注意するだけにとどめ，専らユークリッド空間の中の図形として表わすことのできる位相的図形(位相空間)のみを対象として話をすすめることにする．

§6 位相的図形の特徴づけ

A, B をユークリッド空間の二つの図形で，A, B は同位相であるとする．このとき A, B に共通な性質がこれらの図形によって代表される位相的図形の性質である．そのような性質すなわち位相不変な性質をしらべるのが本書の目的であって，そのために位相不変量としてホモロジー群や基本群が定義されるのであるが，ここで実際位相不変な性質をもつものが存在することを示すために，そのごく簡単な例として連結性が位相不変な性質をもつことを述べておこう．

X を n 次元ユークリッド空間の図形とし，x, x' を X の2点とする．閉区間 $\boldsymbol{I}=[0,1]$ から X への連続写像

$$\alpha : \boldsymbol{I} \to X$$

で，$\alpha(0)=x$, $\alpha(1)=x'$ であるものを $\boldsymbol{x}$ **と** $\boldsymbol{x'}$ **とを結ぶ** $\boldsymbol{X}$ **の連続曲線**という．X の任意の2点がつねに或る連続曲線で結べるとき，X を**弧状連結**という．たとえば n 次元球体 D^n や n 次元球面 $S^n\,(n\geqq 1)$ は弧状連結である．

A が弧状連結ならばそれと同位相な B もやはり弧状連結である．なぜなら，$h: A\to B$ を同位相写像とすれば，B の任意の2点 b, b' に対し，$h^{-1}(b)$, $h^{-1}(b')$ を結ぶ A の連続曲線 $\alpha: \boldsymbol{I}\to A$ が存在するが，$h\alpha: \boldsymbol{I}\to B$ は $(h\alpha)(0)=h(\alpha(0))=h(h^{-1}(b))=b$, $(h\alpha)(1)=h(\alpha(1))=h(h^{-1}(b'))=b'$ だから b と b' とを結ぶ B の連続曲線であり，したがって B は弧状連結である．

弧状連結であることはこのように位相不変な性質であるが，あまりに当然なことでこれから内容ある結果を期待することはむずかしい．しかしこのことから次のようにして1次元ユークリッド空間 $\boldsymbol{R}^1$ と2次元ユークリッド空間 $\boldsymbol{R}^2$ とが同位相でないことを示すことができる．(一般の場合は定理4.15参照.)

いま，$\boldsymbol{R}^1$ と $\boldsymbol{R}^2$ とが同位相で，同位相写像 $h: \boldsymbol{R}^1\to\boldsymbol{R}^2$ が存在すると仮定しよう．a を $\boldsymbol{R}^1$ の1点とし，h を $\boldsymbol{R}^1-\{a\}$ に制限した写像

$$h\,|\,\boldsymbol{R}^1-\{a\}: \boldsymbol{R}^1-\{a\}\to\boldsymbol{R}^2-\{h(a)\}$$

を考えれば，これは明らかに $\boldsymbol{R}^1-\{a\}$ から $\boldsymbol{R}^2-\{h(a)\}$ の上への同位相写像である．したがって $\boldsymbol{R}^1-\{a\}$ と $\boldsymbol{R}^2-\{h(a)\}$ とは同位相になるが，容易にわかるように $\boldsymbol{R}^1-\{a\}$ は弧状連結でないが，$\boldsymbol{R}^2-\{h(a)\}$ は弧状連結である．これは矛盾．したがって $\boldsymbol{R}^1$ と $\boldsymbol{R}^2$ とは同位相ではない．

X の2点 x, x' が或る連続曲線で結べるとき，$x \sim x'$ であると定めれば，この関係 $\sim$ が同値関係であることは明らかであろう．この同値関係 $\sim$ によって X を類別するとき，その類を X の**弧状連結成分**という．弧状連結成分が一つだけであるとき X は弧状連結である．弧状連結成分の個数は定義から明らかなように位相不変量である．

問　題 I

1. ユークリッド空間の図形 A, B で，連続な全単射 $f: A \to B$ が存在するが，同位相でない例を示せ．
2. メービウスの帯は $S^1 \times \boldsymbol{I}$ と同位相でないことを示せ．
3. メービウスの帯は $\boldsymbol{I} \times \boldsymbol{I}$ の両端を1回ねじって同一視することによって構成されたが，$\boldsymbol{I} \times \boldsymbol{I}$ の両端を一般に n 回ねじって同一視したものはどうなるか？
4. 一筆がきができるかどうかは位相不変な性質であることを示せ．
5. '8' の字と S^1 とは同位相でないことを証明せよ．
6. 2次元射影空間 P^2 の部分集合 $\{[x_1, x_2]; x_2 > 1/2\}$ を A とするとき，$P^2 - A$ はメービウスの帯(と同位相)であることを証明せよ．

第2章　複体と多面体

トポロジーの目標は第1章で述べたように図形の位相不変な性質を求めることで，位相不変量がトポロジーにおいて重要な役割をつとめるのであるが，位相不変量の代表的なものがホモロジーである．ホモロジーを定義するには図形に複体としての構造を考えると具合がいい．この章では単体，複体といった図形の組合せ的構造について述べる．

§7　単　　体

十分大きい自然数 N をとり，われわれが対象とする図形はすべて N 次元ユークリッド空間 $\boldsymbol{R}^N$ の部分集合として与えられているものとする．

組合せ的構造をもつ基本的図形として単体を定義するが，それを直観的にとらえるにはベクトルを利用するのがよい．そこではじめに $\boldsymbol{R}^N$ のベクトルについて復習しておこう．

$\boldsymbol{R}^N$ の2点 p, q は有向線分 $\overrightarrow{pq}$ を定める．$\boldsymbol{R}^N$ の有向線分全体の集合を考え，有向線分 $\overrightarrow{pq}$ を平行移動によって有向線分 $\overrightarrow{p'q'}$ に重ね合せることができるとき，$\overrightarrow{pq} \sim \overrightarrow{p'q'}$ と定めると(図2.1)，明らかにこの関係 $\sim$ は同値関係である．有向線分の関係 $\sim$ による同値類を $\boldsymbol{R}^n$ の**ベクトル**という．いいかえれば，平行移動によって重ね合せることができる有向線分を同一視したものがベクトルである．有向線分 $\overrightarrow{pq}$ によって代表されるベクトル $[\overrightarrow{pq}]$ を簡単のため同じ記号で $\overrightarrow{pq}$ と書く

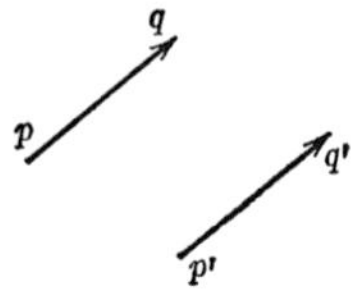

図 2.1

ことにする．

いま，$p=(p^{(1)}, p^{(2)}, \cdots, p^{(N)})$, $q=(q^{(1)}, q^{(2)}, \cdots, q^{(N)})$ であるとすると，N 個の実数の列

$$(q^{(1)}-p^{(1)}, q^{(2)}-p^{(2)}, \cdots, q^{(N)}-p^{(N)})$$

はベクトル $\overrightarrow{pq}$ に固有な量であり，これによりベクトル $\overrightarrow{pq}$ がきまる．この N 個の実数の列を**ベクトルの成分**といい，成分が $(v^{(1)}, v^{(2)}, \cdots, v^{(N)})$ であるベクトル v を

$$v=(v^{(1)}, v^{(2)}, \cdots, v^{(N)})$$

と書く．とくに成分がすべて 0 であるベクトル $(0, 0, \cdots, 0)$ を単に 0 で表わすことにする．

ベクトル v と，実数 λ に対してベクトル

$$(\lambda v^{(1)}, \lambda v^{(2)}, \cdots, \lambda v^{(N)})$$

を λv と書く．とくに $(-1)v$ を $-v$ と書く．また二つのベクトル v, $w=(w^{(1)}, w^{(2)}, \cdots, w^{(N)})$ に対しベクトル

$$(v^{(1)}+w^{(1)}, v^{(2)}+w^{(2)}, \cdots, v^{(N)}+w^{(N)})$$

を $v+w$ と書いて v と w との**和**という．

このとき明らかに次の式が成り立つ：

1) $v+w=w+v$,　　　2) $v+(w+u)=(v+w)+u$,

3) $v+0=v$,　　　4) $v+(-v)=0$,

5) $\lambda(v+w)=\lambda v+\lambda w$, $(\lambda+\mu)v=\lambda v+\mu v$,

6) $\lambda(\mu v)=(\lambda\mu)v$,　　　7) $1v=v$.

$v+(w+u)=(v+w)+u$ を単に $v+w+u$ と書く．一般に m 個のベクトル $v_1, v_2, \cdots, v_m$ に対してそれらの和は和のとり方の順序によらないできまるから，和を単に

$$v_1+v_2+\cdots+v_m$$

と書く．

いま，m 個のベクトル $w_1, w_2, \cdots, w_m$ に対して

$$\lambda_1 w_1+\lambda_2 w_2+\cdots+\lambda_m w_m = 0$$

となる実数 $\lambda_1, \lambda_2, \cdots, \lambda_m$ ですべては 0 でないものが存在するとき，m 個のベクトル $w_1, w_2, \cdots, w_m$ は**1次従属**であるといい，そうでないとき**1次独立**であるという．たとえば，$w_1=(1,0,0,\cdots,0)$，$w_2=(0,1,0,\cdots,0)$，$w_3=(1,1,0,\cdots,0)$ とするとき，w_1, w_2 は1次独立であるが，w_1, w_2, w_3 は1次従属である．

$a=(a^{(1)}, a^{(2)}, \cdots, a^{(N)})$ を $\boldsymbol{R}^N$ の1点とする．$\boldsymbol{R}^N$ の原点 $(0, 0, \cdots, 0)$ を O と書くと，ベクトル $\overrightarrow{Oa}$ の成分は $(a^{(1)}, a^{(2)}, \cdots, a^{(N)})$ である．

いま，a 自身を成分が $(a^{(1)}, a^{(2)}, \cdots, a^{(N)})$ のベクトルと見做すことにすれば，実数 λ に対して λa はベクトル $(\lambda a^{(1)}, \lambda a^{(2)}, \cdots, \lambda a^{(N)})$ である．このようなベクトルの表わし方を便宜的に $\boldsymbol{R}^N$ の点 a について使用することにして，$\boldsymbol{R}^N$ の点

$$(\lambda a^{(1)}, \lambda a^{(2)}, \cdots, \lambda a^{(N)})$$

を λa で表わすことにする．

同様に，$b=(b^{(1)}, b^{(2)}, \cdots, b^{(N)}) \in \boldsymbol{R}^N$ とするとき，ベクトルの和を便宜的に使用して，$\boldsymbol{R}^N$ の点

$$(a^{(1)}+b^{(1)}, a^{(2)}+b^{(2)}, \cdots, a^{(N)}+b^{(N)})$$

を $a+b$ で表わすことにする，

両方の書き方をつかえば，$\boldsymbol{R}^N$ の $m+1$ 個の点 $a_0, a_1, \cdots, a_m$ と $m+1$ 個の実数 $\lambda_0, \lambda_1, \cdots, \lambda_m$ とに対して，$a_i=(a_i^{(1)}, a_i^{(2)}, \cdots, a_i^{(N)})$ とするとき，$\boldsymbol{R}^N$ の点について次の表示がえられる：

$$\lambda_0 a_0+\lambda_1 a_1+\cdots+\lambda_m a_m$$
$$=\left(\sum_{i=0}^m \lambda_i a_i^{(1)}, \sum_{i=0}^m \lambda_i a_i^{(2)}, \cdots, \sum_{i=0}^m \lambda_i a_i^{(N)}\right).$$

直観的にいえば，$\lambda_0+\lambda_1+\cdots+\lambda_m=1$ の場合には，各 a_i に質量 λ_i をおいた質点系を考えるとき，その重心が $\lambda_0 a_0+\lambda_1 a_1+\cdots+\lambda_m a_m$ である．たとえば，$\frac{1}{2}a_0+\frac{1}{2}a_1$ は線分 $\overline{a_0a_1}$ の中点であり，a_0, a_1, a_2 が 3 角形の頂点であるとき，$\frac{1}{3}a_0+\frac{1}{3}a_1+\frac{1}{3}a_2$ はその 3 角形の重心である．

$\boldsymbol{R}^N$ に $m+1$ 個の点 $a_0, a_1, \cdots, a_m$ が与えられているとする．いま，O を $\boldsymbol{R}^N$ の原点として，$\lambda_0+\lambda_1+\cdots+\lambda_m=0$ を満たす $m+1$ 個の実数 $\lambda_0, \lambda_1, \cdots, \lambda_m$ に対して

$$(*) \qquad \lambda_0 a_0+\lambda_1 a_1+\cdots+\lambda_m a_m=O$$

が成り立つのは

$$\lambda_0=\lambda_1=\cdots=\lambda_m=0$$

の場合にかぎるとき，$m+1$ 個の点 $a_0, a_1, \cdots, a_m$ は**一般的な位置にある**という．(*) をベクトルで書きなおせば

$$\lambda_0\overrightarrow{Oa_0}+\lambda_1\overrightarrow{Oa_1}+\cdots+\lambda_m\overrightarrow{Oa_m}=0$$

となるが，ここで

$$\overrightarrow{Oa_i}=\overrightarrow{Oa_0}+\overrightarrow{a_0a_i} \qquad (i=1, 2, \cdots, m)$$

をつかえば，$\lambda_0+\lambda_1+\cdots+\lambda_m=0$ だから

$$\lambda_1\overrightarrow{a_0a_1}+\lambda_2\overrightarrow{a_0a_2}+\cdots+\lambda_m\overrightarrow{a_0a_m}=0$$

となる．したがって，$a_0, a_1, \cdots, a_m$ が一般的な位置にあるためには，m 個のベクトル $\overrightarrow{a_0a_1}, \overrightarrow{a_0a_2}, \cdots, \overrightarrow{a_0a_m}$ が 1 次独立で

あることが必要十分である．とくに $a_0, a_1, \cdots, a_m$ が一般的な位置にあればこの $m+1$ 個の点の中に同じものが含まれることはない．

たとえば，線分の両端の2点，3角形の3頂点，4面体の4頂点はいずれも一般的な位置にある．また，$m+1$ 個の点

$$(0,0,\cdots,0),\ (1,0,\cdots,0),\ (0,1,0,\cdots,0),\ \cdots,\ (\overbrace{0,\cdots,0}^{m-1},1,0,\cdots,0)$$

は一般的な位置にある．しかし一直線上の3点は一般的な位置にはない．

$\boldsymbol{R}^N$ の中に一般的な位置にある $n+1$ 個の点 $a_0, a_1, \cdots, a_n$ をとる．このとき，$\lambda_0+\lambda_1+\cdots+\lambda_n=1$, $\lambda_i \geqq 0\ (i=0,1,\cdots,n)$ のような $n+1$ 個の実数 $\lambda_0, \lambda_1, \cdots, \lambda_n$ によって，$\lambda_0 a_0+\lambda_1 a_1+\cdots+\lambda_n a_n$ と表わされる点全体の集合を $|a_0 a_1 \cdots a_n|$ と書き，$a_0, a_1, \cdots, a_n$を頂点とする **n 次元単体**，または簡単に **n 単体**という．すなわち

$$|a_0 a_1 \cdots a_n| = \{\lambda_0 a_0+\lambda_1 a_1+\cdots+\lambda_n a_n;\ \lambda_0+\lambda_1+\cdots+\lambda_n=1,\ \lambda_i \geqq 0\}.$$

n 単体 $|a_0 a_1 \cdots a_n|$ を σ, τ などと書くこともある．n を単体 $|a_0 a_1 \cdots a_n|$ の**次元**といい，$\dim|a_0 a_1 \cdots a_n|$, $\dim \sigma$ などで書き表わす．単体 σ の次元が n であることを示すために σ^n と書くこともある．

$\boldsymbol{R}^N$ の点 x が n 単体 $|a_0 a_1 \cdots a_n|$ の点である条件をベクトルで表わせば

$$\overrightarrow{Ox} = \lambda_0 \overrightarrow{Oa_0}+\lambda_1 \overrightarrow{Oa_1}+\cdots+\lambda_n \overrightarrow{Oa_n},$$
$$\lambda_0+\lambda_1+\cdots+\lambda_n = 1, \qquad \lambda_i \geqq 0$$

となるから，

$$\overrightarrow{Ox} = \overrightarrow{Oa_0} + \overrightarrow{a_0x}, \qquad \overrightarrow{Oa_i} = \overrightarrow{Oa_0} + \overrightarrow{a_0a_i} \quad (i=1, 2, \cdots, n)$$

から

$$\overrightarrow{a_0x} = \lambda_1\overrightarrow{a_0a_1} + \lambda_2\overrightarrow{a_0a_2} + \cdots + \lambda_n\overrightarrow{a_0a_n},$$
$$\lambda_1 + \lambda_2 + \cdots + \lambda_n \leqq 1, \qquad \lambda_i \geqq 0$$

をうる．したがって n 単体を

$$|a_0a_1\cdots a_n| = \{x;\ \overrightarrow{a_0x} = \lambda_1\overrightarrow{a_0a_1} + \lambda_2\overrightarrow{a_0a_2} + \cdots + \lambda_n\overrightarrow{a_0a_n},$$
$$\lambda_1 + \lambda_2 + \cdots + \lambda_n \leqq 1,\ \lambda_i \geqq 0\}$$

によって定義することもできる．ここで，$a_0, a_1, \cdots, a_n$ は一般的な位置にあるから，$\overrightarrow{a_0a_1}, \overrightarrow{a_0a_2}, \cdots, \overrightarrow{a_0a_n}$ は1次独立である．

このことからすぐわかるように，0単体 $|a_0|$ は1点 a_0，1単体 $|a_0a_1|$ は線分 $\overline{a_0a_1}$，2単体 $|a_0a_1a_2|$ は a_0, a_1, a_2 を頂点とする3角形，3単体 $|a_0a_1a_2a_3|$ は a_0, a_1, a_2, a_3 を頂点とする4面体である(図2.2)．

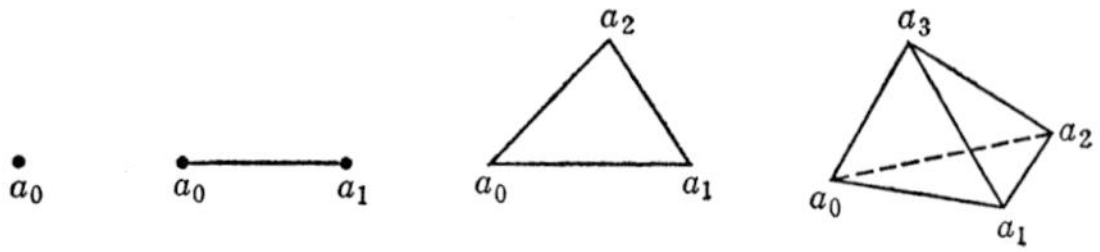

図 2.2

0単体 $|a_0|$ を簡単に a_0 と書くこともある．

$a_{i_0}, a_{i_1}, \cdots, a_{i_n}$ を $a_0, a_1, \cdots, a_n$ の順序を変えたものとすると，定義から明らかなように，

$$|a_{i_0}a_{i_1}\cdots a_{i_n}| = |a_0a_1\cdots a_n|$$

である．すなわち単体は頂点の順序のえらび方に無関係にきまる．

n 単体 $|a_0a_1\cdots a_n|$ の1点 x は

$$x=\lambda_0 a_0+\lambda_1 a_1+\cdots+\lambda_n a_n \quad (\lambda_0+\lambda_1+\cdots+\lambda_n=1,\ \lambda_i \geqq 0)$$

と書き表わされるが，この表わし方は一意的である．なぜなら，他の表わし方 $x=\lambda_0' a_0+\lambda_1' a_1+\cdots+\lambda_n' a_n$ $(\lambda_0'+\lambda_1'+\cdots+\lambda_n'=1,\ \lambda_i' \geqq 0)$ があったとすると，差を考えれば

$$(\lambda_0-\lambda_0')a_0+(\lambda_1-\lambda_1')a_1+\cdots+(\lambda_n-\lambda_n')a_n=O,$$
$$(\lambda_0-\lambda_0')+(\lambda_1-\lambda_1')+\cdots+(\lambda_n-\lambda_n')=0$$

となり，$a_0, a_1, \cdots, a_n$ が一般的な位置にあることから結局

$$\lambda_i=\lambda_i' \qquad (i=0,1,\cdots,n)$$

でなければならないことになるからである．この $n+1$ 個の実数の列 $(\lambda_0, \lambda_1, \cdots, \lambda_n)$ を点 x の**重心座標**という．各 a_i に質量 λ_i をおいた質点系の重心が x である．

重心座標を考えればすぐわかるように，n 単体 $|a_0 a_1\cdots a_n|$ は $\boldsymbol{R}^N$ の閉集合である．

$\boldsymbol{R}^N$ の部分集合 A が**凸集合**であるとは，A の任意の2点 a, b に対して，線分 $\overline{ab}$ 上の点すなわち

$$\mu a+\nu b \qquad (\mu \geqq 0,\ \nu \geqq 0,\ \mu+\nu=1)$$

がすべて A に属することをいう．たとえば n 次元球体 D^n は凸集合である．しかし n 次元球面 S^n は凸集合ではない．

定理 2.1　n 単体 $|a_0 a_1\cdots a_n|$ は $a_0, a_1, \cdots, a_n$ を含む最小の凸集合である．

証明　$|a_0 a_1\cdots a_n|$ の2点 a, b を

$$a=\lambda_0 a_0+\lambda_1 a_1+\cdots+\lambda_n a_n, \qquad b=\lambda_0' a_0+\lambda_1' a_1+\cdots+\lambda_n' a_n$$

とすると，線分 $\overline{ab}$ 上の点 $\mu a+\nu b\,(\mu \geqq 0,\ \nu \geqq 0,\ \mu+\nu=1)$ は

$$\begin{aligned}\mu a+\nu b &\\ &=\mu(\lambda_0 a_0+\lambda_1 a_1+\cdots+\lambda_n a_n)+\nu(\lambda_0' a_0+\lambda_1' a_1+\cdots+\lambda_n' a_n)\\ &=\sum_{i=0}^{n}(\mu\lambda_i+\nu\lambda_i')a_i\end{aligned}$$

と表わされ，

$$\mu\lambda_i+\nu\lambda_i' \geqq 0, \qquad \sum_{i=0}^{n}(\mu\lambda_i+\nu\lambda_i') = \mu\sum_{i=0}^{n}\lambda_i+\nu\sum_{i=0}^{n}\lambda_i' = 1$$

だから，$\mu a+\nu b \in |a_0a_1\cdots a_n|$．したがって $|a_0a_1\cdots a_n|$ は凸集合である．

逆に，A を $a_0, a_1, \cdots, a_n$ を含む任意の凸集合とすれば，A は $|a_0a_1\cdots a_n|$ を含むことを次元 n に関する数学的帰納法によって証明しよう．

$n=0$ のときは $|a_0|=a_0$ だから明らかに成り立つ．いま，$n=q-1$ まで成り立つと仮定しよう．$|a_0a_1\cdots a_q|$ の点 x は

$$x = \lambda_0a_0+\lambda_1a_1+\cdots+\lambda_qa_q \quad (\lambda_0+\lambda_1+\cdots+\lambda_q=1,\ \lambda_i\geqq 0)$$

と表わされる．ここで $\lambda_q=1$ ならば $x=a_q$ となって仮定から $x\in A$ である．$\lambda_q \neq 1$ ならば

$$x = (1-\lambda_q)\left(\frac{\lambda_0}{1-\lambda_q}a_0+\frac{\lambda_1}{1-\lambda_q}a_1+\cdots+\frac{\lambda_{q-1}}{1-\lambda_q}a_{q-1}\right)+\lambda_qa_q$$

だから，x は $\dfrac{\lambda_0}{1-\lambda_q}a_0+\cdots+\dfrac{\lambda_{q-1}}{1-\lambda_q}a_{q-1}$ と $a_q\in A$ とを結ぶ線分上にある．ところが

$$\sum_{i=0}^{q-1}\frac{\lambda_i}{1-\lambda_q} = \frac{1-\lambda_q}{1-\lambda_q} = 1$$

だから，

$$\frac{\lambda_0}{1-\lambda_q}a_0+\cdots+\frac{\lambda_{q-1}}{1-\lambda_q}a_{q-1} \in |a_0a_1\cdots a_{q-1}|$$

で，数学的帰納法の仮定からこの点は A に属する．A が凸集合であることから $x\in A$ であり，$|a_0a_1\cdots a_q|\subset A$ が成り立つ．したがって数学的帰納法によって $|a_0a_1\cdots a_n|\subset A$ となり，$|a_0a_1\cdots a_n|$ は $a_0, a_1, \cdots, a_n$ を含む最小の凸集合である．∎

n 単体 $\sigma=|a_0a_1\cdots a_n|$ の $n+1$ 個の頂点 $a_0, a_1, \cdots, a_n$ から $q+1$ 個 $(0\leqq q\leqq n)$ の点 $a_{i_0}, a_{i_1}, \cdots, a_{i_q}$ をえらべば，$a_0, a_1, \cdots,$

a_n が一般的な位置にあることから，この $q+1$ 個の点も一般的な位置にあることがいえる．したがって，$a_{i_0}, a_{i_1}, \cdots, a_{i_q}$ を頂点とする q 単体

$$\tau = |a_{i_0}a_{i_1}\cdots a_{i_q}|$$

がきまる．このようにしてえられた q 単体 τ を σ の **q 次元辺単体**あるいは単に **q 辺単体**といい，

$$\tau \prec \sigma \quad \text{または} \quad \sigma \succ \tau$$

と書く．とくに σ の n 辺単体とは σ 自身であり，0 辺単体とは頂点である．

たとえば，2 単体 $|a_0a_1a_2|$ の 0 辺単体は $|a_0|, |a_1|, |a_2|$ の 3 個であり，1 辺単体は $|a_0a_1|, |a_1a_2|, |a_2a_0|$ の 3 個，2 辺単体は $|a_0a_1a_2|$ 自身である．$|a_0a_1a_2|$ の辺単体はこの 7 個だけである．一般に，n 単体の q 辺単体の数は $a_0, a_1, \cdots, a_n$ の中から $q+1$ 個をえらぶえらび方できまるから $\binom{n+1}{q+1}$ 個である．

n 単体 $\sigma = |a_0a_1\cdots a_n|$ の点 $\lambda_0a_0+\lambda_1a_1+\cdots+\lambda_na_n$ ($\lambda_0+\lambda_1+\cdots+\lambda_n=1$, $\lambda_i \geqq 0$) が，$\lambda_i>0$ ($i=0, 1, \cdots, n$) を満たしているときその点を σ の**内点**といい，σ の内点全体の集合を $\mathrm{Int}\,\sigma$ と書き，σ の**内部**という．とくに 0 単体 $|a_0|$ に対しては，$\mathrm{Int}|a_0|=|a_0|$ である．(ここで定義した内点と §4 で定義した距離空間 $\boldsymbol{R}^N$ の部分集合としての σ の内点とは同じではないことに注意．)

n 単体 $\sigma = |a_0a_1\cdots a_n|$ の点

$$x = \lambda_0'a_0+\lambda_1'a_1+\cdots+\lambda_n'a_n$$

において，$\lambda_0', \lambda_1', \cdots, \lambda_n'$ の中で 0 でないものを $\lambda_{i_0}', \lambda_{i_1}', \cdots, \lambda_{i_q}'$ とすると，x は σ の q 辺単体 $\tau=|a_{i_0}a_{i_1}\cdots a_{i_q}|$ の内点で

ある．このように σ に属する点 x に対して x を内点にもつ辺単体が一意的にきまる．したがって

$$(**)\qquad \sigma = \bigcup_{\tau \prec \sigma} \mathrm{Int}\,\tau$$

であって，この右辺の和において $\tau \neq \tau'$ ならば

$$\mathrm{Int}\,\tau \cap \mathrm{Int}\,\tau' = \phi$$

である．

$\sigma - \mathrm{Int}\,\sigma$ を σ の**境界**という．境界に属する点は重心座標がある i に対して $\lambda_i = 0$ である．したがって，σ の境界に属する点とは σ の q 辺単体 $(0 \leqq q < n)$ に属する点である．

X を $\boldsymbol{R}^N$ の図形，a を $\boldsymbol{R}^N$ の1点とし，X の任意の点 x に対して線分 $\overline{ax}$ がつねに $\overline{ax} \cap X = x$ であるとき，すべての $x \in X$ について線分 $\overline{ax}$ を考え，その上にある点全体の集合を $a * X$ と書き，a と X の**結**という(図2.3)．すなわち

$$a * X = \{y;\ y \in \overline{ax},\ x \in X\}$$

である．たとえば

$$a_0 * |a_1 \cdots a_n| = |a_0 a_1 \cdots a_n|$$

である．また $X = \phi$ の場合には $a * \phi = a$ と約束する．

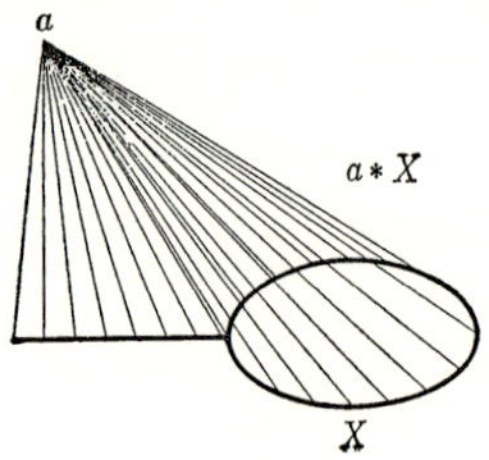

図2.3

§8 複体と多面体

N 次元ユークリッド空間 $\boldsymbol{R}^N$ の中の有限個の単体からなる集合 K があって，次の条件(i),(ii)を満たしているとき，K を**複体**という：

(i) σ を K に属する単体とするとき，σ の辺単体はまた K に属する．

(ii) σ, τ を K に属する二つの単体とし，($\boldsymbol{R}^N$ の部分集合として) $\sigma\cap\tau$ が空でないとき，$\sigma\cap\tau$ は σ の辺単体であり同時に τ の辺単体でもある．(したがって(i)から $\sigma\cap\tau\in K$ である.)

条件(i)から K に属する単体の各頂点は，その単体の 0 辺単体だからやはり K に属する．また，条件(ii)から $\sigma\cap\tau$ は σ と τ とに共通な頂点を頂点とする単体である．

K に属する 0 単体を K の**頂点**という．

複体 K に属する単体の次元の最大値を複体 K の**次元**といい，$\dim K$ と書く．

例 2.1 図 2.4(i)に示した単体の集合は複体であって，$K=\{|a_1a_2a_3|, |a_2a_3a_4|, |a_1a_2|, |a_2a_3|, |a_3a_1|, |a_2a_4|, |a_4a_3|, |a_4a_5|, |a_1|, |a_2|, |a_3|, |a_4|, |a_5|\}$ である．次元は $\dim K=2$ である．図 2.4(ii), (iii), (iv)に示した単体の集合はいず

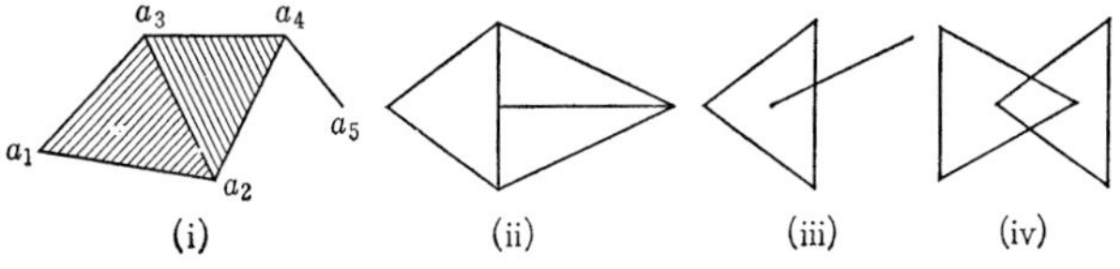

図 2.4

れも複体の条件を満たしていない．▌

例 2.2　n 単体 $\sigma^n=|a_0a_1\cdots a_n|$ のすべての辺単体の集合を $K(\sigma^n)$ とすると，$K(\sigma^n)$ は n 次元複体である．なぜなら，$K(\sigma^n)$ が条件(i)を満たすことは明らかであるし，条件(ii)を満たすことは，$\tau=|a_{i_0}a_{i_1}\cdots a_{i_q}|$，$\tau'=|a_{i'_0}a_{i'_1}\cdots a_{i'_{q'}}|$ とするとき $a_{i_0}, a_{i_1}, \cdots, a_{i_q}$ と $a_{i'_0}, a_{i'_1}, \cdots, a_{i'_{q'}}$ とに共通な点を $a_{i''_0}, a_{i''_1}, \cdots, a_{i''_{q''}}$ とすれば $\tau\cap\tau'=|a_{i''_0}a_{i''_1}\cdots a_{i''_{q''}}|$ だからよい．

$K(\sigma^n)$ から σ^n を除いた集合を $K(\partial\sigma^n)$ とすると，$K(\partial\sigma^n)$ は $(n-1)$ 次元複体である．たとえば，$\sigma^2=|a_0a_1a_2|$ について

$$K(\sigma^2)=\{|a_0a_1a_2|, |a_0a_1|, |a_1a_2|, |a_2a_0|, |a_0|, |a_1|, |a_2|\},$$

$$K(\partial\sigma^2)=\{|a_0a_1|, |a_1a_2|, |a_2a_0|, |a_0|, |a_1|, |a_2|\}$$

である．▌

例 2.3　K を複体とするとき，K に属する単体 σ で $\dim\sigma\leqq q$ のもの全体の集合は q 次元複体である．これを $K^{(q)}$ と書き K の **q 次元切片**という．▌

K を複体とする．K の部分集合 L がまた複体であるとき，L を K の**部分複体**という．たとえば，例 2.2 において $K(\partial\sigma)$ は $K(\sigma)$ の部分複体であり，例 2.3 において $K^{(q)}$ は K の部分複体である．

複体 K の部分集合 L が複体であるためには条件(i)を満たせばよい．なぜなら，条件(ii)は L が K の部分集合であることから自然に成り立つからである．

例 2.4　K を複体とし，L および L' を K の部分複体とするとき，$L\cup L'$ および $L\cap L'$ はともに K の部分複体である．▌

例 2.5 Kを複体，aをKの一つの頂点とするとき，Kに属する単体でaを頂点として含むもの全体とそのすべての辺単体からなる集合を$S_K(a)$と書く．すなわち

$$S_K(a)=\{\sigma;\ \sigma\in K,\ \sigma\prec\tau, a\prec\tau \text{ となる } \tau\in K \text{ がある}\}$$

である．$S_K(a)$をKにおけるaの**星状複体**という．定義から明らかなように$S_K(a)$はKの部分複体である．たとえば例2.1の複体をKとすると，$S_K(a_3)$は図2.4(i)において斜線を引いた部分からなる部分複体である． ▌

複体Kは単体を元とする有限集合であって，K自身は図形ではないが，Kに属する単体はすべて$\boldsymbol{R}^N$の図形だから$\boldsymbol{R}^N$の中でその和集合を作れば$\boldsymbol{R}^N$の図形がえられる．これを複体Kの**多面体**といい，$|K|$とかく．すなわち，Kに属する単体を$\sigma_1, \sigma_2, \cdots, \sigma_r$とすると多面体$|K|$は

$$|K|=\sigma_1\cup\sigma_2\cup\cdots\cup\sigma_r$$

で定義される．たとえば，例2.2において，$|K(\sigma)|=\sigma$，$|K(\partial\sigma)|=\sigma-\mathrm{Int}\,\sigma$である．

多面体の定義と§7(∗∗)とから

$$|K|=\bigcup_{\sigma\in K}\mathrm{Int}\,\sigma$$

であって，この和において$\sigma\neq\sigma'$ならば$\mathrm{Int}\,\sigma\cap\mathrm{Int}\,\sigma'=\phi$となっていることは明らかであろう．

単体は$\boldsymbol{R}^N$の閉集合であるから，その有限個の和集合として多面体$|K|$は$\boldsymbol{R}^N$の閉集合である(例1.11)．

多面体$|K|$は複体Kから定義されたが，この関係を逆に見れば$\boldsymbol{R}^N$の図形$|K|$はKによっていくつかの単体に分割されている．したがって多面体とは‘複体としての構造をもつ$\boldsymbol{R}^N$の図形’である．ここで‘複体としての構造’について

もっと掘り下げて考えてみよう．

複体 K の頂点(0単体)全体を $a_1, a_2, \cdots, a_t$ とし，$\hat{K}=\{a_1, a_2, \cdots, a_t\}$ を K の頂点全体からなる集合とする．K に属する単体 $\sigma=|a_{i_0}, a_{i_1}, \cdots, a_{i_q}|$ に対して，σ の頂点全体からなる集合を $\hat{\sigma}=\{a_{i_0}, a_{i_1}, \cdots, a_{i_q}\}$ と書くことにすると，明らかに $\hat{\sigma}$ は $\hat{K}$ の部分集合である．

したがって，K に属する単体を $\sigma_1, \sigma_2, \cdots, \sigma_r$ とすると，

$$\Sigma = \{\hat{\sigma}_1, \hat{\sigma}_2, \cdots, \hat{\sigma}_r\}$$

は $\hat{K}$ の部分集合を元とする集合である．σ は $\hat{\sigma}$ によって決定されるから，K は $\hat{K}$ と Σ との対 $(\hat{K}, \Sigma)$ によってきまる．たとえば，K を例2.1の複体とすると，$\hat{K}=\{a_1, a_2, a_3, a_4, a_5\}$, $\Sigma=\{\{a_1, a_2, a_3\}, \{a_2, a_3, a_4\}, \{a_1, a_2\}, \{a_2, a_3\}, \{a_3, a_1\}, \{a_2, a_4\}, \{a_4, a_3\}, \{a_4, a_5\}, \{a_1\}, \{a_2\}, \{a_3\}, \{a_4\}, \{a_5\}\}$ である．

$(\hat{K}, \Sigma)$ は K における組合せ的構造を示すものである．このように複体からその組合せ的構造を抽象することによって抽象複体が次のように定義される．

有限個の元からなる集合 $\mathcal{K}=\{v_1, v_2, \cdots, v_t\}$ と $\mathcal{K}$ の部分集合を元とする有限集合 $\mathcal{S}=\{\{v_{i_0}, v_{i_1}, \cdots, v_{i_q}\}, \cdots, \cdots, \cdots\}$ があって，$\mathcal{S}$ が次の条件(i)′，(ii)′ を満たしているとき，$\mathcal{K}$ と $\mathcal{S}$ との対 $(\mathcal{K}, \mathcal{S})$ を**抽象複体**という：

(i)′ $\mathcal{K}$ の任意の元 v に対して，v だけからなる $\mathcal{K}$ の部分集合 $\{v\}$ はつねに $\mathcal{S}$ に属している．

(ii)′ $\{v_{i_0}, v_{i_1}, \cdots, v_{i_q}\}$ を $\mathcal{S}$ の元とするとき，$\{v_{j_0}, v_{j_1}, \cdots, v_{j_r}\}$ が $\{v_{i_0}, v_{i_1}, \cdots, v_{i_q}\}$ の部分集合ならば，つねに $\{v_{j_0}, v_{j_1}, \cdots, v_{j_r}\} \in \mathcal{S}$ である．

$\mathcal{S}$ の元を**抽象単体**という．

$(\hat{K}, \Sigma)$ がこの条件 (i)$'$, (ii)$'$ を満たしていることは明らかで，したがって $(\hat{K}, \Sigma)$ は一つの抽象複体である．これを複体 K の**抽象複体**という．

例 2.6 $\mathcal{K}$ を $n+1$ 個の元からなる集合，$\mathcal{S}$ を $\mathcal{K}$ のすべての部分集合からなる集合とすれば，$(\mathcal{K}, \mathcal{S})$ は抽象複体である．また $\mathcal{S}'$ を $\mathcal{S}$ から $\mathcal{K}$ を除いた集合とすれば，$(\mathcal{K}, \mathcal{S}')$ も抽象複体である． ▎

$(\mathcal{K}, \mathcal{S})$, $(\mathcal{K}', \mathcal{S}')$ を二つの抽象複体とするとき，全単射

$$\varphi : \mathcal{K} \to \mathcal{K}'$$

が存在して，$\{v_{i_0}, v_{i_1}, \cdots, v_{i_q}\} \in \mathcal{S}$ ならばつねに $\varphi(\{v_{i_0}, v_{i_1}, \cdots, v_{i_q}\}) \in \mathcal{S}'$ であり，逆に $\{v'_{i'_0}, v'_{i'_1}, \cdots, v'_{i'_{q'}}\} \in \mathcal{S}'$ ならばつねに $\varphi^{-1}(\{v'_{i'_0}, v'_{i'_1}, \cdots, v'_{i'_{q'}}\}) \in \mathcal{S}$ であるとき，いいかえれば，φ によって $\mathcal{S}$ から $\mathcal{S}'$ への全単射がひきおこされるとき，$(\mathcal{K}, \mathcal{S})$ と $(\mathcal{K}', \mathcal{S}')$ とは**同型**であるという．組合せ的構造のみを問題とするかぎり，同型な抽象複体は同じものと見做してよい．

抽象複体 $(\mathcal{K}, \mathcal{S})$ は有限集合とその部分集合を元とする集合として定義されたが，これに次のように幾何学的意味を与えることができる．

$\boldsymbol{R}^N$ に一般的な位置にある t 個の点 $a_1, a_2, \cdots, a_t$ をとる．たとえば，$a_i = (\underbrace{0, 0, \cdots, 0}_{i-1}, 1, 0, \cdots, 0)$ ととればよい．$\mathcal{S}$ の元 $\{v_{i_0}, v_{i_1}, \cdots, v_{i_q}\}$ に対して q 単体 $|a_{i_0} a_{i_1} \cdots a_{i_q}|$ を対応させることにし，このようにして $\mathcal{S}$ の元からえられる単体すべての集合を K とすると，K は複体である．なぜなら，K が複体の条件 (i) を満たすことは $\mathcal{S}$ の条件 (ii)$'$ から明らかであるし，

条件(ii)を満たすことは，重心座標を考えればすぐわかるように，$|a_{i_0}a_{i_1}\cdots a_{i_q}|\cap|a_{j_0}a_{j_1}\cdots a_{j_r}|$ が $\{a_{i_0}, a_{i_1}, \cdots, a_{i_q}\}$ と $\{a_{j_0}, a_{j_1}, \cdots, a_{j_r}\}$ とに共通な点を頂点とする単体であるからよい．

このように構成された複体 K から前述のように抽象複体 $(\hat{K}, \Sigma)$ をつくると，a_i と v_i とを対応させることによって (K, Σ) と $(\mathcal{K}, \mathcal{S})$ とは同型になる．このように $(\hat{K}, \Sigma)$ が $(\mathcal{K}, \mathcal{S})$ と同型である複体 K を $(\mathcal{K}, \mathcal{S})$ の**幾何学的実現**という．たとえば，例 2.2 の $K(\sigma)$ および $K(\partial\sigma)$ はそれぞれ例 2.6 の $(\mathcal{K}, \mathcal{S})$ および $(\mathcal{K}, \mathcal{S}')$ の幾何学的実現である．

同型のものを同一視することにすれば，任意の抽象複体は上述のようにある複体 K から $(\hat{K}, \Sigma)$ をつくることによってえられる．したがって抽象複体とは複体から組合せ的構造を抽象したものと考えてよい．このような立場から複体 K と抽象複体 $(\hat{K}, \Sigma)$ とを同一視して単に複体とよぶこともある．組合せ的構造を示しているのは K よりもむしろ $(\hat{K}, \Sigma)$ である．

K, K' を二つの複体とする．K の頂点全体の集合 $\hat{K}$ から K' の頂点全体の集合 $\hat{K}'$ への写像

$$\varphi : \hat{K} \to \hat{K}'$$

があって，K の任意の q 単体 $|a_{i_0}a_{i_1}\cdots a_{i_q}|$ に対して $\{\varphi(a_{i_0}), \varphi(a_{i_1}), \cdots, \varphi(a_{i_q})\}$ がつねに K' の或る一つの単体の頂点の集合になっているとき，いいかえれば K, K' の抽象複体 $(\hat{K}, \Sigma), (\hat{K}', \Sigma')$ に対して $\{a_{i_0}, a_{i_1}, \cdots, a_{i_q}\} \in \Sigma$ ならばつねに $\varphi(\{a_{i_0}, a_{i_1}, \cdots, a_{i_q}\}) \in \Sigma'$ であるとき，φ を K から K' への**単体写像**といい，

$$\varphi : K \to K'$$

と書く．たとえば，L を K の部分複体とし，$\iota: L\to K$ を自然な単射とすると，ι は単体写像である．

例 2.7 図 2.5 に示す写像 $\varphi: \hat{K}\to\hat{K}'$ において，(i)は単体写像であるが，(ii)は単体写像ではない．▮

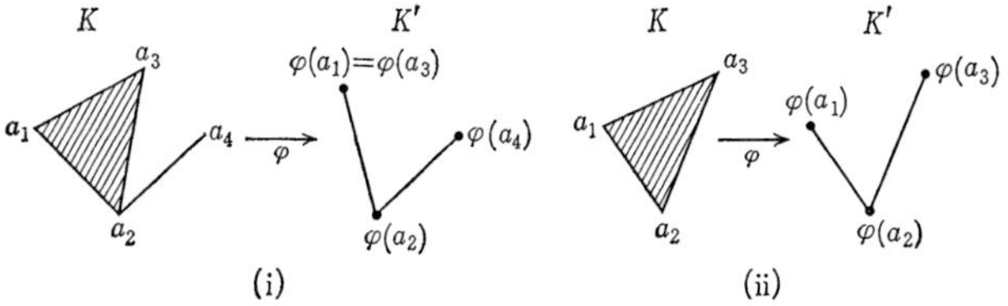

図 2.5

$\varphi: K\to K'$ を単体写像とするとき，K の q 単体 $\sigma=|a_{i_0}a_{i_1}\cdots a_{i_q}|$ に対して $\varphi(a_{i_0}), \varphi(a_{i_1}), \cdots, \varphi(a_{i_q})$ が異なる $q+1$ 個の点であれば $\sigma'=|\varphi(a_{i_0})\varphi(a_{i_1})\cdots\varphi(a_{i_q})|$ は K' の q 単体であって，φ は σ に σ' を対応させているのであるが，$\varphi(a_{i_0}), \varphi(a_{i_1}), \cdots, \varphi(a_{i_q})$ の中に同じものがあれば(たとえば図 2.5(i)のように $\varphi(a_1)=\varphi(a_3)$)，それらは q 次元より低い次元の単体の頂点の集合になっている．

K, K', K'' を複体，$\varphi: K\to K'$，$\varphi': K'\to K''$ を単体写像とするとき，$\varphi: \hat{K}\to\hat{K}'$，$\varphi': \hat{K}'\to\hat{K}''$ の合成

$$\varphi'\varphi: \hat{K}\to\hat{K}''$$

を考えれば，K の q 単体 $|a_{i_0}a_{i_1}\cdots a_{i_q}|$ に対して

$$\begin{aligned}&\{(\varphi'\varphi)(a_{i_0}), (\varphi'\varphi)(a_{i_1}), \cdots, (\varphi'\varphi)(a_{i_q})\}\\ &\quad=\{\varphi'(\varphi(a_{i_0})), \varphi'(\varphi(a_{i_1})), \cdots, \varphi'(\varphi(a_{i_q}))\}\end{aligned}$$

は K'' のある単体の頂点の集合だから，$\varphi'\varphi$ は K から K'' への単体写像である．この単体写像を

$$\varphi'\varphi : K \to K''$$

と書く.

複体 K, K' の間に単体写像 $\varphi : K \to K'$ があって, $\varphi : \hat{K} \to \hat{K}'$ は全単射で, $\varphi^{-1} : K' \to K$ も単体写像であるとき, 複体 K, K' は**同型**であるという. これは φ が $(\hat{K}, \Sigma)$ と $(\hat{K}', \Sigma')$ との間の抽象複体の同型を与えていることと同値である. たとえば, 図2.6において(i), (ii)で示される複体は同型であるが, (iii)で示されるものは(i), (ii)と同型ではない.

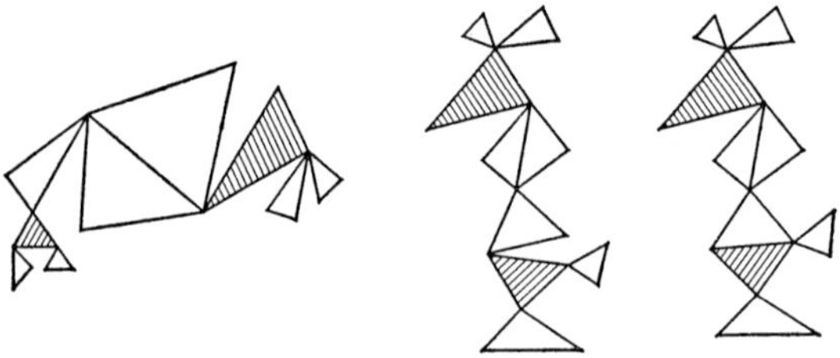

(i)　(ii)　(iii)

図 2.6

同型は明らかに複体の間の同値関係である.

$\varphi : K \to K'$ を単体写像とする. K の q 単体 $\sigma = |a_{i_0} a_{i_1} \cdots a_{i_q}|$ に対して, $\varphi(a_{i_0}), \varphi(a_{i_1}), \cdots, \varphi(a_{i_q})$ は K' の一つの単体の頂点の集合であるが, この中に重複しているものがあるかもしれない. $\varphi(a_{i_0}), \varphi(a_{i_1}), \cdots, \varphi(a_{i_q})$ から相異なるものだけをすべて取り出してそれを $b_0, b_1, \cdots, b_{q'}$ と書くことにしよう. すなわち $\varphi(\{a_{i_0}, a_{i_1}, \cdots, a_{i_q}\}) = \{b_0, b_1, \cdots, b_{q'}\}$ である. σ の点 x を重心座標 $(\lambda_0, \lambda_1, \cdots, \lambda_q)$ によって

$$x = \lambda_0 a_{i_0} + \lambda_1 a_{i_1} + \cdots + \lambda_q a_{i_q}$$

と書き，x に対して $\boldsymbol{R}^N$ の点 $\lambda_0\varphi(a_{i_0})+\lambda_1\varphi(a_{i_1})+\cdots+\lambda_q\varphi(a_{i_q})$ を対応させ，この点を $\bar{\varphi}_\sigma(x)$ と書くことにする：

$$(*)\qquad \bar{\varphi}_\sigma(x)=\bar{\varphi}_\sigma(\lambda_0 a_{i_0}+\lambda_1 a_{i_1}+\cdots+\lambda_q a_{i_q}) \\ =\lambda_0\varphi(a_{i_0})+\lambda_1\varphi(a_{i_1})+\cdots+\lambda_q\varphi(a_{i_q}).$$

ここで同じ頂点に関するものを整理すれば，(*)は

$$\mu_0 b_0+\mu_1 b_1+\cdots+\mu_{q'} b_{q'}$$

となり，各 $\mu_j\ (j=0,1,\cdots,q')$ はいくつかの λ_i の和であるから，

$$\mu_j\geqq 0,\qquad \mu_0+\mu_1+\cdots+\mu_{q'}=1$$

である．したがって $\mu_0 b_0+\mu_1 b_1+\cdots+\mu_{q'} b_{q'}$ は K' の q' 単体 $|b_0 b_1\cdots b_{q'}|$ の点である．このことから x に $\bar{\varphi}_\sigma(x)$ を対応させることによって写像

$$\bar{\varphi}_\sigma : |a_{i_0}a_{i_1}\cdots a_{i_q}|\to|b_0 b_1\cdots b_{q'}|$$

がえられる．定義から明らかなように，$\bar{\varphi}_\sigma$ は σ の重心座標に関して1次であるから，$\bar{\varphi}_\sigma$ は連続写像である．

とくに

$$\bar{\varphi}_\sigma(a_{i_r})=\varphi(a_{i_r})\qquad (r=0,1,\cdots,q)$$

であって，$\bar{\varphi}_\sigma$ は K の頂点に対して定義されている φ を σ に拡張したものと見做すことができる．

いま，σ,τ を K の単体であって $\sigma\cap\tau\neq\phi$ であるとすると，$\sigma\cap\tau$ は σ と τ との共通の辺単体である．定義から明らかなように $\bar{\varphi}_\sigma$ を $\sigma\cap\tau$ に制限した写像 $\bar{\varphi}_\sigma|(\sigma\cap\tau)$ は $\bar{\varphi}_{(\sigma\cap\tau)}$ である．同様に $\bar{\varphi}_\tau|(\sigma\cap\tau)=\bar{\varphi}_{(\sigma\cap\tau)}$ である．したがって $\boldsymbol{R}^N$ の図形 $\sigma\cup\tau$ に対して，写像

$$\bar{\varphi}_{(\sigma\cup\tau)} : \sigma\cup\tau\to\boldsymbol{R}^N$$

を，$x\in\sigma$ なら $\bar{\varphi}_{(\sigma\cup\tau)}(x)=\bar{\varphi}_\sigma(x)$，$x\in\tau$ なら $\bar{\varphi}_{(\sigma\cup\tau)}(x)=\bar{\varphi}_\tau(x)$ に

よって定義すれば，$\bar{\varphi}_{(\sigma\cup\tau)}$ は矛盾なく定義され，$\bar{\varphi}_\sigma$ は σ において連続であり，$\bar{\varphi}_\tau$ は τ において連続だから，$\bar{\varphi}_{(\sigma\cup\tau)}$ は連続写像である．

このことから，単体写像 $\varphi: K \to K'$ に対して，多面体 $|K|$ から多面体 $|K'|$ への写像

$$\bar{\varphi}: |K| \to |K'|$$

を，$x \in \sigma$ であるとき $\bar{\varphi}(x) = \bar{\varphi}_\sigma(x)$ と定義すれば，$\bar{\varphi}$ は $|K|$ 全体に矛盾なく定義されて連続写像となる．このようにして，単体写像 φ から多面体の間の連続写像 $\bar{\varphi}$ が K の頂点 a_i に対しては $\varphi(a_i) = \bar{\varphi}(a_i)$ であり，各単体では1次(すなわち(*))であるように自然に定義された．$\bar{\varphi}$ を φ が**定める連続写像**という．

$\boldsymbol{R}^N$ の一般の図形については，図形の間の写像として第1章で述べたように連続写像を考えるが，複体としての構造をもつ図形である多面体の間の写像としては，複体としての構造を保つ写像として単体写像を考えるのである．

K, K', K'' を複体とし，$\varphi: K \to K'$，$\varphi': K' \to K''$ を単体写像とするとき，単体写像 $\varphi'\varphi: K \to K''$ から定まる連続写像 $\overline{\varphi'\varphi}: |K| \to |K''|$ は定義からすぐわかるように，$\bar{\varphi}: |K| \to |K'|$ と $\bar{\varphi}': |K'| \to |K''|$ との合成 $\bar{\varphi}'\bar{\varphi}$ と同じである．

複体 K, K' が同型，すなわち抽象複体 $(\hat{K}, \Sigma)$，$(\hat{K}', \Sigma')$ が同型であるとすると，この同型を与える単体写像 $\varphi: K \to K'$ によって K の単体と K' の単体とがちょうど対応し合っているから，φ が定める連続写像 $\bar{\varphi}: |K| \to |K'|$ は同位相写像である．

§9　重心細分

K を複体，$|K|$ を K の多面体とする．K は $|K|$ に組合せ的構造を与えているが，$|K|$ を単に $\boldsymbol{R}^N$ の一つの図形と見れば，$|K|$ に組合せ的構造を与えるものは K 以外にも沢山ありうる．たとえば，図 2.7 の(i)，(ii)，(iii)は 2 次元単体に組合せ的構造を与える異なる複体である．

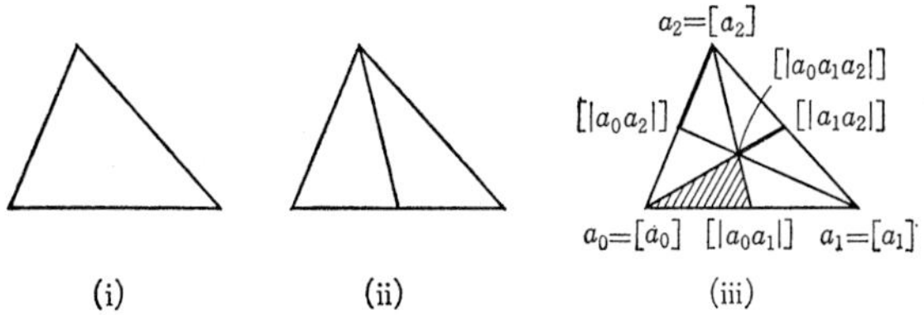

図 2.7

与えられた図形に対して，一つ一つの単体が出来るだけ小さい組合せ的構造をとる必要があとで生じてくるが，実際そのような組合せ的構造を構成するのが重心細分である．

n 単体 $\sigma=|a_0a_1\cdots a_n|$ に対して，σ の 1 点

$$\frac{1}{n+1}a_0+\frac{1}{n+1}a_1+\cdots+\frac{1}{n+1}a_n$$

を σ の**重心**といい，$[\sigma]$ あるいは $[|a_0a_1\cdots a_n|]$ と書く．たとえば，$n=0$ のときは $[a_0]=a_0$ であり，$n=1$ のとき $[|a_0a_1|]$ は線分 $\overline{a_0a_1}$ の中点であり，$n=2$ のとき $[|a_0a_1a_2|]$ は a_0, a_1, a_2 を頂点とする 3 角形のいわゆる重心である(図 2.7(iii))．

$\sigma_0, \sigma_1, \cdots, \sigma_q$ を n 単体 $\sigma=|a_0a_1\cdots a_n|$ の辺単体の列で

$$\sigma_0 \lneqq \sigma_1 \lneqq \sigma_2 \lneqq \cdots \lneqq \sigma_{q-1} \lneqq \sigma_q,$$

すなわち σ_{i-1} は σ_i の辺単体で $\sigma_{i-1}\neq\sigma_i$ $(i=1,2,\cdots,q)$ となっ

ているとする．これらの辺単体の重心 $[\sigma_0],[\sigma_1],\cdots,[\sigma_q]$ は明らかに σ の点である．q 個のベクトル

$$\overrightarrow{[\sigma_0][\sigma_1]},\ \overrightarrow{[\sigma_0][\sigma_2]},\ \cdots,\ \overrightarrow{[\sigma_0][\sigma_q]}$$

を考えよう．i 個 $(1\leqq i\leqq q-1)$ の有向線分

$$\overrightarrow{[\sigma_0][\sigma_1]},\ \overrightarrow{[\sigma_0][\sigma_2]},\ \cdots,\ \overrightarrow{[\sigma_0][\sigma_i]}$$

は σ_i 上にあるが，$\overrightarrow{[\sigma_0][\sigma_{i+1}]}$ は σ_i 上にないから，ベクトル $\overrightarrow{[\sigma_0][\sigma_{i+1}]}$ を i 個のベクトル $\overrightarrow{[\sigma_0][\sigma_1]}$, $\overrightarrow{[\sigma_0][\sigma_2]}$, $\cdots$, $\overrightarrow{[\sigma_0][\sigma_i]}$ で書き表わすことはできない．このことから $\overrightarrow{[\sigma_0][\sigma_1]}$, $\overrightarrow{[\sigma_0][\sigma_2]}$, $\cdots$, $\overrightarrow{[\sigma_0][\sigma_q]}$ は1次独立であることがわかる．したがって $q+1$ 個の点

$$[\sigma_0],\ [\sigma_1],\ \cdots,\ [\sigma_q]$$

は $\boldsymbol{R}^N$ の中で一般的な位置にあり，q 単体 $|[\sigma_0][\sigma_1]\cdots[\sigma_q]|$ が定義できる．このようにして σ の辺単体の列 $\sigma_0\subsetneqq\sigma_1\subsetneqq\cdots\subsetneqq\sigma_q$ から一つの q 単体がきまる．たとえば，2単体 $\sigma=|a_0a_1a_2|$ において辺単体の列 $|a_0|\subsetneqq|a_0a_1|\subsetneqq|a_0a_1a_2|$，$|a_2|\subsetneqq|a_2a_0|$，$|a_1a_2|\subsetneqq|a_0a_1a_2|$ からきまる2単体，1単体は図2.7において斜線および太線で示すものである．

n 単体 $\sigma=|a_0a_1\cdots a_n|$ の辺単体の列として

$$|a_0|\subsetneqq|a_0a_1|\subsetneqq|a_0a_1a_2|\subsetneqq\cdots\subsetneqq|a_0a_1\cdots a_{n-1}|$$
$$\subsetneqq|a_0a_1\cdots a_n|$$

をとると，この列は n 単体

$$\eta=|[a_0][|a_0a_1|][|a_0a_1a_2|]\cdots[|a_0a_1\cdots a_n|]|$$

をきめる．ここで

$$[|a_0a_1\cdots a_j|]=\frac{1}{j+1}a_0+\frac{1}{j+1}a_1+\cdots+\frac{1}{j+1}a_j$$

だから，n 単体 η の点

$$x=\mu_0[a_0]+\mu_1[|a_0a_1|]+\mu_2[|a_0a_1a_2|]+\cdots+\mu_n[|a_0a_1\cdots a_n|]$$
$$(\mu_0+\mu_1+\cdots+\mu_n=1,\ \ \mu_i\geqq 0)$$

は，

$$x=\sum_{j=0}^{n}\mu_j[|a_0a_1\cdots a_j|]=\sum_{j=0}^{n}\sum_{i=0}^{j}\frac{\mu_j}{j+1}a_i=\sum_{i=0}^{n}\sum_{j=i}^{n}\frac{\mu_j}{j+1}a_i$$

となって，$\sigma=|a_0a_1\cdots a_n|$ における x の重心座標 $\lambda_0,\lambda_1,\cdots,\lambda_n$ は

$$\lambda_i=\sum_{j=i}^{n}\frac{1}{j+1}\mu_j \qquad (j=0,1,\cdots,n)$$

である．したがって $\lambda_0\geqq\lambda_1\geqq\cdots\geqq\lambda_n$ となっている．

逆に，$\sigma=|a_0a_1\cdots a_n|$ の点で重心座標 $\lambda_0,\lambda_1,\cdots,\lambda_n$ が $\lambda_0\geqq\lambda_1\geqq\cdots\geqq\lambda_n$ のものは

$$\mu_j=(j+1)(\lambda_j-\lambda_{j+1}) \qquad (j=0,1,\cdots,n)$$

とすると，$\mu_0[a_0]+\mu_1[|a_0a_1|]+\cdots+\mu_n[|a_0a_1\cdots a_n|]$ $(\mu_0+\mu_1+\cdots+\mu_n=1,\ \mu_j\geqq 0)$ と表わされる．すなわち η は重心座標 $\lambda_0,\lambda_1,\cdots,\lambda_n$ が $\lambda_0\geqq\lambda_1\geqq\cdots\geqq\lambda_n$ のような σ の点全体の集合である．さらに η の内部はここで等号が成立しない点全体の集合であり，η の $n-1$ 辺単体は一箇所以上で等号が成立している点からなっている等々のことがわかる．

$\sigma=|a_0a_1\cdots a_n|$ の辺単体の列 $\sigma_0\subsetneqq\sigma_1\subsetneqq\cdots\subsetneqq\sigma_q$ すべてを考え，それからきまる単体 $|[\sigma_0][\sigma_1]\cdots[\sigma_q]|$ 全体の集合を $Sd(\sigma)$ と書くことにする．いま，σ' を σ の一つの辺単体とし σ' に関して $Sd(\sigma')$ をつくると，当然

$$Sd(\sigma')\subset Sd(\sigma)$$

であり，容易にたしかめられるように

$$Sd(\sigma')=\{\tau;\ \tau\in Sd(\sigma),\ \ \tau\subset\sigma'\}=\{\tau\cap\sigma';\ \tau\in Sd(\sigma)\}$$

が成り立つ.

$Sd(\sigma)$ は複体である(図2.7(iii)参照). なぜなら, $Sd(\sigma)$ が複体の条件(i)を満たしていることは明らかであるし, 条件(ii)を満たすことは次の補助定理によって保証されるからである.

補助定理 2.2　$\tau, \tau' \in Sd(\sigma)$ が $\tau \cap \tau' \neq \phi$ であるとすると, $\tau \cap \tau'$ は τ と τ' とに共通の辺単体である.

証明　σ の次元に関する数学的帰納法で証明する. $\dim \sigma = 0$ すなわち $\sigma = |a_0|$ ならば $Sd(\sigma) = \{|a_0|\}$ で補助定理は正しい. つぎに $\dim \sigma \leqq n-1$ の場合に補助定理は正しいと仮定して, $\dim \sigma = n$ の場合を証明しよう.

$\tau = |[\sigma_0][\sigma_1]\cdots[\sigma_q]|$, $\tau' = |[\sigma'_0][\sigma'_1]\cdots[\sigma'_{q'}]|$ であるとする. $\sigma_q \neq \sigma$ あるいは $\sigma'_{q'} \neq \sigma$ の場合には, $\tau \subset \sigma_q$, $\tau' \subset \sigma'_{q'}$ だから

$$\bar{\tau} = \tau \cap (\sigma_q \cap \sigma'_{q'}), \qquad \bar{\tau}' = \tau' \cap (\sigma_q \cap \sigma'_{q'})$$

とすると, $\bar{\tau}, \bar{\tau}'$ はそれぞれ τ, τ' の辺単体で, $\tau \cap \tau' = \bar{\tau} \cap \bar{\tau}'$ である. $\sigma_q \cap \sigma'_{q'}$ は次元が $n-1$ 以下の単体であって, $\bar{\tau}, \bar{\tau}' \in Sd(\sigma_q \cap \sigma'_{q'})$ だから, 帰納法の仮定から $\bar{\tau} \cap \bar{\tau}'$ は $\bar{\tau}$ と $\bar{\tau}'$ との共通の辺単体である. したがって, $\tau \cap \tau' = \bar{\tau} \cap \bar{\tau}'$ は τ と τ' との共通の辺単体である.

つぎに $\sigma_q = \sigma$, $\sigma'_{q'} = \sigma$ の場合を考えよう. 結をつかえば

$$\begin{aligned}\tau \cap \tau' &= |[\sigma_0][\sigma_1]\cdots[\sigma_{q-1}][\sigma]| \cap |[\sigma'_0][\sigma'_1]\cdots[\sigma'_{q'-1}][\sigma]| \\ &= [\sigma] * (|[\sigma_0][\sigma_1]\cdots[\sigma_{q-1}]| \cap |[\sigma'_0][\sigma'_1]\cdots[\sigma'_{q'-1}]|)\end{aligned}$$

と書けるが, 上述の場合と同じ論法によって

$$|[\sigma_0][\sigma_1]\cdots[\sigma_{q-1}]| \cap |[\sigma'_0][\sigma'_1]\cdots[\sigma'_{q-1}]|$$

は $|[\sigma_0][\sigma_1]\cdots[\sigma_{q-1}]|$ と $|[\sigma'_0][\sigma'_1]\cdots[\sigma'_{q-1}]|$ とに共通な辺単体であるから, $\tau \cap \tau'$ は τ と τ' とに共通な辺単体である. ∎

補助定理 2.3 複体 $Sd(\sigma)$ の多面体 $|Sd(\sigma)|$ は $|Sd(\sigma)|=\sigma$ である.

証明 $\tau\in Sd(\sigma)$ とすると $\tau\subset\sigma$ だから, $|Sd(\sigma)|\subset\sigma$ は明らかである. 逆に,

$$\sigma\ni x=\lambda_0a_0+\lambda_1a_1+\cdots+\lambda_na_n$$
$$(\lambda_0+\lambda_1+\cdots+\lambda_n=1,\ \lambda_i\geqq 0)$$

に対して, 頂点の順序を入れかえて

$$x=\lambda_{j_0}a_{j_0}+\lambda_{j_1}a_{j_1}+\cdots+\lambda_{j_n}a_{j_n}$$
$$(\lambda_{j_0}+\lambda_{j_1}+\cdots+\lambda_{j_n}=1,\ \lambda_{j_0}\geqq\lambda_{j_1}\geqq\cdots\geqq\lambda_{j_n}\geqq 0)$$

と書きなおせば, $x\in|[a_{j_0}][|a_{j_0}a_{j_1}|]\cdots[|a_{j_0}a_{j_1}\cdots a_{j_n}|]|$ となるから, $|Sd(\sigma)|\supset\sigma$ である. ▌

K を複体とする. K に属する各単体 σ について $Sd(\sigma)$ をつくり, それらの和集合を $Sd(K)$ とする. すなわち

$$Sd(K)=\{\tau;\ \tau\in Sd(\sigma),\ \sigma\in K\}$$

である. 各 $Sd(\sigma)$ が複体であって, $\sigma,\sigma'\in K$ が $\sigma\cap\sigma'\neq\phi$ ならば $Sd(\sigma)\cap Sd(\sigma')=Sd(\sigma\cap\sigma')$ だから, $Sd(K)$ は複体である. また補助定理 2.3 から明らかなように

$$|Sd(K)|=|K|$$

である. この複体 $Sd(K)$ を K の**重心細分**という. たとえば図 2.8 (i) の複体は図 2.4 (i) の複体の重心細分である.

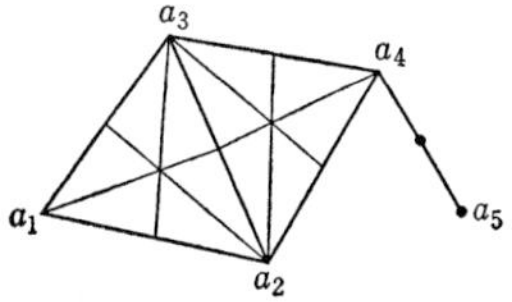

(i)

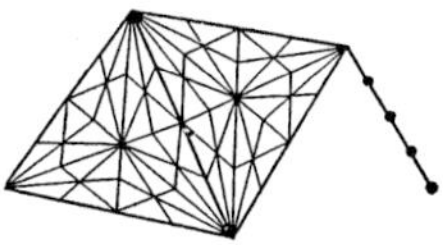

(ii)

図 2.8

明らかに $Sd(K)$ の次元は K の次元と等しい.

複体 K の重心細分 $Sd(K)$ はまた複体だから, $Sd(K)$ の重心細分 $Sd(Sd(K))$ が存在する. これを $Sd^2(K)$ と書くことにする. 図2.8 (ii) は図2.4 (i) の複体を K としたときの $Sd^2(K)$ である. 一般に複体 K に対して K を r 回つづけて重心細分してえられた複体

$$\underbrace{Sd(Sd(\cdots Sd}_{r}(K))\cdots)$$

を $Sd^r(K)$ と書く. 重心細分によって K の各単体は小さな単体に分割されるから, 重心細分をつづけて行えば十分小さい単体からなる複体ができるはずである. 実際, 単体 σ の**直径** $\delta(\sigma)$ を

$$\delta(\sigma)=\sup_{x,y\in\sigma}\rho(x,y)$$

として, 複体 K に属する単体の大きさを示す量 mesh K を

$$\mathrm{mesh}\,K=\sup_{\sigma\in K}\delta(\sigma)$$

で定義すると, 次の定理が成り立つ.

定理 2.4 K を m 次元複体とすると

$$\mathrm{mesh}\,Sd(K)\leqq\frac{m}{m+1}\,\mathrm{mesh}\,K.$$

したがって

$$\lim_{r\to\infty}\mathrm{mesh}\,Sd^r(K)=0.$$

定理 2.4 を証明するまえに次の補助定理を証明しておく.

補助定理 2.5 q 単体 $\tau=|b_0b_1\cdots b_q|$ の直径 $\delta(\tau)$ は τ のある1単体 $|b_ib_j|$ の長さに等しい.

証明 $x, y\in\tau$ とし, $x=\lambda_0 b_0+\lambda_1 b_1+\cdots+\lambda_q b_q$ $(\lambda_0+\lambda_1+\cdots+\lambda_q=1,\ \lambda_i\geqq 0)$ とする. $\boldsymbol{R}^n$ の原点 O に対して

$$\rho(x, y)=\rho(x-y, O)=\rho\left(\left(\sum_{i=0}^{q}\lambda_i b_i-\left(\sum_{i=0}^{q}\lambda_i\right)y\right), O\right)$$

$$=\rho\left(\sum_{i=0}^{q}\lambda_i(b_i-y), O\right)\leqq\sum_{i=0}^{q}\lambda_i\rho(b_i, y)$$

$$\leqq\sum_{i=0}^{q}\lambda_i(\max_i\rho(b_i, y))=\max_i\rho(b_i, y)$$

である. すなわち, 適当な頂点 b_i をえらべば, $\rho(x, y)\leqq\rho(b_i, y)$ となる. ここでさらに同じ論法を y に適用すれば, 適当にえらんだ二つの頂点 b_i, b_j に対して

$$\rho(x, y)\leqq\rho(b_i, b_j)$$

である. ∎

定理2.4の証明 $\tau\in Sd(K)$ とし, $\tau\in Sd(\sigma)$ $(\sigma=|a_0a_1\cdots a_n|\in K)$ とする. 補助定理2.5から b, b' を τ の適当にえらんだ頂点とすれば $\delta(\tau)=\delta(|bb'|)$ である. 必要があれば $a_0\cdots a_n$ の順序を変えて, $b'=[|a_0a_1\cdots a_r|]$, $b=[|a_0a_1\cdots a_s|]$ $(r<s)$ とする. 補助定理2.5の証明中に示したように, $|a_0a_1\cdots a_s|$ の2点 b', b に対して, a_k $(0\leqq k\leqq s)$ を適当にえらべば $\rho(b, b')\leqq\rho(b, a_k)$ だから

$$\delta(\tau)=\rho(b, b')\leqq\rho(b, a_k)=\rho\left(\left(\frac{1}{s+1}\sum_{i=0}^{s}a_i\right), a_k\right)$$

$$=\rho\left(\left(\frac{1}{s+1}\sum_{i=0}^{s}a_i\right)-a_k, O\right)$$

$$\leqq\frac{1}{s+1}\sum_{i=0}^{s}\rho(a_i, a_k)\leqq\frac{s}{s+1}\max_i\rho(a_i, a_k)$$

$$\leqq\frac{s}{s+1}\delta(\sigma)\leqq\frac{n}{n+1}\operatorname{mesh}K\leqq\frac{m}{m+1}\operatorname{mesh}K.$$ ∎

§10 単体分割

K を複体とする．N が十分大であるから N 次元ユークリッド空間 $\boldsymbol{R}^N$ において，$|K|\subset\boldsymbol{R}^{N-1}$ と仮定してよいであろう．閉区間 $\boldsymbol{I}=[0,1]$ は $\boldsymbol{R}^1$ の部分集合だから，積空間 $|K|\times\boldsymbol{I}$ は $\boldsymbol{R}^N$ の中にあると考えることができる．このとき $|K|\times\boldsymbol{I}$ は次の定理 2.7 に示すように多面体である．

複体 K の頂点全体の集合 $\hat{K}$ に一つの順序をきめて，その順序を $<$ で示すことにする．

K の各単体 σ に対して，その頂点を $<$ の順序に並べて，$\sigma=|b_0b_1\cdots b_q|$，$b_0<b_1<\cdots<b_q$ と書き表わす．

$|K|\times\boldsymbol{I}$ の部分集合 $\sigma\times\boldsymbol{I}$ の点 $(b_i,0)$, $(b_i,1)$ $(i=0,1,\cdots,q)$ を簡単のためそれぞれ

$$\underline{b}_i=(b_i,0),\qquad \bar{b}_i=(b_i,1)$$

と書くと(図 2.9)，$\sigma\times\boldsymbol{I}$ の $q+2$ 個の点

$$\underline{b}_0,\ \underline{b}_1,\ \cdots,\ \underline{b}_{j-1},\ \underline{b}_j,\ \bar{b}_j,\ \bar{b}_{j+1},\ \cdots,\ \bar{b}_q$$

は $\boldsymbol{R}^N$ の中で一般的な位置にある．なぜなら，$\overrightarrow{\underline{b}_0\bar{b}_k}=\overrightarrow{\underline{b}_0\underline{b}_k}+\overrightarrow{\underline{b}_k\bar{b}_k}$ $(k=j,j+1,\cdots,q)$ から明らかなように $q+1$ 個のベクトル

$$\overrightarrow{\underline{b}_0\underline{b}_1},\ \overrightarrow{\underline{b}_0\underline{b}_2},\ \cdots,\ \overrightarrow{\underline{b}_0\underline{b}_j},\ \overrightarrow{\underline{b}_0\bar{b}_j},\ \cdots,\ \overrightarrow{\underline{b}_0\bar{b}_q}$$

が1次独立だからである．したがって

$$|\underline{b}_0\underline{b}_1\cdots\underline{b}_j\bar{b}_j\cdots\bar{b}_q|\qquad (j=0,1,\cdots,q)$$

は $q+1$ 単体である．

$q+1$ 個の $q+1$ 単体 $|\underline{b}_0\underline{b}_1\cdots\underline{b}_j\bar{b}_j\cdots\bar{b}_q|$ $(j=0,1,\cdots,q)$ およびそれらの辺単体全体の集合を $K(\sigma\times\boldsymbol{I})$ とする．

補助定理 2.6 $K(\sigma\times\boldsymbol{I})$ は複体で $|K(\sigma\times\boldsymbol{I})|=\sigma\times\boldsymbol{I}$ である．

証明 次元 q に関する数学的帰納法で証明する．$q=1$ の

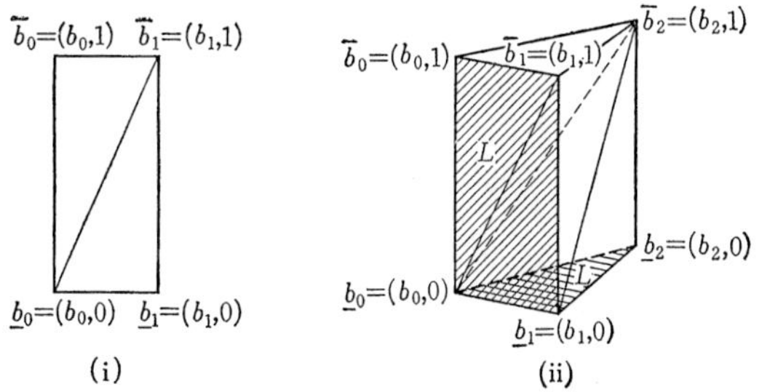

図 2.9

とき正しいことは図 2.9 (i) から明らかである．よって，σ が $q-1$ 単体のときには補助定理が成り立つと仮定しよう．$K(\sigma\times\boldsymbol{I})$ が複体の条件 (i) を満たすことは定義から明らかである．いま

$$L = K(|b_0b_1\cdots b_{q-1}|\times\boldsymbol{I})\cup K(|\underline{b}_0\underline{b}_1\cdots\underline{b}_q|)$$

とすると (図 2.9 (ii) 参照)，帰納法の仮定から L は複体であって (例 2.4)，容易にたしかめられるように

$$\bar{b}_q * |L| = \sigma\times\boldsymbol{I}$$

である．τ を $K(\sigma\times\boldsymbol{I})$ の単体とするとき，$\tau\cap|L|$ は L の単体 (あるいは ϕ) であるから，τ, τ' を $K(\sigma\times\boldsymbol{I})$ の二つの単体で，少なくともいずれか一方が L に属するときは $\tau\cap\tau'$ は ϕ でなければ L (したがって $K(\sigma\times\boldsymbol{I})$) の単体である．$\tau, \tau'$ がともに L に属しないときは，$\tau=|b_0'b_1'\cdots b_r'\bar{b}_q|$，$\tau'=|b_0''b_1''\cdots b_s''\bar{b}_q|$ と書けるが，

$$\tau\cap\tau' = \bar{b}_q * (|b_0'b_1'\cdots b_r'|\cap|b_0''b_1''\cdots b_s''|)$$

で $|b_0'b_1'\cdots b_r'|\cap|b_0''b_1''\cdots b_s''|$ は帰納法の仮定から L の単体 (あるいは ϕ) だから，$\tau\cap\tau'$ は $K(\sigma\times\boldsymbol{I})$ の単体となる．し

たがって $K(\sigma\times\boldsymbol{I})$ が複体の条件(ii)を満たすことがいえた. $|K(\sigma\times\boldsymbol{I})|=\sigma\times\boldsymbol{I}$ は帰納法の仮定と $\bar{b}_q*|L|=\sigma\times\boldsymbol{I}$ とから明らかであろう. ∎

複体 K の各単体 σ について $K(\sigma\times\boldsymbol{I})$ をつくると, $\sigma'\prec\sigma$ であるとき K の頂点に順序が入っていることから $K(\sigma'\times\boldsymbol{I})$ は $K(\sigma\times\boldsymbol{I})$ の部分複体となる(図2.9 (ii)参照). したがって

$$K\times\boldsymbol{I}=\bigcup_{\sigma\in K}K(\sigma\times\boldsymbol{I})$$

とすると, 明らかに次の定理が成り立つ.

定理 2.7 $K\times\boldsymbol{I}$ は複体で, $|K\times\boldsymbol{I}|=|K|\times\boldsymbol{I}$ である.

複体 $K\times\boldsymbol{I}$ を K と $\boldsymbol{I}$ との**積複体**という. $K\times\boldsymbol{I}$ の単体で $|K|\times 0$ 上にあるもの全体の集合を $K_{\{0\}}$ とし, $|K|\times 1$ 上にあるもの全体の集合を $K_{\{1\}}$ とすると, $K_{\{0\}}, K_{\{1\}}$ は $K\times\boldsymbol{I}$ の部分複体で, 対応 $\underline{b}_i\to b_i$ および $\bar{b}_i\to b_i$ によって, ともに K に同型である.

前節において, 複体による組合せ的構造をもつ図形として多面体が定義された. 多面体はしかし $\boldsymbol{R}^N$ の中のいわば角張った図形で, 多面体だけを対象としていると球面あるいは球体といった基本的な図形も範囲外になってしまう. 多面体よりも広い範囲の図形をわれわれの対象とするために, それらの図形に組合せ的構造を定義しなければならない. それが図形の単体分割である.

X を N 次元ユークリッド空間 $\boldsymbol{R}^N$ の図形とする. あるいはもっと一般に X を位相空間であるとしてもよい. X に対して, 或る複体 K があって, 多面体 $|K|$ から X への同位相写像

$$\boldsymbol{t}:|K|\to X$$

が存在するとき，K と $\boldsymbol{t}$ との対 $\{K, \boldsymbol{t}\}$ を X の**単体分割**あるいは**3角形分割**という．K の各単体 σ に対して X の部分集合 $\boldsymbol{t}(\sigma)$ を X の**曲単体**ということにすれば，X は曲単体 $\boldsymbol{t}(\sigma)$ $(\sigma \in K)$ による組合せ的構造をもつことになる．或る図形に対し単体分割が存在するとき，その図形を**単体分割可能**という．$\boldsymbol{R}^N$ の図形 Y が X と同位相で $h: X \to Y$ を同位相写像とすると，$\{K, \boldsymbol{t}\}$ を X の単体分割とするとき，$\{K, h\boldsymbol{t}\}$ は Y の単体分割である．したがって X が単体分割可能なら Y も単体分割可能である．

例 2.8　$\boldsymbol{t}: |K| \to |K|$ を恒等写像とすれば，$\{K, \boldsymbol{t}\}$ は $|K|$ の単体分割である．$\boldsymbol{t}: |Sd(K)| \to |K|$ を§9の同位相写像とすれば，$\{Sd(K), \boldsymbol{t}\}$ も $|K|$ の単体分割である．また，$\boldsymbol{t}: |K \times \boldsymbol{I}| \to |K| \times \boldsymbol{I}$ を定理2.7の同位相写像とすれば，$\{K \times \boldsymbol{I}, \boldsymbol{t}\}$ は $|K| \times \boldsymbol{I}$ の単体分割である．∎

例 2.9　$\boldsymbol{R}^n$ の中の原点 O を中心とする n 次元球体 D^n に対して，原点 O を内点とする n 単体 σ^n を $\boldsymbol{R}^n$ にとる．O から出る半直線 l が σ^n の境界と交わる点を x，D^n の境界 S^{n-1} と交わる点を x' とするとき，線分 $\overline{Ox}$ 上の点 sx $(0 \leqq s \leqq 1)$ に対して $\boldsymbol{t}(sx) = sx'$ と定義すれば $\boldsymbol{t}: \sigma^n \to D^n$ は明らかに同位

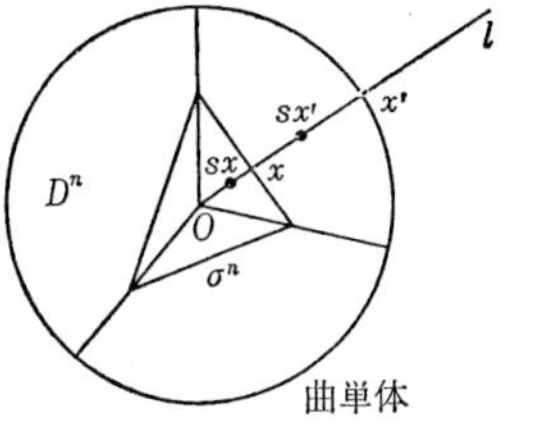

図 2.10

相写像である．したがって，$K(\sigma^n)$ を例2.2の複体とするとき，$\{K(\sigma^n),\boldsymbol{t}\}$ は D^n の単体分割である(図2.10)．$\boldsymbol{t}:\sigma^n\to D^n$ を σ^n の境界 $\sigma^n-\mathrm{Int}\,\sigma^n$ に制限したものを $\boldsymbol{t}'=\boldsymbol{t}|(\sigma^n-\mathrm{Int}\,\sigma^n)$ とすれば，$\boldsymbol{t}':\sigma^n-\mathrm{Int}\,\sigma^n\to S^{n-1}$ は同位相写像だから，$K(\partial\sigma^n)$ を例2.2の複体とすると $\{K(\partial\sigma^n),\boldsymbol{t}'\}$ は $n-1$ 次元球面 S^{n-1} の単体分割である．∎

例 2.10　$\boldsymbol{I}\times\boldsymbol{I}$ を図2.11(ⅰ)に示すような複体 K' によって単体分割する．$\boldsymbol{I}\times\boldsymbol{I}$ から $\overline{AD}$ と $\overline{BC}$, $\overline{AB}$ と $\overline{DC}$ を同一視して図1.7のように円環面 T をつくると，K' の単体は T の曲単体を定め T に組合せ的構造がきまる．T を単体分割する複体 K は，直観的に言えば $\overline{AD}$ と $\overline{BC}$, $\overline{AB}$ と $\overline{DC}$ の同一視において対応する K' の単体(たとえば $|AE|$ と $|BF|$)を同一視してえられる．しかし，複体は $\boldsymbol{R}^N$ の中の単体の集合として定義されるべきだから，もっと正確には K を $\boldsymbol{R}^N$ の中の単体の集合として与えなければならない．それには K' の抽象複体 $(\hat{K}',\Sigma')$ を考え，$(\hat{K}',\Sigma')$ において $\overline{AD}$ と $\overline{BC}$ $\overline{AB}$ と $\overline{DC}$ の同一視において対応する $\hat{K}'$ の頂点を同一視してえられる抽象複体を $(\mathcal{K},\mathcal{S})$ とし，$(\mathcal{K},\mathcal{S})$ の幾何学的実現

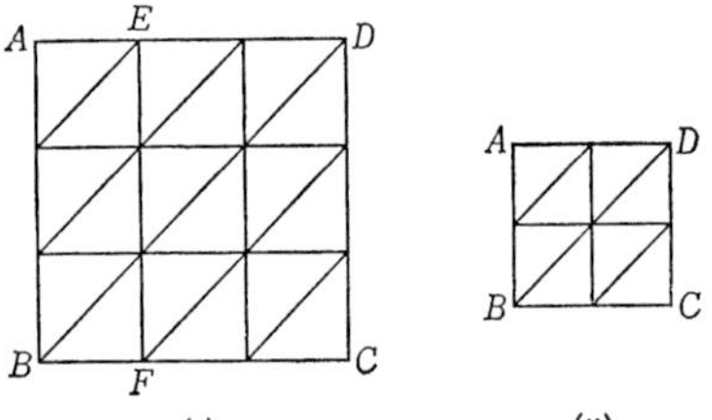

(i)　(ii)　図 2.11

を K とすればよい.

図2.11 (i)より簡単な $\boldsymbol{I}\times\boldsymbol{I}$ の単体分割たとえば図2.11 (ii)に示すものからでは T の単体分割はえられないことに注意. ❙

例 2.11 n 個の $\boldsymbol{I}$ の積空間を $\boldsymbol{I}^n=\boldsymbol{I}\times\boldsymbol{I}\times\cdots\times\boldsymbol{I}$ とする. $\boldsymbol{I}^n\subset\boldsymbol{R}^n$ であるが, $\boldsymbol{I}^n$ を $\boldsymbol{R}^n$ の中で少しずらして $\boldsymbol{R}^n$ の原点 O が $\boldsymbol{I}^n$ の内点になるようにして例2.9の方法をつかえば, $\boldsymbol{I}^n$ は D^n と同位相である. したがって S^m と D^n の積空間 $S^m\times D^n$ は $S^m\times\boldsymbol{I}^n$ と同位相である. S^m は例2.9によって単体分割可能であるから, 定理2.7によって $S^m\times\boldsymbol{I}$ は単体分割可能である. さらに $(S^m\times\boldsymbol{I})\times\boldsymbol{I}$ に定理2.7をつかえば $(S^m\times\boldsymbol{I})\times\boldsymbol{I}=S^m\times\boldsymbol{I}^2$ は単体分割可能である. このようにして $S^m\times\boldsymbol{I}^n$, したがって $S^m\times D^n$ は単体分割可能である.

$\{\overline{K},\boldsymbol{t}\}$ を $S^m\times D^n$ の単体分割とする. S^n を上半球 D^n_+ と下半球 D^n_- に分けて $S^n=D^n_+\cup D^n_-$ と書けば, $S^m\times S^n=(S^m\times D^n_+)\cup(S^m\times D^n_-)$ となる. $\overline{K}$ と同型な複体 $\overline{K}_+,\overline{K}_-$ によって $S^m\times D^n_+$, $S^m\times D^n_-$ がそれぞれ単体分割されていると考え, $S^m\times S^{n-1}$ を単体分割している $\overline{K}_+$ および $\overline{K}_-$ の部分複体を $\overline{K}_+{}',\overline{K}_-{}'$ として, $\overline{K}_+$ と $\overline{K}_-$ とから $\overline{K}_+{}'$ と $\overline{K}_-{}'$ とを同一視してえられる複体を K とすれば, K は $S^m\times S^n$ の単体分割を与える.

この場合も K を $\boldsymbol{R}^n$ の単体の集合として定義するには, $\overline{K}_+,\overline{K}_-$ の抽象複体 $\hat{\overline{K}}_+,\hat{\overline{K}}_-$ から抽象複体 $\hat{K}$ をつくり, $\hat{K}$ の幾何学的実現を K とすればよい. したがって $S^m\times S^n$ は単体分割可能である. $\overline{K}_+,\overline{K}_-$ は K の部分複体になっている. ❙

例 2.12 正6角形の6個の頂点 $a_1, a_2, a_3, a_4, a_5, a_6$ を0単体，6個の辺を1単体とする1次元複体を K_1 とし，$\{K_1, \boldsymbol{t}_1\}$ を S^1 の単体分割とする(図2.12(i))．正6角形の中心を O'，2次元球体 D^2 の中心を O とし，$|K_1|$ の1点 x と実数 $\lambda \geqq 0$, $\mu \geqq 0$ $(\lambda+\mu=1)$ に対して，$\bar{\boldsymbol{t}}_2(\lambda x+\mu O')=\lambda \boldsymbol{t}_1(x)+\mu O$ と定義すれば，$\bar{\boldsymbol{t}}_2$ は正6角形から D^2 への同位相写像で，$\bar{\boldsymbol{t}}_2$ を正6角形の周に制限したものが $\boldsymbol{t}_1$ である．図2.12(ii)に示すように正6角形を単体分割してえられる複体を $\overline{K}_2$ とすれば，$\{\overline{K}_2, \bar{\boldsymbol{t}}_2\}$ は D^2 の単体分割である．$S^2=D^2_+ \cup D^2_-$ として，$\overline{K}_2$ と同型な複体 $\overline{K}_2', \overline{K}_2''$ によって D^2_+, D^2_- をそれぞれ単体分割し，$\overline{K}_2', \overline{K}_2''$ から $S^1=D^2_+ \cap D^2_-$ を単体分割している各単体を同一視してえられる複体を K_2 とすると(図2.12(iii))，K_2 は S^2 の単体分割を与える．

S^1 の単体分割 K_1，S^2 の単体分割 K_2 は中心 O に関して

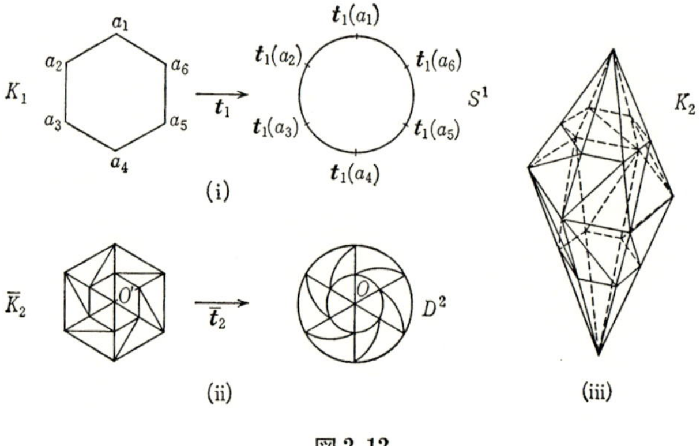

図 2.12

対称な分割であり，K_1 は K_2 に部分複体として含まれている．$\overline{K}_2$ において大小二つの正6角形の間にはさまれている部分は $K_1\times \boldsymbol{I}$ と同型であり(定理2.7参照)，小さい正6角形は $\{O*\sigma;\ \sigma\in K_1\}$ およびそれらの辺単体全体で単体分割されている．これらのことに注意すれば，S^3 の単体分割 K_3 で中心 O に関して対称で，K_2 を部分複体として含むものを同様な方法で K_2 から構成することができる．さらに次元に関する数学的帰納法で，一般に S^n の単体分割 K_n で中心 O に関して対称で，K_{n-1} を部分複体として含むものが存在することがわかる．

K_n において O に関して対称な単体を同一視してえられる複体を $\tilde{K}_n$ とすれば，$\tilde{K}_n$ は n 次元射影空間 P^n の単体分割を与える．($\tilde{K}_n$ を $\boldsymbol{R}^n$ の中の複体として定義するには前述のように抽象複体を考えればよい.) したがって P^n は単体分割可能である． ▎

問　題 II

1. 3次元単体 $|a_0a_1a_2a_3|$ に対して，つぎの10個の点 $a_0, a_1, a_2, a_3, \frac{a_0+a_1}{2}, \frac{a_0+a_2}{2}, \frac{a_0+a_3}{2}, \frac{a_1+a_2}{2}, \frac{a_1+a_3}{2}, \frac{a_2+a_3}{2}$ を頂点とする複体 K で $|K|=|a_0a_1a_2a_3|$ となるものが存在することを示せ.

2. σ^q, σ^r を二つの単体とするとき，$\sigma^q\cup\sigma^r$, $\sigma^q\cap\sigma^r$ は多面体であることを，はじめに $q=2$, $r=3$ の場合について，つぎに一般の場合について証明せよ.

3. σ を n 次元単体とする. $Sd^r(\sigma)$ の単体 τ で $\tau\cap(\sigma-\mathrm{Int}\,\sigma)\neq\phi$ であるもの全体とそのすべての辺単体からなる複体を L_r とするとき，$|L_1|\supset|L_2|\supset\cdots\supset|L_r|\supset\cdots$ であって，

$$\bigcap_{r=1}^{\infty}|L_r|=\sigma-\mathrm{Int}\,\sigma$$

であることを証明せよ.

4. 3 の L_r について, $|L_2|$ は $(\sigma-\mathrm{Int}\,\sigma)\times \boldsymbol{I}$ と同位相であることを証明せよ.

5. メービウスの帯の単体分割 $\{K, \boldsymbol{t}\}$ で, K の単体の個数が最小のものを求めよ.

6. n 個の S^1 の積空間 $T^n=S^1\times S^1\times\cdots\times S^1$ を $\boldsymbol{n}$ **次元円環面**あるいは**トーラス**という. T^n は単体分割可能であることを示せ.

7. K, K' を複体とするとき, $|K|\times|K'|$ は単体分割可能であることを示せ.

第3章　複体のホモロジー

位相不変な(代数的)量の代表的なものがホモロジー群である．複体の組合せ的構造から鎖群と境界準同型が定義され，それによって複体のホモロジー群が定義される．鎖群からホモロジー群に至る構成は全く代数的であって，トポロジーのもつ代数的な面がここに表われている．この章の後半でホモロジー群に関する基本的関係式の一つとしてマイヤー-ビートリス完全系列を述べるが，これは以後各所で使われるものである．

§11　群

この章では群の概念が主要な役割をはたしているので，群について本書で必要な部分をこの節にまとめておくことにする．

(1) 群の定義，準同型

集合 G において，任意の二つの元 α, β に対して**積**とよばれる一つの元を対応させる規則が定められていて，積を $\alpha\circ\beta$ と書けば，それが次の条件(i),(ii),(iii)を満たしているとき G を**群**という．

(i)(結合律)　G の任意の元 α, β, γ に対して

$(\alpha\circ\beta)\circ\gamma = \alpha\circ(\beta\circ\gamma)$　　(これを簡単に $\alpha\circ\beta\circ\gamma$ と書く)．

(ii)(単位元の存在)　G に**単位元**とよばれる元 e が存在し

て，G の任意の元 α に対して

$$\alpha\circ e = e\circ\alpha = \alpha.$$

(iii)（逆元の存在）G の任意の元 α に対して，α の**逆元**とよばれる元が一意的に存在して，それを α^{-1} と書くとき

$$\alpha\circ\alpha^{-1} = \alpha^{-1}\circ\alpha = e.$$

積 $\alpha\circ\beta$ を単に $\alpha\beta$ と書くこともある．G の元 $\underbrace{\alpha\circ\alpha\circ\cdots\circ\alpha}_{n\text{個}}$ を簡単に α^n と書く．また，明らかに $(\alpha^{-1})^{-1}=\alpha$，$(\alpha\circ\beta)^{-1}=\beta^{-1}\circ\alpha^{-1}$ である．

元の個数が有限である群を**有限群**といい，元の個数を群の**位数**という．元の個数が有限でないときその群を**無限群**という．

例 3.1　整数全体の集合 $\boldsymbol{Z}$ において，$\alpha, \beta\in\boldsymbol{Z}$ に対して $\alpha\circ\beta$ を和 $\alpha+\beta$ と定義すれば $\boldsymbol{Z}$ は群になる．単位元は 0 である．この群を集合と同じ記号をつかって $\boldsymbol{Z}$ と書き**無限巡回群**という．同様にして実数全体の集合 $\boldsymbol{R}$ も群になる．❙

例 3.2　正の整数 q を定めておく．整数全体の集合 $\boldsymbol{Z}$ において $a-a'$ が q で割りきれるとき $a, a'\in\boldsymbol{Z}$ は **q を法として合同**であるといい，$a\equiv a' \bmod q$ と書くことにすると，明らかに関係 $\equiv$ は同値関係である．a を含む同値類 $[a]$ は $a+tq$ $(t\in\boldsymbol{Z})$ の形の整数全体の集合であり，$\boldsymbol{Z}$ は q 個の同値類 $[0]$, $[1], [2], \cdots, [q-1]$ に類別される．

ここで，この q 個の同値類に対して $[a]\circ[b]=[a+b]$ と定義すると，容易に確かめられるように q 個の元 $[0], [1], \cdots$, $[q-1]$ からなる群がえられる．これを $\boldsymbol{Z}_q$ と書き**位数 q の巡回群**という．とくに $\boldsymbol{Z}_2$ の元は $[0], [1]$ で，$[0]$ は偶数全体，

[1] は奇数全体である．▌

例 3.3　M を 1 から n までの整数の集合とする．M から M への全単射 $\sigma : M \to M$ を M の**置換**といい，$\sigma(i)=r_i$ $(i=1,2,\cdots,n)$ によって

$$\sigma=\begin{pmatrix}1 & 2 & 3 & \cdots & n \\ r_1 & r_2 & r_3 & \cdots & r_n\end{pmatrix}$$

と書く．M の置換全体の集合を S_n とし，二つの置換 σ,τ に対して積 $\sigma\circ\tau$ を全単射 σ と $\tau : M \to M$ との合成 $\tau\sigma : M \to M$ であると定めると S_n は群となる．これを ***n* 次の対称群**という．S_n の位数は $n!$ である．

たとえば S_3 の位数は 6 で，

$$\sigma=\begin{pmatrix}1\,2\,3 \\ 3\,1\,2\end{pmatrix}, \qquad \tau=\begin{pmatrix}1\,2\,3 \\ 2\,1\,3\end{pmatrix}$$

に対して

$$\sigma\circ\tau=\begin{pmatrix}1\,2\,3 \\ 3\,2\,1\end{pmatrix}, \qquad \tau\circ\sigma=\begin{pmatrix}1\,2\,3 \\ 1\,3\,2\end{pmatrix}$$

すなわち $\sigma\circ\tau \neq \tau\circ\sigma$ である．▌

群 G の部分集合 H が任意の元 $\alpha,\beta\in H$ に対してつねに $\alpha\circ\beta\in H$ および $\alpha^{-1}\in H$ であるとき，H を G の**部分群**という．H を G の部分群とすると，$e=\alpha\circ\alpha^{-1}\in H$ である．したがって $\alpha,\beta\in H$ に対し $\alpha\circ\beta$ を対応させることによって H 自身また群になっている．

例 3.4　G 自身は G の一つの部分群である．単位元だけからなる部分集合 $\{e\}$ は G の部分群である．H, H' を G の部分群とするとき $H\cap H'$ は G の部分群である．▌

例 3.5　ある整数 q に対して，qt $(t\in \boldsymbol{Z})$ の形の整数全体の集合を $q\boldsymbol{Z}$ と書くと，$q\boldsymbol{Z}$ は $\boldsymbol{Z}$ の部分群である．▌

例 3.6　n 次の対称群 S_n の元 σ が，$i \neq p, q$ のとき $\sigma(i)=i$ であって，$\sigma(p)=q$，$\sigma(q)=p$ であるとき，σ を**互換**といい，(pq) あるいは (qp) と書く．たとえば S_3 において $\begin{pmatrix} 1 & 2 & 3 \\ 2 & 1 & 3 \end{pmatrix} = (1\,2) = (2\,1)$ である．S_3 の任意の元たとえば $\begin{pmatrix} 1 & 2 & 3 \\ 3 & 1 & 2 \end{pmatrix}$ は互換の積として $\begin{pmatrix} 1 & 2 & 3 \\ 3 & 1 & 2 \end{pmatrix} = (1\,3)\circ(1\,2)$ と書き表わされる．一般に S_n の任意の元は，いくつかの互換の積として書き表わされる．（これは n に関する数学的帰納法によって，容易に証明される．）S_n の元を互換の積として書き表わすとき，書き表わし方は一意的ではないがそこに出てくる互換の数が偶数か奇数かは書き表わし方によらないできまる．（これは多項式 $F = \prod_{i<j}(x_i - x_j)$ を考え，$\sigma \in S_n$ に対して $\sigma(F) = \prod_{i<j}(x_{\sigma(i)} - x_{\sigma(j)})$ とすると $\sigma(F) = \pm F$ であって，互換の数が偶数か奇数かは符号 $\pm$ できまるからである．）偶数個の互換の積として書き表わされる S_n の元を**偶置換**といい，奇数個のときは**奇置換**という．偶置換全体は S_n の部分群である．S の元 σ に対して記号 $\varepsilon(\sigma)$ を

$$\varepsilon(\sigma) = \begin{cases} 1 & (\sigma \text{ が偶置換のとき}) \\ -1 & (\sigma \text{ が奇置換のとき}) \end{cases}$$

で定義し，これを σ の**符号**という．たとえば，$\varepsilon(e)=1$ である．▌

H を群 G の部分群とする．G の元 α に対して G の部分集合 $\{\alpha\circ\gamma;\ \gamma \in H\}$，$\{\gamma\circ\alpha;\ \gamma \in H\}$ をそれぞれ $\alpha H, H\alpha$ と書く．G の任意の元 α に対してつねに

$$\alpha H = H\alpha$$

であるとき，H を G の**正規部分群**という．定義から明らかなように，G の部分群 H が正規部分群であるためには G の

任意の元 α，H の任意の元 γ に対してつねに

$$\alpha^{-1}\gamma\alpha \in H$$

であることが必要十分である．

例 3.7　$\boldsymbol{Z}$ の部分群 $q\boldsymbol{Z}$ (例 3.5) は正規部分群である．偶置換全体からなる S_n の部分群 (例 3.6) は正規部分群である．e および (1 2) からなる S_3 の部分群を H とすると H は S_3 の正規部分群ではない．なぜなら，

$$(1\,3)H=\left\{(1\,3),\ \begin{pmatrix}1&2&3\\3&1&2\end{pmatrix}\right\},\quad H(1\,3)=\left\{(1\,3),\ \begin{pmatrix}1&2&3\\2&3&1\end{pmatrix}\right\}$$

であって $(1\,3)H \neq H(1\,3)$ だからである．∎

H を群 G の正規部分群とする．G の二つの元 α, β が $\alpha\circ\beta^{-1}\in H$ であるとき $\alpha\sim\beta$ であると定めると，この関係 $\sim$ は同値関係である．なぜなら $\alpha\circ\alpha^{-1}=e\in H$ から $\alpha\sim\alpha$ であり，$\alpha\sim\beta$ (すなわち $\alpha\circ\beta^{-1}\in H$) とすると $(\alpha\circ\beta^{-1})^{-1}=\beta\circ\alpha^{-1}\in H$ から $\beta\sim\alpha$ となるし，$\alpha\sim\beta$，$\beta\sim\gamma$ とすると $H\ni(\alpha\circ\beta^{-1})\circ(\beta\circ\gamma^{-1})=\alpha\circ\gamma^{-1}$ から $\alpha\sim\gamma$ となるからである．

G をこの同値関係 $\sim$ によって同値類に類別する．この同値類全体からなる集合を G/H と書く．G の元 α に対して α の定める同値類 $[\alpha]$ は $[\alpha]=\alpha H=H\alpha$ であり，$G/H\ni[\alpha]$ である．

G/H の二つの元 $[\alpha]=\alpha H$，$[\beta]=\beta H$ に対して積 $[\alpha]\circ[\beta]$ を $[\alpha\circ\beta]$ と定義すると，積 $[\alpha\circ\beta]$ は代表元 α, β のとり方によらずに定まる．なぜなら，$[\alpha']=[\alpha]$ (すなわち $\alpha'\in[\alpha]$)，$[\beta']=[\beta]$ (すなわち $\beta'\in[\beta]$) とすると，$\alpha'\in\alpha H$，$\beta'\in\beta H$ から H の元 γ, γ' で $\alpha'=\alpha\circ\gamma$，$\beta'=\beta\circ\gamma'$ となるものが存在し $\alpha'\circ\beta'=\alpha\circ\gamma\circ\beta\circ\gamma'$ となるが，$H\beta=\beta H$ から $\gamma\circ\beta=\beta\circ\gamma''$ を満たす γ''

$\in H$ があり,

$$\alpha'\circ\beta' = \alpha\circ\beta\circ\gamma''\circ\gamma' \in (\alpha\circ\beta)H$$

が成り立つからである．この積 $[\alpha]\circ[\beta]$ によって G/H は群となる．G/H の単位元は $[e]=H$ であり，$[\alpha]=\alpha H$ の逆元は $[\alpha^{-1}]=\alpha^{-1}H$ である．群 G/H を H を法とする G の**商群**という．

例 3.8 $\boldsymbol{Z}$ の部分群 $q\boldsymbol{Z}$ (例 3.5) に対して，商群 $\boldsymbol{Z}/q\boldsymbol{Z}$ を考えれば，$[a]=\{a+qt;\ t\in\boldsymbol{Z}\}$ で $[a]\circ[b]=[a\circ b]=\{a+b+qt;\ t\in\boldsymbol{Z}\}$ であるから，$\boldsymbol{Z}/q\boldsymbol{Z}=\boldsymbol{Z}_q$ (例 3.2) である．▎

群 G から群 G' への写像

$$f: G \to G'$$

が任意の $a, b\in G$ に対してつねに

$$f(a\circ b) = f(a)\circ f(b)$$

であるとき，f を G から G' への**準同型**(あるいは**準同型写像**)という．e を G の単位元とすると

$$f(e) = f(e\circ e) = f(e)\circ f(e)$$

だから $f(e)$ は G' の単位元である．また

$$f(e) = f(\alpha\circ\alpha^{-1}) = f(\alpha)\circ f(\alpha^{-1})$$

から $f(\alpha^{-1})$ は $f(\alpha)$ の逆元 $(f(\alpha))^{-1}$ である．

準同型 $f: G\to G'$ が単射または全射であるときそれぞれ**単射準同型**または**全射準同型**という．また，準同型 $f: G\to G'$ が全単射であるとき f を**同型**(または**同型写像**)という．

二つの群 G, G' に対して同型 $f: G\to G'$ が存在するとき，G と G' は**同型**であるといい

$$G \cong G'$$

と書く．明らかに $f: G\to G'$ が同型ならば $f^{-1}: G'\to G$ も同

型である.

例 3.9　恒等写像 $1_G: G \to G$ は同型である. H を G の部分群とするとき, $1_G|H: H \to G$ は単射準同型である. この $1_G|H$ を H から G への**自然な単射準同型**という.

また, H を G の正規部分群とするとき, G の元 α に G/H の元 $[\alpha]$ を対応させる射影

$$\boldsymbol{p}: G \to G/H$$

は全射準同型である. ∎

例 3.10　群 G に一つの元 α を定める. G の任意の元 β に対して $\alpha^{-1}\circ\beta\circ\alpha$ を対応させると, α によってきまる写像

$$f_\alpha: G \to G \qquad (f_\alpha(\beta)=\alpha^{-1}\circ\beta\circ\alpha)$$

がえられる. $f_\alpha(\beta\circ\gamma)=\alpha^{-1}\circ(\beta\circ\gamma)\circ\alpha=\alpha^{-1}\circ\beta\circ\alpha\circ\alpha^{-1}\circ\gamma\circ\alpha=f_\alpha(\beta)\circ f_\alpha(\gamma)$ だから, f_α は準同型である. この f_α を α のきめる G の**内部自己同型**という. ∎

$f: G \to G'$, $f': G' \to G''$ を準同型とするとき,

$$f'f: G \to G''$$

はまた準同型である. なぜなら, $\alpha, \beta \in G$ に対して

$$\begin{aligned} f'f(\alpha\circ\beta) &= f'(f(\alpha\circ\beta)) = f'(f(\alpha)\circ f(\beta)) \\ &= f'(f(\alpha))\circ f'(f(\beta)) = f'f(\alpha)\circ f'f(\beta) \end{aligned}$$

となるからである.

上述のことから同型 $\cong$ に関して, (i) $G\cong G$, (ii) $G\cong G'$ ならば $G'\cong G$, (iii) $G\cong G'$, $G'\cong G''$ ならば $G\cong G''$ が成り立つことは明らかであろう.

定理 3.1　準同型 $f: G \to G'$, $g: G' \to G$ が $gf=1_G$, $fg=1_{G'}$ ($1_G, 1_{G'}$ はそれぞれ G, G' の恒等写像)ならば, f, g は同型写像で, G, G' は同型である.

証明 α' を G' の任意の元とするとき，$f(g(\alpha'))=1_{G'}(\alpha')=\alpha'$ だから f は全射である．また，$f(\alpha)=f(\beta)$ とすると，$g(f(\alpha))=g(f(\beta))$ から $\alpha=\beta$ となり，f は単射である．よって f は同型写像となる．同様に g も同型写像である．∎

$f: G\to G'$ を準同型とする．G の部分集合

$$f^{-1}(e) = \{\alpha;\ \alpha\in G,\ f(\alpha)=e,\ e \text{ は } G' \text{ の単位元}\}$$

を f の**核**といい，$\mathrm{Ker}\, f$ と書く．たとえば，写像 $f: \boldsymbol{Z}\to\boldsymbol{Z}_q$ を $f(a)=[a]\ (a\in\boldsymbol{Z})$ と定義すれば f は準同型で $\mathrm{Ker}\, f=q\boldsymbol{Z}$ である．

定理 3.2 $f: G\to G'$ を準同型とするとき，次のことが成り立つ．

（i）f の像 $\mathrm{Im}\, f$ は G' の部分群である．

（ii）f の核 $\mathrm{Ker}\, f$ は G の正規部分群である．

（iii）f が単射準同型であるためには $\mathrm{Ker}\, f=\{e\}$ が必要十分である．

証明 α', β' を $\mathrm{Im}\, f$ の任意の元とすると，G の元 $\bar{\alpha}, \bar{\beta}$ で $f(\bar{\alpha})=\alpha'$，$f(\bar{\beta})=\beta'$ となるものがあるから，$\alpha'\circ\beta'=f(\bar{\alpha})\circ f(\bar{\beta})=f(\bar{\alpha}\circ\bar{\beta})\in\mathrm{Im}\, f$．また，$(\alpha')^{-1}=(f(\bar{\alpha}))^{-1}=f(\bar{\alpha}^{-1})\in\mathrm{Im}\, f$．よって $\mathrm{Im}\, f$ は G' の部分群であり，（i）が証明された．

つぎに，α, β を $\mathrm{Ker}\, f$ の任意の元とすると，$f(\alpha\circ\beta)=f(\alpha)\circ f(\beta)=e\circ e=e$ から $\alpha\circ\beta\in\mathrm{Ker}\, f$．また，$f(\alpha^{-1})=(f(\alpha))^{-1}=e$ から $\alpha^{-1}\in\mathrm{Ker}\, f$．よって $\mathrm{Ker}\, f$ は G の部分群である．さらに，G の任意の元 γ に対して，

$$f(\gamma^{-1}\circ\alpha\circ\gamma) = f(\gamma^{-1})\circ f(\alpha)\circ f(\gamma) = (f(\gamma))^{-1}\circ e\circ f(\gamma) = e$$

から $\gamma^{-1}\circ\alpha\circ\gamma\in\mathrm{Ker}\, f$．よって $\mathrm{Ker}\, f$ は G の正規部分群であり，（ii）が証明された．

$f: G \to G'$ が単射準同型であれば明らかに $\mathrm{Ker}\, f = f^{-1}(e)$ は G の単位元だけからなる部分群 $\{e\}$ である．逆に $\mathrm{Ker}\, f = \{e\}$ とすると，$\alpha, \beta \in G$ に対して $f(\alpha) = f(\beta)$ であれば，$f(\alpha \circ \beta^{-1}) = f(\alpha) \circ (f(\beta))^{-1} = e$ から $\alpha \circ \beta^{-1} = e$ すなわち $\alpha = \beta$ となり，f は単射準同型である．よって(iii)が証明された．∎

$f: G \to G'$ を準同型とすれば，定理 3.2 (ii) によって $\mathrm{Ker}\, f$ は G の正規部分群であるから，$\mathrm{Ker}\, f$ を法とする G の商群 $G/\mathrm{Ker}\, f$ が定義される．$G/\mathrm{Ker}\, f$ の元 $[\alpha] = \alpha(\mathrm{Ker}\, f)$ $(\alpha \in G)$ に対して $\mathrm{Im}\, f$ の元 $f(\alpha)$ を対応させ $\bar{f}([\alpha])$ と書くことにすると，$\bar{f}([\alpha])$ は $[\alpha]$ の代表元 α のえらび方によらないできまる．なぜなら，$\alpha' \in [\alpha]$ とすると，$\alpha' = \alpha \circ \gamma$ $(\gamma \in \mathrm{Ker}\, f)$ だから $f(\alpha') = f(\alpha \circ \gamma) = f(\alpha) \circ f(\gamma) = f(\alpha) \circ e = f(\alpha)$ となるからである．$G/\mathrm{Ker}\, f$ の元 $[\alpha]$ に $\bar{f}([\alpha]) = f(\alpha)$ を対応させる写像

$$\bar{f}: G/\mathrm{Ker}\, f \to \mathrm{Im}\, f$$

は明らかに全射であるが，$G/\mathrm{Ker}\, f \ni [\alpha], [\beta]$ が $\bar{f}([\alpha]) = \bar{f}([\beta])$ であるとすると，定義から $f(\alpha) = f(\beta)$ であるから $f(\alpha \circ \beta^{-1}) = f(\alpha) \circ (f(\beta))^{-1} = e$，したがって $\alpha^{-1} \circ \beta \in \mathrm{Ker}\, f$ すなわち $[\alpha] = [\beta]$ となるから，$\bar{f}$ は単射でもある．よって**準同型定理**とよばれている次の定理が成り立つ．

定理 3.3 (準同型定理) $f: G \to G'$ を準同型とするとき，

$$G/\mathrm{Ker}\, f \cong \mathrm{Im}\, f$$

が成り立つ．

G を群とし，A を G のある部分集合とする．G の部分群で A に属する元すべてを含むもののうち最小のものを H とするとき(すなわち H の部分群で A に属する元すべてを含むものは H だけであるとき)，H を A から**生成される部分**

群という．また，G の正規部分群で A に属する元すべてを含むもののうち最小のものを $\overline{H}$ とするとき，$\overline{H}$ を A から**生成される正規部分群**という．H は

$$\alpha_{\lambda_1}^{\varepsilon_1}\alpha_{\lambda_2}^{\varepsilon_2}\cdots\alpha_{\lambda_r}^{\varepsilon_r} \qquad (\alpha_{\lambda_1}, \alpha_{\lambda_2}, \cdots, \alpha_{\lambda_r} \in A,\ \ \varepsilon_i = \pm 1)$$

の形の G の元すべてからなり，$\overline{H}$ は

$$(\beta_1^{-1}\alpha_{\lambda_1}^{\varepsilon_1}\beta_1)(\beta_2^{-1}\alpha_{\lambda_2}^{\varepsilon_2}\beta_2)\cdots(\beta_r^{-1}\alpha_{\lambda_r}^{\varepsilon_r}\beta_r)$$

$$(\alpha_{\lambda_1}, \alpha_{\lambda_2}, \cdots, \alpha_{\lambda_r} \in A,\ \ \beta_1, \beta_2, \cdots, \beta_r \in G,\ \ \varepsilon_i = \pm 1)$$

の形の G の元すべてからなることは明らかであろう．

(2) 加群，自由加群

群 G において任意の二つの元 $\alpha, \beta \in G$ に対してつねに

(iv)（交換律） $\alpha \circ \beta = \beta \circ \alpha$

が成り立つ場合に，この群 G を**加群**（または**可換群**）という．加群においては積 $\alpha \circ \beta$ を $\alpha + \beta$ と書き，**和**とよぶ．すなわち

$$\alpha + \beta = \beta + \alpha$$

である．これに応じて加群の単位元は 0，α の逆元は $-\alpha$ で表わし，α^n は $n\alpha$ と表わす．ただし $0\alpha = 0$ と定める．また $\alpha + (-\beta)$ を簡単に $\alpha - \beta$ と書く．

例 3.11 例 3.1，例 3.2 は加群である．n 次の対称群は例 3.3 に示されているように $n \geqq 3$ のときは加群ではない． ❙

加群の部分群はまた加群であり，**部分加群**とよばれる．

加群 G においては G の任意の部分加群 H に対して αH, $H\alpha$ はそれぞれ

$$\alpha + H = \{\alpha + \gamma;\ \gamma \in H\}, \qquad H + \alpha = \{\gamma + \alpha;\ \gamma \in H\}$$

と書かれるが，ここでつねに $\alpha + H = H + \alpha$ $(\alpha \in G)$ だから，部分加群はすべて正規部分群である．したがって商群 G/H

がつねに定義できる．G/H の元は $[\alpha]=\alpha+H$ $(\alpha\in G)$ である．

$G_1, G_2, \cdots, G_m$ を m 個の加群とする．各 G_i から一つずつ元 $g_i\in G_i$ $(i=1,2,\cdots,m)$ をとり出してつくった列

$$(g_1, g_2, \cdots, g_m)$$

全体の集合を S とし，S の元の和を

$$\begin{aligned}(g_1, g_2, \cdots, g_m)&+(g_1', g_2', \cdots, g_m')\\ &=(g_1+g_1', g_2+g_2', \cdots, g_m+g_m') \qquad (g_i, g_i'\in G_i)\end{aligned}$$

と定義すれば S は加群である．ここで S の単位元は $(0, 0, \cdots, 0)$，$(g_1, g_2, \cdots, g_m)$ の逆元は $(-g_1, -g_2, \cdots, -g_m)$ である．この加群 S を

$$G_1\oplus G_2\oplus\cdots\oplus G_m$$

と書き，$G_1, G_2, \cdots, G_m$ の**直和**という．

例 3.12 $\boldsymbol{Z}_2\oplus\boldsymbol{Z}_2$ は 4 個の元 $(0,0)$，$(0,[1])$，$([1],0)$，$([1],[1])$ からなる加群である．g を $\boldsymbol{Z}_2\oplus\boldsymbol{Z}_2$ の任意の元とするとつねに $2g=0$ である．したがって $\boldsymbol{Z}_2\oplus\boldsymbol{Z}_2$ と $\boldsymbol{Z}_4$ とは同じ位数の群であるが同型ではない．❙

加群 G の部分加群 $H_1, H_2, \cdots, H_m$ に対して，

$$h_1+h_2+\cdots+h_m \qquad (h_i\in H_i,\ i=1,2,\cdots,m)$$

で表わされる G の元全体の集合を H とすると，H は明らかに G の部分加群である．とくに H の各元が上述の形で一意的に表わされるとき，すなわち

$$h_1+h_2+\cdots+h_m=h_1'+h_2'+\cdots+h_m' \qquad (h_i, h_i'\in H_i)$$

なら $h_i=h_i'$ であるとき，H を

$$H_1\dot{+}H_2\dot{+}\cdots\dot{+}H_m$$

と書き，これを H の**直和分解**という．定義から明らかなように

$$H_1 \dotplus H_2 \dotplus \cdots \dotplus H_m \cong H_1 \oplus H_2 \oplus \cdots \oplus H_m$$

が成り立つ．左辺は G の中における和であり，右辺は各 H_i が独立した加群としての直和であるが，自然な同型があるからとくに区別しないで $\dotplus$ を $\oplus$ と書くこともある．

例 3.13　$G=G'\oplus G''$ とすると，G/G' の元は $g+G'$ $(g\in G'')$ であって $g+G'$ に g を対応させると $G/G'\cong G''$ となる．しかし，この逆は一般には成り立たない．たとえば $G=\boldsymbol{Z}_4$, $G'=\{0,[2]\}$ とすると，$G\supset G'$, $G'\cong\boldsymbol{Z}_2$ で $G/G'\cong\boldsymbol{Z}_2$ となるが $\boldsymbol{Z}_4$ は $\boldsymbol{Z}_2\oplus\boldsymbol{Z}_2$ と同型ではない．❙

加群 G に有限個の元 $u_1, u_2, \cdots, u_r$ をえらんで，G の任意の元 a が適当な整数 $c_1, c_2, \cdots, c_r$ によって

$$a = c_1u_1 + c_2u_2 + \cdots + c_ru_r$$

と表わされるとき(一意的でなくてもよい)，G を**有限生成**の加群といい，$u_1, u_2, \cdots, u_r$ を G の**生成元**という．

加群 G の m 個の元 $u_1', u_2', \cdots, u_m'$ に対して少なくとも一つは 0 でない整数 $c_1, c_2, \cdots, c_m$ が存在して

$$c_1u_1' + c_2u_2' + \cdots + c_mu_m' = 0$$

となるとき $u_1', u_2', \cdots, u_m'$ は **1 次従属**であるといい，そうでないときすなわち上の式が成り立つのは

$$c_1 = c_2 = \cdots = c_m = 0$$

にかぎるとき $u_1', u_2', \cdots, u_m'$ は **1 次独立**という．有限生成の加群 G に含まれる 1 次独立な元の集合の個数の最大値を G の**階数**といい，$r(G)$ で表わす．

例 3.14　$\boldsymbol{Z}\oplus\boldsymbol{Z}$ において，二つの元 $(1,0)$, $(0,1)$ は 1 次独立であるが，任意の三つの元たとえば $(1,0)$, $(0,1)$, $(1,1)$ は 1 次従属であり，$r(\boldsymbol{Z}\oplus\boldsymbol{Z})=2$ である．また，$q>0$ とすると

$r(\boldsymbol{Z}_q)=0$ である. ▌

加群 G に m 個の元 $u_1, u_2, \cdots, u_m$ をとって，G の任意の元 a が整数 $c_1, c_2, \cdots, c_m$ によって一意的に

$$a = c_1u_1 + c_2u_2 + \cdots + c_mu_m$$

と表わされるとき，G を $u_1, u_2, \cdots, u_m$ で生成される**自由加群**といい，$u_1, u_2, \cdots, u_m$ を G の**基**という．明らかに $u_1, u_2, \cdots, u_m$ は1次独立である．このとき G の元 a に対して $f(a)=(c_1, c_2, \cdots, c_m)$ と定めると，$f: G \to \boldsymbol{Z} \oplus \boldsymbol{Z} \oplus \cdots \oplus \boldsymbol{Z}$ (m 個の $\boldsymbol{Z}$ の直和) は明らかに同型で，したがって

$$G \cong \boldsymbol{Z} \oplus \boldsymbol{Z} \oplus \cdots \oplus \boldsymbol{Z}$$

である．

例 3.15 $\boldsymbol{Z}$ は1(あるいは -1)で生成される自由加群である．また，G を有限群とするとき，a を G の任意の元とすると $ta=0$ となる整数 t が存在するから G は自由加群ではない． ▌

自由加群 G の基のえらび方はいろいろあるが，基を構成する元の数は一定である．なぜなら，$u_1, u_2, \cdots, u_m$ および $v_1, v_2, \cdots, v_n$ を G の二つの基であって $m<n$ であると仮定すれば，

$$v_j = \sum_{i=1}^{m} c_{ij}u_i \qquad (j=1, 2, \cdots, n) \quad (c_{ij} \in \boldsymbol{Z})$$

と書けるが，n 個の変数 $x_1, x_2, \cdots, x_n$ に関する整数係数の連立1次方程式

$$\sum_{j=1}^{n} c_{ij}x_j = 0 \qquad (i=1, 2, \cdots, m)$$

は，$m<n$ だからよく知られているようにすべては0でない整数による解 $x_j=r_j$ $(j=1, 2, \cdots, n)$ をもち，

$$\sum_{j=1}^{n} r_j v_j = \sum_{j=1}^{n} r_j (\sum_{i=1}^{m} c_{ij} u_i) = \sum_{i=1}^{m} (\sum_{j=1}^{n} c_{ij} r_j) u_i = 0$$

となって $v_1, v_2, \cdots, v_n$ が1次独立であることに矛盾するからである.

自由加群では基を構成する元の数が階数となっている. 階数 m の自由加群は m 個の $\boldsymbol{Z}$ の直和に同型である. 便宜上単位元のみからなる加群 $\{0\}$ も階数0の自由加群と見做すことにする.

定理 3.4 G を階数 m の自由加群とし, H を G の部分加群とすると, H は自由加群でその階数は m より大ではない.

証明 $H=\{0\}$ の場合は明らかだから, $H \neq \{0\}$ とし G の階数に関する数学的帰納法で証明する. $m=1$ の場合には G は u_1 によって生成される無限巡回群で, G の元は cu_1 $(c \in \boldsymbol{Z})$ と書けるが, H に属する元 cu_1 のうちで c が正の最小値となるものを c_1u_1 とすると, 明らかに H は c_1u_1 を基とする自由加群である.

つぎに G の階数が $m-1$ までのときには定理が成り立つと仮定しよう. $u_1, u_2, \cdots, u_m$ を G の一つの基として, H の元 v を

$$v = r_1u_1 + r_2u_2 + \cdots + r_mu_m \qquad (r_i \in \boldsymbol{Z})$$

と表わす. ここで二つの場合(i), (ii)に分けて考えよう.

(i) もしも H のすべての元 v に対して $r_m=0$ であれば, $u_1, u_2, \cdots, u_{m-1}$ で生成される階数 $m-1$ の自由加群を G' とすると, H は C' の部分加群となるから帰納法の仮定から H は自由加群であって, 階数は $m-1$ より大ではない.

(ii) $r_m \neq 0$ となる v が H の中に存在するとき, $-v=$

$(-r_1)u_1+(-r_2)u_2+\cdots+(-r_m)u_m$ だから，$r_m>0$ となる H の元 v が存在する．いま，r_m が正の最小値をとるような H の元を $\hat{v}=\hat{r}_1u_1+\hat{r}_2u_2+\cdots+\hat{r}_mu_m$ とする．$r_m=\hat{r}_mq+r,\ 0\leqq r<\hat{r}_m$ とすると，

$$v-q\hat{v}=(r_1-q\hat{r}_1)u_1+(r_2-q\hat{r}_2)u_2+\cdots+(r_{m-1}-q\hat{r}_{m-1})u_{m-1}+ru_m$$

で，$v-q\hat{v}\in H$ だから $\hat{r}_m$ のとり方から $r=0$ でなければならない．したがって r_m はつねに $\hat{r}_m$ の整数倍である．$H\cap G'$ は H の部分加群で，任意の $v\in H$ に対してある $q\in \boldsymbol{Z}$ が存在して $v-q\hat{v}\in H\cap G'$ となる．$H\cap G'$ は G' の部分加群だから帰納法の仮定から $H\cap G'$ も自由加群である．$H\cap G'$ の一つの基を $v_1,v_2,\cdots,v_s$ とすると $s\leqq m-1$ で

$$v-q\hat{v}=c_1v_1+c_2v_2+\cdots+c_sv_s$$

であるから

$$v=c_1v_1+c_2v_2+\cdots+c_sv_s+q\hat{v}$$

と表わされる．この表わし方は一意的である．なぜなら，$v=c_1'v_1+c_2'v_2+\cdots+c_s'v_s+q'\hat{v}$ とすると，

$$(q'-q)\hat{v}=(c_1-c_1')v_1+\cdots+(c_s-c_s')v_s$$

となって，この右辺は $H\cap G'$ の元だから $q'=q$ でなければならず，さらに，$v_1,v_2,\cdots,v_s$ が基であることから $c_i=c_i'$ $(i=1,2,\cdots,s)$ となるからである．したがって H は $v_1,v_2,\cdots,v_s,\hat{v}$ で生成される自由加群である．∎

補助定理 3.5 自由加群 G の部分加群 H に対して，G の基 $u_1,u_2,\cdots,u_m$ を適当にとると $\theta_1u_1,\ \theta_2u_2,\ \cdots,\ \theta_tu_t$ が H の基になるようにできる．ただし $\theta_1,\theta_2,\cdots,\theta_t$ は正の整数で $(t\leqq m)$，各 θ_i は θ_{i+1} の約数である．

証明　G の一つの基を $u_1, u_2, \cdots, u_m$ とする．H は定理 3.4 から自由加群である．H の一つの基を $v_1, v_2, \cdots, v_t$ とし，整数 c_{ij} によって $v_j\ (j=1, 2, \cdots, t)$ を

$$v_j = c_{j1}u_1 + c_{j2}u_2 + \cdots + c_{jm}u_m \qquad (j=1, 2, \cdots, t)$$

と表わし，$A=(c_{ji})$ を t 行 m 列の行列とする．補助定理 3.5 を証明するには基 $u_1, u_2, \cdots, u_m$ および $v_1, v_2, \cdots, v_t$ を適当にえらんで

$$A = \begin{bmatrix} \theta_1 & & & & 0 \\ & \theta_2 & & & \\ & & \theta_3 & & \\ & & & \ddots & \\ 0 & & & & \theta_t \end{bmatrix}$$

の形にできることをいえばよい．そのために，基に次の4種の変換(i), (ii), (iii), (iv)を考える．明らかにどの変換を行なっても得られたものはまた基である．

(i) u_i と u_k (あるいは v_j と v_l) とを交換する．これは A においては i 列と k 列 (あるいは j 行と l 行) の交換となる．

(ii) u_i のかわりに $-u_i$ (あるいは v_j のかわりに $-v_j$) をとる．これは A において i 列 (あるいは j 行) の符号を変えることになる．

(iii) q を或る整数とし，u_i のかわりに $u_i - qu_k\ (i \neq k)$ をとると

$$v_j = c_{j1}u_1 + \cdots + c_{ji}(u_i - qu_k) + \cdots + (c_{jk} + qc_{ji})u_k + \cdots + c_{jm}u_m$$

だから，A において i 列を q 倍して k 列に加えることになる．

(iv) v_j のかわりに $v_j - qv_l$ をとると，(iii)と同様に A において j 行を q 倍して l 行に加えることになる．

いま，この4種の変換をつづけて行なって A よりえられる行列の中で，係数の絶対値 $|c_{ji}|$ が最小の正数をとるような行列を一つえらび A' とする．A' に変換(i),(ii)をほどこして $|c_{11}|$ がその最小の正数であって，しかも $c_{11}>0$ とする．$c_{1i}=q_i c_{11}+r_i$ $(0\leqq r_i<c_{11})$ として変換(iii)によって第1列を $-q_i$ 倍して第 i 列に加えると c_{1i} のところは r_i となる．しかし，c_{11} は最小の正数にとってあるから $r_i=0$ であり，$c_{12}=c_{13}=\cdots=c_{1m}=0$ となる．同様に変換(iv)によって $c_{21}=c_{31}=\cdots=c_{m1}=0$ とすることができる．結局行列 A は

$$\begin{bmatrix} c_{11} & 0 & \cdots & 0 \\ 0 & & & \\ \vdots & & A^* & \\ 0 & & & \end{bmatrix}$$

の形になったが，ここで A^* の組成分子 c_{ji} $(i=2,3,\cdots,m,$ $j=2,3,\cdots,t)$ はすべて c_{11} の倍数である．なぜなら，c_{11} の倍数でない c_{ji} があれば，$c_{ji}=q'c_{11}+r'$ $(0<r'<c_{11})$ とするとき，変換(iii)および(iv)によって c_{ji} を r' にかえることができるが，これは c_{11} のとり方に反するからである．つぎに同様な方法によって第1行および第1列を変えないような変換(i)〜(iv)で A^* を

$$\begin{bmatrix} c_{22} & 0 & \cdots & 0 \\ 0 & & & \\ \vdots & & A^{**} & \\ 0 & & & \end{bmatrix}$$

に変えて，A^{**} の組成分子は c_{22} の倍数になるようにできる．同様な方法をくりかえして行なえば行列 A を上述の求める

形にすることができる．▮

定理 3.6　自由加群 G の部分加群 H が，$g\in G$ と 0 でない整数 s に対して，$sg\in H$ ならば $g\in H$ をつねに満たしているならば，G の部分加群 W で

$$G\cong H\oplus W$$

となるものが存在する．(W のとり方は一意的ではない．)

証明　補助定理 3.5 のように基をとると，$\theta_i u_i\in H$ より $u_i\in H$ となるから，$\theta_1=\theta_2=\cdots=\theta_t=1$ でなければならない．すなわち H は $u_1, u_2, \cdots, u_t$ により生成される自由加群である．したがって，$u_{t+1}, u_{t+2}, \cdots, u_m$ により生成される G の部分加群を W とすれば，$G=H\oplus W$ である．▮

加群 G の元 g に対してある自然数 n で $ng=0$ となるものが存在するとき g を**有限位数**であるという．G の有限位数の元全体の集合を T とすると，容易にわかるように T は G の部分加群である．T を G の**ねじれ部分加群**という．

定理 3.7（**加群の基本定理**）　有限生成の加群 G は（位数有限のまたは無限）巡回群の直和として

$$G\cong \boldsymbol{Z}\oplus\boldsymbol{Z}\oplus\cdots\oplus\boldsymbol{Z}\oplus\boldsymbol{Z}_{\theta_1}\oplus\boldsymbol{Z}_{\theta_2}\oplus\cdots\oplus\boldsymbol{Z}_{\theta_s}$$

と表わされる．ここで $\boldsymbol{Z}$ は無限巡回群，$\boldsymbol{Z}_{\theta_i}$ は位数 θ_i の巡回群であり ($\theta_i>1$)，各 θ_i は θ_{i+1} の約数である．しかもこの表示は一意的である．

証明　m 個の元 $x_1, x_2, \cdots, x_m$ が G の生成元であるとしよう．いま，$\hat{G}$ を階数 m の自由加群とし，$z_1, z_2, \cdots, z_m$ を $\hat{G}$ の基とする．$\hat{G}\cong\boldsymbol{Z}\oplus\boldsymbol{Z}\oplus\cdots\oplus\boldsymbol{Z}$（$m$ 個の $\boldsymbol{Z}$ の直和）である．

$\hat{G}$ から G への全射準同型

$$f:\hat{G}\to G$$

を

$$f(c_1z_1+c_2z_2+\cdots+c_mz_m)=c_1x_1+c_2x_2+\cdots+c_mx_m$$

で定義する．Ker f は $\hat{G}$ の部分加群で(定理 3.2 (ii))，補助定理 3.5 によって $\hat{G}$ の基 $u_1, u_2, \cdots, u_m$ を適当にとって，$\theta_1u_1, \theta_2u_2, \cdots, \theta_tu_t$ が Ker f の基になるようにできる．Ker $f \cong \boldsymbol{Z}\oplus\boldsymbol{Z}\oplus\cdots\oplus\boldsymbol{Z}$ (t 個の $\boldsymbol{Z}$ の直和) であって，定理 3.3 によって $G\cong\hat{G}/\mathrm{Ker}\,f$ であるから，G は $u_i\,(i=t+1, t+2, \cdots, m)$ によって代表される $m-t$ 個の無限巡回群と，($\boldsymbol{Z}/\theta_i\boldsymbol{Z}\cong\boldsymbol{Z}_{\theta_i}$ から)位数 θ_i の巡回群 $\boldsymbol{Z}_{\theta_i}\,(i=1, 2, \cdots, s)$ の直和となる．ただし $\theta_i=1$ のものは省いてよい．

つぎに一意性を証明しよう．$G\cong\boldsymbol{Z}\oplus\boldsymbol{Z}\oplus\cdots\oplus\boldsymbol{Z}\oplus\boldsymbol{Z}_{\theta'_1}\oplus\boldsymbol{Z}_{\theta'_2}\oplus\cdots\oplus\boldsymbol{Z}_{\theta'_{s'}}$ を別の表示とする．G のねじれ部分加群 T は定義から明らかなように $T\cong\boldsymbol{Z}_{\theta_1}\oplus\boldsymbol{Z}_{\theta_2}\oplus\cdots\oplus\boldsymbol{Z}_{\theta_s}$，$T\cong\boldsymbol{Z}_{\theta'_1}\oplus\boldsymbol{Z}_{\theta'_2}\oplus\cdots\oplus\boldsymbol{Z}_{\theta'_{s'}}$ であって $G/T\cong\boldsymbol{Z}\oplus\cdots\oplus\boldsymbol{Z}$ となり(例 3.13)，G/T は自由加群となるから，二つの表示に出てくる $\boldsymbol{Z}$ の数はともに G/T の階数に等しく，したがって二つの表示において $\boldsymbol{Z}\oplus\boldsymbol{Z}\oplus\cdots\oplus\boldsymbol{Z}$ の部分は等しい．つぎに T に対応する部分を考えよう．いま，$\theta_s=\theta'_{s'}, \theta_{s-1}=\theta'_{s'-1}, \cdots, \theta_{s-i+1}=\theta'_{s'-i+1}$ であるとする．もしも $\theta_{s-i}<\theta'_{s'-i}$ とすると G の部分加群 $\theta_{s-i}T=\{\theta_{s-i}a;\ a\in T\}$ は二つの表示においてそれぞれ

$$\begin{aligned}\theta_{s-i}T &\cong \boldsymbol{Z}_{\theta_{s-i+1}/\theta_{s-i}}\oplus\cdots\oplus\boldsymbol{Z}_{\theta_s/\theta_{s-i}}\\ &\cong T'\oplus\boldsymbol{Z}_{\theta'_{s'-i}/\theta_{s-i}}\oplus\boldsymbol{Z}_{\theta'_{s'-i+1}/\theta_{s-i}}\oplus\cdots\oplus\boldsymbol{Z}_{\theta_s/\theta_{s-i}}\end{aligned}$$

となる．ただし，$T'=\{\theta_{s-i}a';\ a'\in\boldsymbol{Z}_{\theta'_1}\oplus\boldsymbol{Z}_{\theta'_2}\oplus\cdots\oplus\boldsymbol{Z}_{\theta'_{s'-i-1}}\}$ である．よって元の数を比較して矛盾を生ずる．同様に $\theta_{s-i}>\theta'_{s'-i}$ でも矛盾が生ずるから $\theta_{s-i}=\theta'_{s'-i}$ でなければならない．この論法をくりかえせば，$s=s'$，$\theta_i=\theta'_i\ (i=1, 2, \cdots, s)$

であることがわかる．▮

有限生成の加群 G に対して，定理 3.7 の表示に出てくる無限巡回群の数が階数 $r(G)$ である．G によって一意的にきまる階数および $(\theta_1, \theta_2, \cdots, \theta_s)$ を G の**不変系**という．また

$$T \cong \boldsymbol{Z}_{\theta_1} \oplus \boldsymbol{Z}_{\theta_2} \oplus \cdots \oplus \boldsymbol{Z}_{\theta_s}$$

であって，ねじれ部分加群 T は有限群である．

例 3.16　$\hat{G}$ を自由加群，$\hat{H}$ を $\hat{G}$ の部分加群とすると，定理 3.7 の証明から明らかなように

$$r(\hat{G}/\hat{H}) = r(\hat{G}) - r(\hat{H})$$

が成り立つ．▮

(3) 図式

いくつかの加群とその間の準同型の矢印の或る集まりを**図式**という．たとえば，A, B, C 等を加群とし，f, g, h 等を準同型とするとき，

$$\begin{array}{ccc} A & \xrightarrow{f} & B \\ & {\scriptstyle g}\searrow & \downarrow{\scriptstyle h} \\ & & C \end{array} \qquad\qquad \begin{array}{ccccc} A_1 & \xrightarrow{f_1} & A_2 & \xrightarrow{f_2} & A_3 \\ {\scriptstyle h_1}\downarrow & & {\scriptstyle h_2}\downarrow & & {\scriptstyle h_3}\downarrow \\ B_1 & \xrightarrow[g_1]{} & B_2 & \xrightarrow[g_2]{} & B_3 \end{array}$$

（i）　　　　　　　　（ii）

はいずれも図式である．或る図式が**可換**であるとは，一つの加群から他の加群へどのような矢印をたどって行っても，その合成が同一であることをいう．たとえば，（i）の図式が可換であるとは，A から C へ二つの準同型 hf, g があるが，その二つが等しく $hf=g$ が成り立つことをいう．（ii）の図式が可換であるとは

$$h_2 f_1 = g_1 h_1, \quad h_3 f_2 = g_2 h_2$$

であることをいう．$h_3 f_2 f_1 = g_2 h_2 f_1 = g_2 g_1 h_1$ であることはそれから導かれる．図式のうち

$$A_1 \xrightarrow{f_1} A_2 \xrightarrow{f_2} A_3 \xrightarrow{f_3} \cdots \xrightarrow{f_{m-1}} A_m$$

のように矢印が同じ方向に一直線に並んでいるものを**系列**という．系列が**完全**である，あるいは**完全系列**であるとは両端以外の各加群 A_i $(i=2, 3, \cdots, m-1)$ について f_{i-1} の像 $f_{i-1}(A_{i-1})$ と f_i の核とが等しいこと，すなわち

$$\mathrm{Im}\, f_{i-1} = \mathrm{Ker}\, f_i$$

が満たされていることをいう．

一般に準同型 $f: A \to B$ において $\mathrm{Im}\, f = f(A) = \{0\}$ (0 は B の単位元) であるとき，f を**零準同型**といい，f の代りに 0 と書く．また，単位元だけからなる群 $\{0\}$ を単に 0 と書くことにする．

例 3.17　完全系列においてはとくに $f_i f_{i-1} = 0$ である．系列 $0 \xrightarrow{f} A \xrightarrow{g} B$ が完全であるとは $\mathrm{Im}\, f = 0$ であるから $\mathrm{Ker}\, g = 0$ すなわち $g: A \to B$ が単射準同型であることを意味する．また，系列 $A \xrightarrow{f} B \xrightarrow{g} 0$ が完全であるとは $\mathrm{Ker}\ g = B$ であるから $\mathrm{Im}\, f = B$ すなわち $f: A \to B$ が全射準同型であることを意味する．

H を加群 G の部分加群，$\iota: H \to G$ を自然な単射準同型，$\boldsymbol{p}: G \to G/H$ を射影とすると

$$0 \to H \xrightarrow{\iota} G \xrightarrow{\boldsymbol{p}} G/H \to 0$$

は完全系列である．▌

定理 3.8 (**5 項補助定理**)　可換な図式

$$\begin{array}{ccccccccc} A_1 & \xrightarrow{f_1} & A_2 & \xrightarrow{f_2} & A_3 & \xrightarrow{f_3} & A_4 & \xrightarrow{f_4} & A_5 \\ {\scriptstyle h_1}\downarrow & & {\scriptstyle h_2}\downarrow & & {\scriptstyle h_3}\downarrow & & {\scriptstyle h_4}\downarrow & & {\scriptstyle h_5}\downarrow \\ B_1 & \xrightarrow{g_1} & B_2 & \xrightarrow{g_2} & B_3 & \xrightarrow{g_3} & B_4 & \xrightarrow{g_4} & B_5 \end{array}$$

において，$A_1\xrightarrow{f_1}A_2\xrightarrow{f_2}A_3\xrightarrow{f_3}A_4\xrightarrow{f_4}A_5$ および $B_1\xrightarrow{g_1}B_2\xrightarrow{g_2}B_3\xrightarrow{g_3}B_4\xrightarrow{g_4}B_5$ が完全系列であり，h_1, h_2, h_4, h_5 が同型であれば，h_3 は同型である．

証明　h_3 が全射準同型であること．b を B_3 の任意の元とする．$h_4^{-1}g_3(b)=a_4$ とすると

$$h_5f_4(a_4) = g_4h_4(a_4) = g_4h_4h_4^{-1}g_3(b) = g_4g_3(b) = 0$$

で，h_5 が同型だから $f_4(a_4)=0$ である．$\mathrm{Im}\, f_3=\mathrm{Ker}\, f_4$ だから，A_3 の元 a_3 で $f_3(a_3)=a_4$ となるものが存在する．$b'=b-h_3(a_3)$ とすると，

$$g_3(b') = g_3(b)-g_3h_3(a_3) = g_3(b)-h_4f_3(a_3) = g_3(b)-h_4(a_4) = 0.$$

したがって $\mathrm{Im}\, g_2=\mathrm{Ker}\, g_3$ から，B_2 の元 b_2 で $g_2(b_2)=b'$ となるものが存在する．A_3 の元 a' を $a'=a_3+f_2h_2^{-1}(b_2)$ と定義すると，

$$\begin{aligned} h_3(a') &= h_3(a_3)+h_3f_2h_2^{-1}(b_2) = h_3(a_3)+g_2h_2h_2^{-1}(b_2) \\ &= h_3(a_3)+g_2(b_2) = h_3(a_3)+(b-h_3(a_3)) = b \end{aligned}$$

となる．よって h_3 は全射準同型である．

h_3 が単射準同型であること．a を $\mathrm{Ker}\, h_3$ の任意の元とする．$h_4f_3(a)=g_3h_3(a)=g_3(0)=0$ で，h_4 は同型だから $f_3(a)=0$ である．$\mathrm{Ker}\, f_3=\mathrm{Im}\, f_2$ だから A_2 の元 a_2 で $f_2(a_2)=a$ となるものが存在するが，

$$g_2h_2(a_2) = h_3f_2(a_2) = h_3(a) = 0$$

だから，$\mathrm{Im}\, g_1=\mathrm{Ker}\, g_2$ から B_1 の元 b_1 で $g_1(b_1)=h_2(a_2)$ と

なるものが存在する.

$$h_2f_1h_1^{-1}(b_1)=g_1h_1h_1^{-1}(b_1)=g_1(b_1)=h_2(a_2)$$

で h_2 は同型だから $a_2=f_1h_1^{-1}(b_1)$, したがって

$$a=f_2(a_2)=f_2f_1h_1^{-1}(b_1)=0.$$

よって h_3 は単射準同型である. ∎

§12 ホモロジー群

n 単体 $\sigma=|a_0a_1\cdots a_n|$ $(n\geqq 1)$ に対して, その $n+1$ 個の頂点 $a_0, a_1, \cdots, a_n$ を種々の順序に並べた列

$$(a_{i_0}, a_{i_1}, \cdots, a_{i_n})$$

全体を考えよう. $i_0, i_1, \cdots, i_n$ は $0, 1, \cdots, n$ の順序を変えたものである. そのような二つの列 $(a_{i_0}, a_{i_1}, \cdots, a_{i_n})$, $(a_{j_0}, a_{j_1}, \cdots, a_{j_n})$ について置換 $\begin{pmatrix} 0 & 1 & \cdots & n \\ i_0 & i_1 & \cdots & i_n \end{pmatrix}$, $\begin{pmatrix} 0 & 1 & \cdots & n \\ j_0 & j_1 & \cdots & j_n \end{pmatrix}$ (これは S_{n+1} の元である) の符号(例 3.6)が

$$\varepsilon\left(\begin{pmatrix} 0 & 1 & \cdots & n \\ i_0 & i_1 & \cdots & i_n \end{pmatrix}\right)=\varepsilon\left(\begin{pmatrix} 0 & 1 & \cdots & n \\ j_0 & j_1 & \cdots & j_n \end{pmatrix}\right)$$

のとき

$$(a_{i_0}, a_{i_1}, \cdots, a_{i_n})\sim(a_{j_0}, a_{j_1}, \cdots, a_{j_n})$$

であると定めれば, この関係 $\sim$ は明らかに同値関係である. 頂点 $a_0, a_1, \cdots, a_n$ を種々の順序に並べた列全体の集合における関係 $\sim$ の同値類は二つで, $(a_0, a_1, \cdots, a_n)$ から偶置換で得られるもの全体が一つの同値類をつくり, 奇置換で得られるもの全体が他の一つの同値類をつくる. この同値類を σ の**向き**という. したがって, σ は二つの異なる向きをもつ. $(a_{i_0}, a_{i_1}, \cdots, a_{i_n})$ が属する同値類を $\langle a_{i_0}, a_{i_1}, \cdots, a_{i_n}\rangle$ と書くことにする. $\begin{pmatrix} 0 & 1 & \cdots & n \\ k_0 & k_1 & \cdots & k_n \end{pmatrix}$ を奇置換とすると $\langle a_0, a_1, \cdots, a_n\rangle$,

$\langle a_{k_0}, a_{k_1}, \cdots, a_{k_n}\rangle$ が σ の二つの向きである．$\langle a_{k_0}, a_{k_1}, \cdots, a_{k_n}\rangle$ を $-\langle a_0, a_1, \cdots, a_n\rangle$ と書き，$\langle a_0, a_1, \cdots, a_n\rangle$ と**逆の向き**をもつということにする．0 単体 a_0 に対しては向きはただ一つ $\langle a_0\rangle$ と考える．

例 3.18　1 単体 $|a_0a_1|$ では頂点の列は (a_0, a_1), (a_1, a_0) で，$|a_0a_1|$ は二つの異なる向き $\langle a_0, a_1\rangle$, $\langle a_1, a_0\rangle$ をもつ．これは図形で言えば，図 3.1 (i) の矢印と考えることができる．

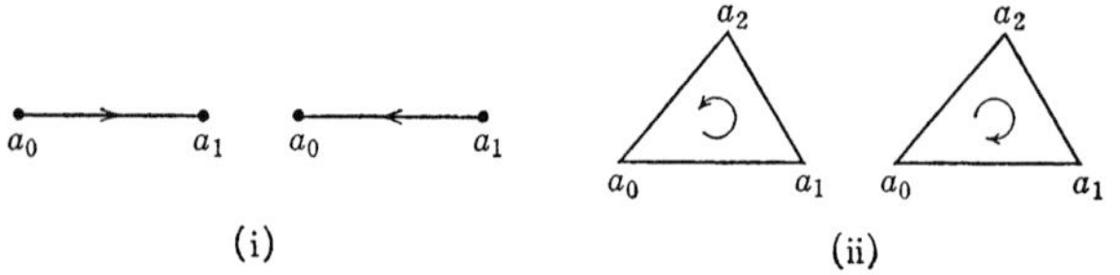

図 3.1

2 単体 $|a_0a_1a_2|$ に対しては

$$(a_0, a_1, a_2) \sim (a_1, a_2, a_0) \sim (a_2, a_0, a_1),$$
$$(a_0, a_2, a_1) \sim (a_2, a_1, a_0) \sim (a_1, a_0, a_2)$$

で $|a_0a_1a_2|$ は二つの異なる向き $\langle a_0, a_1, a_2\rangle$, $\langle a_0, a_2, a_1\rangle$ をもつ．これは図形で言えば，図 3.1 (ii) の矢印と考えることができる．しかし $n \geqq 3$ では簡単に矢印で n 単体の向きを表わすことはできない．❙

n 単体 $\sigma = |a_0a_1\cdots a_n|$ に一つの向きを指定したものを**向きのついた n 単体**といい $\langle\sigma\rangle$ と書く．向きは $\langle a_0, a_1, \cdots, a_n\rangle$ と $-\langle a_0, a_1, \cdots, a_n\rangle$ の二つであるから，$\langle\sigma\rangle$ は $\langle a_0, a_1, \cdots, a_n\rangle$ かあるいは $-\langle a_0, a_1, \cdots, a_n\rangle$ である．σ に $\langle\sigma\rangle$ と異なる向きを指定したものを $-\langle\sigma\rangle$ と書く．

K を m 次元複体とする．K の q 単体を $\sigma_1^q, \sigma_2^q, \cdots, \sigma_u^q$ とし，

各 σ_i^q に任意に向きを指定すれば，向きのついた q 単体 $\langle\sigma_1^q\rangle$, $\langle\sigma_2^q\rangle, \cdots, \langle\sigma_u^q\rangle$ ができる $(q=0,1,\cdots,m)$. 形式的和

$$c=\gamma_1\langle\sigma_1^q\rangle+\gamma_2\langle\sigma_2^q\rangle+\cdots+\gamma_u\langle\sigma_u^q\rangle \quad (\gamma_i\in \boldsymbol{Z},\ i=1,2,\cdots,u)$$

全体を $C_q(K)$ と書き，$C_q(K)\ni c'=\gamma_1'\langle\sigma_1^q\rangle+\gamma_2'\langle\sigma_2^q\rangle+\cdots+\gamma_u'\langle\sigma_u^q\rangle$ とするとき，和 $c+c'$ を

$$c+c'=(\gamma_1+\gamma_1')\langle\sigma_1^q\rangle+(\gamma_2+\gamma_2')\langle\sigma_2^q\rangle+\cdots+(\gamma_u+\gamma_u')\langle\sigma_u^q\rangle$$

と定義すれば，$C_q(K)$ は明らかにこの和によって加群となる．いいかえれば，$C_q(K)$ は $\langle\sigma_1^q\rangle, \langle\sigma_2^q\rangle, \cdots, \langle\sigma_u^q\rangle$ を基とする自由加群である．この $C_q(K)$ を K の **q 次元鎖群** $(q=0,1,\cdots,m)$ といい，$C_q(K)$ の元 c を **q 次元鎖**あるいは単に **q 鎖**という．q 次元であることを明示したいときは q 鎖 c を c^q と書く．$\gamma_i=0\ (i=1,2,\cdots,u)$ としたものが $C_q(K)$ の単位元 0 である．また，$c\in C_q(K)$ において $\gamma_i\,(i=1,2,\cdots,u)$ のうち $\gamma_{i_1}, \gamma_{i_2}, \cdots, \gamma_{i_v}$ 以外が 0 であるとき，c を $\gamma_{i_1}\langle\sigma_{i_1}^q\rangle+\gamma_{i_2}\langle\sigma_{i_2}^q\rangle+\cdots+\gamma_{i_v}\langle\sigma_{i_v}^q\rangle$ とも書く．$1\langle\sigma_i^q\rangle$ を単に $\langle\sigma_i^q\rangle$ と書く．

$\langle\sigma_i^q\rangle$ は $C_q(K)$ の元であるが，さらに $\langle\sigma_i^q\rangle$ と異なる向きをもつ $-\langle\sigma_i^q\rangle$ を $C_q(K)$ の元 $(-1)\langle\sigma_i^q\rangle$ と同一視する．このようにきめておけば，q 単体 σ_i^q の二つの向き $\langle\sigma_i^q\rangle$, $-\langle\sigma_i^q\rangle$ のいずれもが $C_q(K)$ に含まれているわけで，$C_q(K)$ は $\sigma_i^q\ (i=1,2,\cdots,u)$ の向きの指定に無関係にきまることになる．幾何学的には，q 鎖 $c\,(q>0)$ は向きをもつ q 単体 $\dfrac{\gamma_i}{|\gamma_i|}\langle\sigma_i^q\rangle$ を $|\gamma_i|$ 個 $(i=1,2,\cdots,u)$ ずつ集めたものと考えることができる．

q 次元鎖群 $C_q(K)$ が定義されたのは $q=0,1,\cdots,m\ (m=\dim K)$ に対してであるが，便宜上整数 $q>m$ および $q<0$ の場合にも $C_q(K)=0$ と定めて，すべての整数 q に対して $C_q(K)$ が定義されていると考えることにする．$C_q(K)\ (q=$

0, ±1, ±2, …)をまとめて

$$C(K) = \{C_q(K)\}$$

と書き，K の**鎖群**という．

向きのついた2単体 $\langle a_0, a_1, a_2\rangle$ の境界に2単体の向きから自然にきまる向きをつければ(図3.1(ii)参照)，境界は向きのついた三つの1単体 $\langle a_0, a_1\rangle$, $\langle a_1, a_2\rangle$, $\langle a_2, a_0\rangle$ からなる．すなわち $\langle a_0, a_1, a_2\rangle$ の境界は $\langle a_0, a_1\rangle+\langle a_1, a_2\rangle+\langle a_2, a_0\rangle$ と見ることができる．このような考え方を一般化して向きのついた q 単体 $\langle \sigma^q\rangle=\langle a_0, a_1, \cdots, a_q\rangle$ の**境界** $\partial_q\langle\sigma^q\rangle=\partial_q\langle a_0, a_1, \cdots, a_q\rangle$ を

$$\begin{aligned}\partial_q\langle\sigma^q\rangle &= \partial_q\langle a_0, a_1, \cdots, a_q\rangle \\ &= \sum_{i=0}^{q}(-1)^i\langle a_0, a_1, \cdots, a_{i-1}, \hat{a}_i, a_{i+1}, \cdots, a_q\rangle\end{aligned}$$

で定義する．ここで $\hat{a}_i$ は a_i をとり除くことを意味する．したがって $\partial_q\langle\sigma^q\rangle$ は $C_{q-1}(K)$ の元であり，$|a_0a_1\cdots a_q|$ のすべての $n-1$ 辺単体に適当に向きをつけたものの和である．(この ∂_q の定義は向きの同値類の代表元 $(a_0, a_1, \cdots, a_q)$ のとり方によらずにきまることは明らかであろう．)

とくに $q=0$ の場合には，上の式は $\partial_0\langle a_0\rangle=0$ を意味するものとする．

$q=1$ の場合には $\partial_1\langle a_0, a_1\rangle=\langle a_1\rangle-\langle a_0\rangle$, $q=2$ の場合には $\partial_2\langle a_0, a_1, a_2\rangle=\langle a_1, a_2\rangle-\langle a_0, a_2\rangle+\langle a_0, a_1\rangle=\langle a_1, a_2\rangle+\langle a_2, a_0\rangle+\langle a_0, a_1\rangle$ である．

一般に，$C_q(K)$ の元である q 鎖 $c=\gamma_1\langle\sigma_1^q\rangle+\gamma_2\langle\sigma_2^q\rangle+\cdots+\gamma_u\langle\sigma_u^q\rangle$ に対して

$$\partial_q(c) = \gamma_1\partial_q\langle\sigma_1^q\rangle+\gamma_2\partial_q\langle\sigma_2^q\rangle+\cdots+\gamma_u\partial_q\langle\sigma_u^q\rangle$$

と定義すると，$c, c' \in C_q(K)$ に対して

$$\partial_q(c+c') = \partial_q(c)+\partial_q(c')$$

であって，c に $\partial_q(c)$ を対応させれば準同型

$$\partial_q : C_q(K) \to C_{q-1}(K) \qquad (q=0, 1, 2, \cdots)$$

をうる．この準同型 ∂_q を**境界準同型**という．とくに，$\mathrm{Im}\,\partial_0 =0$，$C_{-1}(K)=0$ だから，これから**鎖群の系列**

$$\cdots \xrightarrow{\partial_{m+1}} C_m(K) \xrightarrow{\partial_m} C_{m-1}(K) \xrightarrow{\partial_{m-1}} \cdots \xrightarrow{\partial_{q+1}} C_q(K) \xrightarrow{\partial_q} C_{q-1}(K) \xrightarrow{\partial_{q-1}} \cdots \xrightarrow{\partial_2} C_1(K) \xrightarrow{\partial_1} C_0(K) \xrightarrow{\partial_0} 0$$

ができる．ただし $t>m=\dim K$ のとき $C_t(K)=0$ である．

補助定理 3.9 境界準同型を2回つづけた

$$\partial_{q-1}\partial_q : C_q(K) \to C_{q-2}(K)$$

の像は0である．すなわち，

$$\partial_{q-1}\partial_q = 0.$$

証明 $\langle\sigma_i^q\rangle\ (i=1, 2, \cdots, u)$ が $C_q(K)$ の基であるから，$\langle\sigma\rangle =\langle a_0, a_1, \cdots, a_q\rangle$ に対して

$$\partial_{q-1}\partial_q(\langle a_0, a_1, \cdots, a_q\rangle) = 0$$

を示せばよい．$q=0, 1$ の場合にはこのことは定義から明らかだから，以下 $q\geqq 2$ とする．

$$\begin{aligned}
\partial_{q-1}\partial_q(\langle a_0, a_1, \cdots, a_q\rangle) &= \partial_{q-1}\Big(\sum_{i=0}^{q}(-1)^i\langle a_0, \cdots, \hat{a}_i, \cdots, a_q\rangle\Big)\\
&= \sum_{i=0}^{q}(-1)^i(\partial_{q-1}\langle a_0, \cdots, \hat{a}_i, \cdots, a_q\rangle)\\
&= \sum_{i=0}^{q}(-1)^i\Big(\sum_{j=0}^{i-1}(-1)^j\langle a_0, \cdots, \hat{a}_j, \cdots, \hat{a}_i, \cdots, a_q\rangle\\
&\qquad + \sum_{j=i+1}^{q}(-1)^{j-1}\langle a_0, \cdots, \hat{a}_i, \cdots, \hat{a}_j, \cdots, a_q\rangle\Big)\\
&= \sum_{j<i}(-1)^{i+j}\langle a_0, \cdots, \hat{a}_j, \cdots, \hat{a}_i, \cdots, a_q\rangle\\
&\quad + \sum_{i<j}(-1)^{i+j-1}\langle a_0, \cdots, \hat{a}_i, \cdots, \hat{a}_j, \cdots, a_q\rangle
\end{aligned}$$

であるが，ここで $k<l$ とすると $\sum_{j<i}$ における $(-1)^{k+l}\langle a_0, \cdots, \hat{a}_k, \cdots, \hat{a}_l, \cdots, a_q\rangle$ と $\sum_{i<j}$ における $(-1)^{k+l-1}\langle a_0, \cdots, \hat{a}_k, \cdots, \hat{a}_l, \cdots, a_q\rangle$ が消し合うからこの式は 0 となる．▌

例 3.19 $\sigma^2=|a_0a_1a_2|$ とするとき，例 2.2 の 2 次元複体 $K(\sigma^2)$ に関して，$C_2(K(\sigma^2))$ は $\langle a_0, a_1, a_2\rangle$ を基とする自由加群，$C_1(K(\sigma^2))$ は $\langle a_0, a_1\rangle, \langle a_1, a_2\rangle, \langle a_2, a_0\rangle$ を基とする自由加群，$C_0(K(\sigma^2))$ は $\langle a_0\rangle, \langle a_1\rangle, \langle a_2\rangle$ を基とする自由加群である．

境界準同型 $\partial_2: C_2(K(\sigma^2))\to C_1(K(\sigma^2))$ は $\partial_2(\langle a_0, a_1, a_2\rangle)=\langle a_1, a_2\rangle+\langle a_2, a_0\rangle+\langle a_0, a_1\rangle$ であり，$\partial_1: C_1(K(\sigma^2))\to C_0(K(\sigma^2))$ は $\partial_1(\langle a_i, a_j\rangle)=\langle a_j\rangle-\langle a_i\rangle$ $(i, j=0, 1, 2,\ i\neq j)$ である．

例 2.2 の 1 次元複体 $K(\partial\sigma^2)$ に関して，$C_1(K(\partial\sigma^2))$ は $\langle a_0, a_1\rangle, \langle a_1, a_2\rangle, \langle a_2, a_0\rangle$ を基とする自由加群，$C_0(K(\partial\sigma^2))$は$\langle a_0\rangle, \langle a_1\rangle, \langle a_2\rangle$ を基とする自由加群である．すなわち $C_1(K(\sigma^2))=C_1(K(\partial\sigma^2))$，$C_0(K(\sigma^2))=C_0(K(\partial\sigma^2))$．また，$\partial_1: C_1(K(\partial\sigma^2))\to C_0(K(\partial\sigma^2))$ も $\partial_1: C_1(K(\sigma^2))\to C_0(K(\sigma^2))$ に等しい．▌

鎖群の系列において，境界準同型 ∂_q の核 $\mathrm{Ker}\,\partial_q=\{c;\ c\in C_q(K),\ \partial_q(c)=0\}$ は $C_q(K)$ の部分加群である(定理 3.2 (ii))．この $\mathrm{Ker}\,\partial_q$ を $Z_q(K)$ と書き，K の **q 次元輪体群**といい，$Z_q(K)$ の元を **q 次元輪体**あるいは単に **q 輪体**という．

また境界準同型 ∂_{q+1} の像 $\mathrm{Im}\,\partial_{q+1}=\{\partial_{q+1}(c');\ c'\in C_{q+1}(K)\}$ は $C_q(K)$ の部分加群であるが(定理 3.2 (i))，この $\mathrm{Im}\,\partial_{q+1}$ を $B_q(K)$ と書き K の **q 次元境界輪体群**といい，$B_q(K)$ の元を **q 次元境界輪体**あるいは単に **q 境界輪体**という．

とくに $\mathrm{Im}\,\partial_0=0$ だから $Z_0(K)=C_0(K)$ であり，$m=\dim K$ とすると $C_{m+1}(K)=0$ だから $B_m(K)=0$ である．

例 3.20 例 3.19 の $K(\sigma^2)$ では，$Z_2(K(\sigma^2))=0$，$B_2(K(\sigma^2))$

$=0$, $Z_1(K(\sigma^2))=B_1(K(\sigma^2))$ は $\langle a_0, a_1\rangle+\langle a_1, a_2\rangle+\langle a_2, a_0\rangle$ を基とする自由加群であり，$Z_0(K(\sigma^2))=C_0(K(\sigma^2))$, $B_0(K(\sigma^2))$ は $\langle a_1\rangle-\langle a_0\rangle$, $\langle a_2\rangle-\langle a_1\rangle$, $\langle a_0\rangle-\langle a_2\rangle$ から生成される．

また $K(\partial\sigma^2)$ について，$Z_1(K(\partial\sigma^2))$ は $\langle a_0, a_1\rangle+\langle a_1, a_2\rangle+\langle a_2, a_0\rangle$ を基とする自由加群であり，$B_1(K(\partial\sigma^2))=0$, $Z_0(K(\partial\sigma^2))=C_0(K(\partial\sigma^2))$, $B_0(K(\partial\sigma^2))$ は $\langle a_1\rangle-\langle a_0\rangle$, $\langle a_2\rangle-\langle a_1\rangle$, $\langle a_0\rangle-\langle a_2\rangle$ から生成される． ∎

$B_q(K)$ の任意の元 b^q は $b^q=\partial_{q+1}(c^{q+1})$ $(c^{q+1}\in C_{q+1}(K))$ の形をしているから，

$$\partial_q(b^q)=\partial_q\partial_{q+1}(c^{q+1})=0$$

であって $b^q\in Z_q(K)$, すなわち

$$B_q(K)\subset Z_q(K)\subset C_q(K)$$

であり，それぞれ部分加群になっている．したがって，商群 $Z_q(K)/B_q(K)$ が定義できる．これを複体 K の **q 次元ホモロジー群**といい $H_q(K)$ と書く：

$$H_q(K)=Z_q(K)/B_q(K) \qquad (q=0,1,\cdots).$$

ただし，$t>m=\dim K$ とすると，$C_t(K)=Z_t(K)=0$ だから $H_t(K)=0$ である．また，$B_m(K)=0$ だから $H_m(K)=Z_m(K)$ である．

すべての次元 $0\leqq q\leqq m$ $(m=\dim K)$ に関する $H_q(K)$ の直和を

$$H_*(K)=H_0(K)\oplus H_1(K)\oplus\cdots\oplus H_m(K)$$

と書き，複体 K の**ホモロジー群**という．

q 次元ホモロジー群 $H_q(K)$ $(q=0,1,\cdots,m)$ の元を **q 次元ホモロジー類**という．q 次元ホモロジー類は q 輪体 z^q によって $z^q+B_q(K)=\{z^q+b;\ b\in B_q(K)\}$ あるいは $[z^q]$ と書き表

わされる．ホモロジー類 $[z^q]=z^q+B_q(K)$ のことを z^q **が属するホモロジー類**などという．

例 3.21 例 3.20 から，$H_2(K(\sigma^2))=Z_2(K(\sigma^2))/B_2(K(\sigma^2))=0$, $H_1(K(\sigma^2))=Z_1(K(\sigma^2))/B_1(K(\sigma^2))=0$, $H_0(K(\sigma^2))=Z_0(K(\sigma^2))/B_0(K(\sigma^2))\cong \boldsymbol{Z}$ でこの無限巡回群は $\langle a_0\rangle$ が属するホモロジー類によって生成される．

また，$H_1(K(\partial\sigma^2))=Z_1(K(\partial\sigma^2))/B_1(K(\partial\sigma^2))\cong \boldsymbol{Z}$ でこれは $\langle a_0, a_1\rangle+\langle a_1, a_2\rangle+\langle a_2, a_0\rangle$ が属するホモロジー類によって生成され，$H_0(K(\partial\sigma^2))\cong \boldsymbol{Z}$ でこれは $\langle a_0\rangle$ が属するホモロジー類によって生成される．▎

K の二つの q 輪体 $z, z'\in Z_q(K)$ が同じホモロジー類に属するとき，すなわち $[z]=[z']$, いいかえれば $z-z'\in B_q(K)$ であるとき，z と z' とは**ホモローグ**であるといい

$$z \backsim z'$$

と書く．

例 3.22 K を複体，L を K の部分複体とすると，複体 L の鎖群 $\{C_q(L)\}$ に対して，明らかに $C_q(L)$ は $C_q(K)$ の部分加群であり，$\{C_q(L)\}$ の境界準同型 ∂'_q は$\{C_q(K)\}$ の境界準同型 ∂_q を $C_q(L)$ に制限したもので，$\partial'_q=\partial_q|C_q(L)$ である．したがって

$$Z_q(L)\subset Z_q(K), \qquad B_q(L)\subset B_q(K)$$

でそれぞれ部分加群になっている．▎

例 3.23 $\partial_q: C_q(K)\to C_{q-1}(K)$ において，$\mathrm{Im}\,\partial_q=B_{q-1}(K)$, $\mathrm{Ker}\,\partial_q=Z_q(K)$ であるから，準同型定理(定理 3.3)から，

$$B_{q-1}(K)\cong C_q(K)/Z_q(K)$$

である．0 でない整数 s と $c\in C_q(K)$ に対して $sc\in Z_q(K)$ な

らば $\partial_q(sc)=s(\partial_q c)=0$ で，$C_{q-1}(K)$ が自由加群だから $\partial_q(c)=0$ すなわち $c\in Z_q(K)$ となる．したがって，定理 3.6 から $C_q(K)\cong Z_q(K)\oplus W$ と書けるが，例 3.13 から $W\cong C_q(K)/Z_q(K)\cong B_{q-1}(K)$ となるから，

$$C_q(K)\cong Z_q(K)\oplus B_{q-1}(K)$$

である．▎

ここで定義されたホモロジー群がわれわれが問題としている位相不変量の一つである．二つの多面体 $|K|, |K'|$ が同位相であっても，たとえば $K'=Sd(K)$ の場合のように $C_q(K)$ と $C_q(K')$ とは同型とはかぎらない．しかし境界準同型を使って，$H_q(K)$ と $H_q(K')$ にいたると，この二つの加群は同型となるのである．この位相不変性は § 19 で証明されるが，この章の各節もホモロジー群が位相不変量であることを念頭において読んで行けば，幾何学的内容がよく理解できると思う．複体 K のホモロジー群は上述の定義から，複体よりもむしろ抽象複体 $\hat{K}$ によってきまるものであることも注意しておきたい．

§ 13　ホモロジー群の簡単な性質

m 次元複体 K の q 次元鎖群 $C_q(K)$ は有限生成の自由加群であるから，定理 3.4 により q 次元輪体群 $Z_q(K)$ も有限生成の自由加群であり，したがって q 次元ホモロジー群 $H_q(K)=Z_q(K)/B_q(K)$ も有限生成であって，加群の基本定理（定理 3.7）によって

$$H_q(K)\cong \boldsymbol{Z}\oplus\boldsymbol{Z}\oplus\cdots\oplus\boldsymbol{Z}\oplus\boldsymbol{Z}_{\theta_1^q}\oplus\boldsymbol{Z}_{\theta_2^q}\oplus\cdots\oplus\boldsymbol{Z}_{\theta_{\tau_q}^q}$$

と一意的に表わされる．この右辺の無限巡回群 $\boldsymbol{Z}$ の個数は

$H_q(K)$ の階数 $r(H_q(K))$ に等しい．この $r(H_q(K))$ を R_q ($q=0,1,\cdots,m$) と書き，K の **q 次元ベッチ数**という．また，$(\theta_1^q,\theta_2^q,\cdots,\theta_{\tau_q}^q)$ を K の **q 次元ねじれ係数**という．

m 次元複体 K に対して**オイラー数** $\chi(K)$ を

$$\chi(K)=\sum_{i=0}^{m}(-1)^i R_i$$

で定義する．オイラー数について次の定理が成り立つ．

定理 3.10 m 次元複体 K において，K に属する q 単体の数を α_q ($q=0,1,\cdots,m$) すなわち $\alpha_q=r(C_q(K))$ とすると

$$\chi(K)=\sum_{i=0}^{m}(-1)^i R_i=\sum_{i=0}^{m}(-1)^i\alpha_i.$$

証明 $Z_q(K)$ は自由加群(定理 3.4)で，$H_q(K)=Z_q(K)/B_q(K)$ だから，例 3.16 から

$$r(H_q(K))=r(Z_q(K))-r(B_q(K))$$

である．また例 3.23 から $r(C_q(K))=r(Z_q(K))+r(B_{q-1}(K))$ である．したがって，$Z_0(K)=C_0(K)$, $B_m(K)=0$ に注意すれば

$$\begin{aligned}\sum_{i=0}^{m}(-1)^i r(H_i(K)) &= \sum_{i=0}^{m}(-1)^i(r(Z_i(K))-r(B_i(K)))\\ &= r(Z_0(K))+\sum_{i=1}^{m}(-1)^i(r(Z_i(K))+r(B_{i-1}(K)))\\ &= \sum_{i=0}^{m}(-1)^i r(C_i(K))=\sum_{i=0}^{m}(-1)^i\alpha_i. \quad \blacksquare\end{aligned}$$

§19 で証明するように $H_q(K)$ が位相不変量だから，オイラー数 $\chi(K)=\sum_{i=0}^{m}(-1)^i\alpha_i$ も定理 3.10 から当然位相不変量である．オイラー数は歴史的にもっとも古い位相不変量として知られている．

複体 K において二つの頂点 a,b がいくつかの 1 単体の列で結ばれるとき，すなわち 1 単体の列 $|a_0a_1|$, $|a_1a_2|$, $\cdots$,

$|a_{r-1}a_r|$ で $a=a_0, b=a_r$ であるものが存在するとき，$a\sim b$ であると定め，また各頂点 a に対して $a\sim a$ と定めると，明らかに関係 $\sim$ は K の頂点の集合における同値関係である．$C_0(K)=Z_0(K)$ であって，$\langle a\rangle, \langle b\rangle$ はともに 0 輪体だから，$a\sim b$ ならば

$$\partial(\langle a_0, a_1\rangle+\langle a_1, a_2\rangle+\cdots+\langle a_{r-1}, a_r\rangle) = \langle b\rangle-\langle a\rangle$$

から，$\langle a\rangle$ と $\langle b\rangle$ とはホモローグ $\langle a\rangle\backsim\langle b\rangle$ である．

複体 K において，K の任意の二つの頂点 a, b がつねに $a\sim b$ であるとき，複体 K は**連結**であるという．連結な複体 K に一つの頂点 $\hat{a}$ をきめれば，つねに $\langle a\rangle\sim\langle\hat{a}\rangle$ だから，$H_0(K)$ のホモロジー類は $m[\langle\hat{a}\rangle]\,(m\in\boldsymbol{Z})$ となり，次の定理をうる．

定理 3.11 複体 K が連結であるとすると $H_0(K)\cong\boldsymbol{Z}$.

一般に複体 K において，K の頂点の集合を同値関係 $\sim$ による同値類 $A_1, A_2, \cdots, A_v$ に類別する．A_i に属する頂点を含む K の単体全体の集合を $K_i\,(i=1,2,\cdots,v)$ とすると，K_i は K の部分複体である．なぜなら，K_i の任意の単体 σ に対して，σ の或る頂点 a は A_i に属し，σ の任意の頂点 b は a と 1 単体 $|ab|$ で結ばれるから $b\in A_i$ であって，σ の任意の辺単体は K_i に属するからである．各 K_i は連結であって，$i\neq j$ ならば $K_i\cap K_j=\phi$ であり，$K=K_1\cup K_2\cup\cdots\cup K_v$ となることは明らかであろう．この $K_1, K_2, \cdots, K_v$ を K の**連結成分**という（例 4.4 参照）．

K の q 次元鎖群 $C_q(K)$ は向きのついた q 単体を基とする自由加群で，各 q 単体は $K_i\,(i=1,2,\cdots,v)$ の一つに属するから

$$C_q(K) = C_q(K_1) \oplus C_q(K_2) \oplus \cdots \oplus C_q(K_v)$$

である．境界準同型 $\partial_q : C_q(K) \to C_{q-1}(K)$ に対して，K_i に属する q 単体の辺単体は当然 K_i に属するから，$\sigma^q \in K_i$ とすると，$\partial_q \langle \sigma^q \rangle \in C_{q-1}(K_i)$ であって，∂_q を $C_q(K_i)$ に制限した準同型

$$\partial_q | C_q(K_i) : C_q(K_i) \to C_{q-1}(K_i) \qquad (i=1, 2, \cdots, v)$$

は複体 K_i に関する境界準同型である．このことから

$$Z_q(K) = Z_q(K_1) \oplus Z_q(K_2) \oplus \cdots \oplus Z_q(K_v),$$
$$B_q(K) = B_q(K_1) \oplus B_q(K_2) \oplus \cdots \oplus B_q(K_v)$$

であって，

$$H_q(K) = H_q(K_1) \oplus H_q(K_2) \oplus \cdots \oplus H_q(K_v) \qquad (q=0, 1, 2, \cdots, m)$$

となる．このことと，定理 3.11 から次の定理をうる．

定理 3.12 $K_1, K_2, \cdots, K_v$ を K の連結成分とすると

$$H_q(K) \cong H_q(K_1) \oplus H_q(K_2) \oplus \cdots \oplus H_q(K_v) \qquad (q=0, 1, \cdots, m),$$

とくに

$$H_0(K) \cong \boldsymbol{Z} \oplus \boldsymbol{Z} \oplus \cdots \oplus \boldsymbol{Z} \qquad (v \text{ 個の } \boldsymbol{Z} \text{ の直和}).$$

この定理から，複体 K に対して $H_0(K)$ が 0 になることはなく，$H_0(K)$ が最小の群となるのは $H_0(K) \cong \boldsymbol{Z}$ のときである．したがって，複体 K のホモロジー群 $H_*(K)$ が最も簡単になるのは

$$H_q(K) = \begin{cases} \boldsymbol{Z} & q=0, \\ 0 & q \neq 0 \end{cases}$$

となる場合であって，ホモロジー群がこのような複体 K を**非輪状**という．たとえば，一点からなる複体 $K(\sigma^0)$ は非輪状で

ある．

K を複体とする．K の一つの頂点 $\bar{a}$ と一つの q 単体 $|a_0a_1\cdots a_q|$ で，$\bar{a}, a_0, a_1, \cdots, a_q$ が K の一つの単体の頂点の集合となっているものを考える．$\langle\sigma\rangle=\langle a_0, a_1, \cdots, a_q\rangle$ に対して，$\bar{a}$ と $\langle\sigma\rangle=\langle a_0, a_1, \cdots, a_q\rangle$ との結 $\bar{a}*\langle\sigma\rangle=\bar{a}*\langle a_0, a_1, \cdots, a_q\rangle$ を

$$\bar{a}*\langle\sigma\rangle=\bar{a}*\langle a_0, a_1, \cdots, a_q\rangle$$
$$=\begin{cases}\langle \bar{a}, a_0, a_1, \cdots, a_q\rangle & \bar{a}\neq a_i\,(i=0,1,\cdots,q)\text{ の場合,}\\ 0 & \bar{a}\text{ がある } a_i \text{ と等しい場合}\end{cases}$$

と定義する．さらにこの定義を一般化して，$c=\gamma_1\langle\sigma^q_{i_1}\rangle+\gamma_2\langle\sigma^q_{i_2}\rangle+\cdots+\gamma_s\langle\sigma^q_{i_s}\rangle$ で，各 $\sigma^q_{i_k}\,(k=1,2,\cdots,s)$ について $\sigma^q_{i_k}$ のすべての頂点および $\bar{a}$ が K の一つの単体の頂点の集合となっている q 鎖 c に対して，$\bar{a}$ と c との結 $\bar{a}*c$ を

$$\bar{a}*c=\bar{a}*(\gamma_1\langle\sigma^q_{i_1}\rangle+\gamma_2\langle\sigma^q_{i_2}\rangle+\cdots+\gamma_s\langle\sigma^q_{i_s}\rangle)$$
$$=\gamma_1(\bar{a}*\langle\sigma^q_{i_1}\rangle)+\gamma_2(\bar{a}*\langle\sigma^q_{i_2}\rangle)+\cdots+\gamma_s(\bar{a}*\langle\sigma^q_{i_s}\rangle)$$

と定義する．$\bar{a}*c$ は $C_{q+1}(K)$ の元である．

補助定理 3.13　$c\in C_q(K)\;(q\geqq 1)$ に対して $\bar{a}*c$ が定義されるとすると，

$$\partial_{q+1}(\bar{a}*c)=c-\bar{a}*(\partial_q(c)).$$

証明　はじめに $c=\langle\sigma^q\rangle=\langle a_0, a_1, \cdots, a_q\rangle$ の場合を証明する．$\bar{a}$ が $a_0, a_1, \cdots, a_q$ のいずれとも異なるときには

$$\partial_{q+1}(\bar{a}*\langle a_0, a_1, \cdots, a_q\rangle)=\partial_{q+1}\langle\bar{a}, a_0, a_1, \cdots, a_q\rangle$$
$$=\langle a_0, a_1, \cdots, a_q\rangle+\sum_{i=0}^{q}(-1)^{i+1}\langle\bar{a}, a_0, \cdots, \hat{a}_i, \cdots, a_q\rangle$$
$$=\langle a_0, a_1, \cdots, a_q\rangle-\bar{a}*\left(\sum_{i=0}^{q}(-1)^{i}\langle a_0, a_1, \cdots, \hat{a}_i, \cdots, a_q\rangle\right)$$
$$=\langle a_0, a_1, \cdots, a_q\rangle-\bar{a}*(\partial_q\langle a_0, a_1, \cdots, a_q\rangle)$$

である．つぎに，$\bar{a}$ が $a_0, a_1, \cdots, a_q$ の中の一つ a_k と同じ場

合には，定義から左辺は $\bar{a}*\langle a_0, a_1, \cdots, a_q\rangle=0$ である．右辺

$$\langle a_0, a_1, \cdots, a_q\rangle-\bar{a}*\left(\sum_{i=0}^{q}(-1)^i\langle a_0, a_1, \cdots, \hat{a}_i, \cdots, a_q\rangle\right)$$

の和において，$i=k$ の場合以外は $\bar{a}$ と同じものが $a_0, a_1, \cdots, \hat{a}_i, \cdots, a_q$ の中にあるから0となり，結局

$$\begin{aligned}&\langle a_0, a_1, \cdots, a_q\rangle-(-1)^k\langle \bar{a}, a_0, \cdots, \hat{a}_k, \cdots, a_q\rangle\\&=\langle a_0, a_1, \cdots, a_q\rangle-\langle a_0, a_1, \cdots, a_k, \cdots, a_q\rangle\\&=0\end{aligned}$$

となるからこの場合にも補助定理は成り立つ．

一般に，$c=\sum_k \gamma_k\langle\sigma_{i_k}\rangle$ とすると，上述のことから

$$\begin{aligned}\partial_{q+1}(\bar{a}*c)&=\partial_{q+1}(\sum_k\gamma_k(\bar{a}*\langle\sigma_{i_k}\rangle))=\sum_k\gamma_k\partial_{q+1}(\bar{a}*\langle\sigma_{i_k}\rangle)\\&=\sum_k\gamma_k(\langle\sigma_{i_k}\rangle-\bar{a}*\partial_q\langle\sigma_{i_k}\rangle)\\&=\sum_k\gamma_k\langle\sigma_{i_k}\rangle-\sum_k\gamma_k(\bar{a}*\partial_q\langle\sigma_{i_k}\rangle)\\&=c-\bar{a}*(\partial_q(c))\end{aligned}$$

である．▌

複体 K があって，K の一つの頂点 $\bar{a}$ を定めると，K の任意の単体 $|a_0a_1\cdots a_q|$ に対して，$\bar{a}, a_0, a_1, \cdots, a_q$ がつねに K のある一つの単体の頂点の集合となっているとき，この複体 K を**錐複体**といい，頂点 $\bar{a}$ を錐複体 K の**中心**という．

例 3.24　n 単体 $\sigma^n=|a_0a_1\cdots a_n|$ の任意の頂点 a_i に対して，$K(\sigma^n)$ は錐複体で，a_i は $K(\sigma^n)$ の中心である．また，σ^n の重心 $[\sigma^n]$ に対して，$Sd(\sigma^n)$ (§9) は錐複体で，$[\sigma^n]$ は $Sd(\sigma^n)$ の中心である．▌

定理 3.14　錐複体は非輪状である．とくに，$K(\sigma^n)$ および $Sd(\sigma^n)$ は非輪状である．

証明　K を錐複体，$\bar{a}$ をその中心とする．a を K の任意

の頂点とすれば，$\bar{a}$ と a とをともに頂点としてもつ K の単体が存在し，$\bar{a}$ と a とは1単体 $|\bar{a}a|$ で結べる．したがって K は連結で，定理3.11より $H_0(K)\cong \boldsymbol{Z}$ である．

つぎに，$z\in Z_q(K)$ $(q\geqq 1)$ とすると，$\partial_q(z)=0$ だから補助定理3.13から

$$\partial_{q+1}(\bar{a}*z) = z-\bar{a}*(\partial_q(z)) = z$$

で，$z\in B_q(K)$ となり，$H_q(K)\cong Z_q(K)/B_q(K)=0$ である． ∎

$n\geqq 2$ とし，n 単体 σ^n の $n-1$ 次元以下のすべての辺単体からなる複体 $K(\partial\sigma^n)$ の q 次元鎖群 $C_q(K(\partial\sigma^n))$ と $K(\sigma^n)$ の q 次元鎖群 $C_q(K(\sigma^n))$ とを比較すると，$K(\partial\sigma)=K(\sigma^n)-\{\sigma^n\}$ だから，

$$C_q(K(\sigma^n)) = C_q(K(\partial\sigma^n)) \qquad (q=0,1,\cdots,n-1)$$

で，境界準同型 ∂_q は $q=0,1,\cdots,n-1$ では等しい．したがって

$$Z_q(K(\sigma^n)) = Z_q(K(\partial\sigma^n)) \qquad (q=0,1,\cdots,n-1)$$
$$B_q(K(\sigma^n)) = B_q(K(\partial\sigma^n)) \qquad (q=0,1,\cdots,n-2)$$

となり，

$$H_q(K(\sigma^n)) \cong H_q(K(\partial\sigma^n)) \qquad (q=0,1,\cdots,n-2)$$

である．また，$H_{n-1}(K(\sigma^n))=Z_{n-1}(K(\sigma^n))/B_{n-1}(K(\sigma^n))=0$（定理3.14）から

$$Z_{n-1}(K(\sigma^n)) = B_{n-1}(K(\sigma^n))$$

であり，$C_n(K(\sigma^n))$ は $\langle\sigma^n\rangle$ で生成される無限巡回群だから，$B_{n-1}(K(\sigma^n))$ は $\partial_n\langle\sigma^n\rangle$（明らかにこれは0ではない）で生成される無限巡回群で，$Z_{n-1}(K(\sigma^n))$ も $\partial_n\langle\sigma^n\rangle$ で生成される無限巡回群である．したがって

$$Z_{n-1}(K(\partial\sigma^n)) = Z_{n-1}(K(\sigma^n)) \cong \boldsymbol{Z}$$

となり，これは $\partial_n\langle\sigma^n\rangle$ で生成される．$K(\partial\sigma^n)$ は $n-1$ 次元複体だから

$$H_{n-1}(K(\partial\sigma^n))=Z_{n-1}(K(\partial\sigma^n))\cong \boldsymbol{Z}$$

である．さらに $K(\partial\sigma^1)$ は 2 点からなる複体で，定理 3.12，定理 3.14 から

$$H_q(K(\partial\sigma^1))\cong\begin{cases}\boldsymbol{Z}\oplus\boldsymbol{Z} & q=0,\\ 0 & q\neq 0\end{cases}$$

である．以上のことと定理 3.14 とから次の定理が成り立つ．

定理 3.15 $n\geqq 2$ ならば

$$H_q(K(\partial\sigma^n))\cong\begin{cases}\boldsymbol{Z} & q=0,n-1,\\ 0 & q\neq 0,n-1.\end{cases}$$

また，

$$H_q(K(\partial\sigma^1))\cong\begin{cases}\boldsymbol{Z}\oplus\boldsymbol{Z} & q=0,\\ 0 & q\neq 0.\end{cases}$$

§14 鎖準同型

K,K' を二つの複体とし，$C_q(K)\,(q=0,1,\cdots)$，$C_q(K')\,(q=0,1,\cdots)$ をそれぞれ K,K' の鎖群とする．準同型

$$h_q : C_q(K)\to C_q(K')\qquad (q=0,1,\cdots)$$

が各次元について定義されて，K,K' の鎖群の系列とこの準同型のつくる図式

$$\begin{array}{ccccccccccc}\cdots\to C_q(K) & \xrightarrow{\partial_q} & C_{q-1}(K) & \xrightarrow{\partial_{q-1}} & \cdots\to C_1(K) & \xrightarrow{\partial_1} & C_0(K) & \xrightarrow{\partial_0} & 0\\ \downarrow h_q & & \downarrow h_{q-1} & & \downarrow h_1 & & \downarrow h_0 & & \\ \cdots\to C_q(K') & \xrightarrow{\partial'_q} & C_{q-1}(K') & \xrightarrow{\partial'_{q-1}} & \cdots\to C_1(K') & \xrightarrow{\partial'_1} & C_0(K') & \xrightarrow{\partial'_0} & 0\end{array}$$

が可換であるとき，すなわち

$$\partial'_q h_q = h_{q-1}\partial_q \qquad (q=1, 2, \cdots)$$

であるとき，準同型 h_q $(q=0, 1, \cdots)$ の集合 $\{h_q\}$ を K の鎖群 $\{C_q(K)\}$ から K' の鎖群 $\{C_q(K')\}$ への**鎖準同型**といい

$$\{h_q\} : \{C_q(K)\} \to \{C_q(K')\}$$

と書く．

複体 K'' の鎖群の系列を $\cdots \to C_q(K'') \xrightarrow{\partial''_q} C_{q-1}(K'') \to \cdots$ とし，$\{h_q\} : \{C_q(K)\} \to \{C_q(K')\}$，$\{h'_q\} : \{C_q(K')\} \to \{C_q(K'')\}$ を鎖準同型とすると，

$$h'_q h_q : C_q(K) \to C_q(K'') \qquad (q=0, 1, \cdots)$$

であって，

$$\partial''_q h'_q h_q = h'_{q-1}\partial'_q h_q = h'_{q-1}h_{q-1}\partial_q$$

が成り立つ．したがって

$$\{h'_q h_q\} : \{C_q(K)\} \to \{C_q(K'')\}$$

は鎖準同型である．この鎖準同型 $\{h'_q h_q\}$ を $\{h'_q\}\{h_q\}$ と書き，$\{h_q\}$ と $\{h'_q\}$ の**合成**という．

鎖準同型 $\{h_q\} : \{C_q(K)\} \to \{C_q(K')\}$ に対して，$z \in Z_q(K)$ の像 $h_q(z)$ は

$$\partial'_q h_q(z) = h_{q-1}\partial_q(z) = 0$$

だから，$h_q(z) \in Z_q(K')$ である．また，$b \in B_q(K)$ とすると，$b = \partial_{q+1}(c)$ $(c \in C_{q+1}(K))$ であるから

$$h_q(b) = h_q\partial_{q+1}(c) = \partial'_{q+1}h_{q+1}(c)$$

であって，$h_q(b) \in B_q(K')$ となる．したがって

$$h_q(Z_q(K)) \subset Z_q(K'), \qquad h_q(B_q(K)) \subset B_q(K')$$

であって，$H_q(K)$ の元 $[z] = z + B_q(K)$ に対して $H_q(K')$ の元 $[h_q(z)] = h_q(z) + B_q(K')$ を対応させると，これは代表元 z のとり方によらずに定まり，$(h_q)_*([z]) = [h_q(z)]$ と書くことにす

ると，準同型

$$(h_q)_*: H_q(K) \to H_q(K') \qquad (q=0, 1, \cdots)$$

がえられる．この準同型 $\{(h_q)_*\}$ を**鎖準同型 $\{h_q\}$ からきまるホモロジー群の準同型**という．$(h_q)_*$ を h_{*q} あるいは単に h_* とも書く．

$1_q: C_q(K) \to C_q(K)$ $(q=0, 1, \cdots)$ を恒等写像とすると，明らかに

$$(1_q)_*: H_q(K) \to H_q(K) \qquad (q=0, 1, \cdots)$$

は同型である．

また $\{h_q\}: \{C_q(K)\} \to \{C_q(K')\}$, $\{h'_q\}: \{C_q(K')\} \to \{C_q(K'')\}$ を鎖準同型とすると，$(h_q)_*: H_q(K) \to H_q(K')$, $(h'_q)_*: H_q(K') \to H_q(K'')$, $(h'_q h_q)_*: H_q(K) \to H_q(K'')$ $(q=0, 1, \cdots)$ であるが，これに対して

$$(h'_q h_q)_* = (h'_q)_*(h_q)_*$$

が成り立つことも定義から明らかであろう．

K, K' を複体，$\varphi: K \to K'$ を単体写像(§8)とする．向きのついた q 単体 $\langle \sigma^q \rangle = \langle a_0, a_1, \cdots, a_q \rangle$ に対して，$\varphi_{\#q}(\langle a_0, a_1, \cdots, a_q \rangle)$ を

$$\varphi_{\#q}(\langle a_0, a_1, \cdots, a_q \rangle) = \begin{cases} \langle \varphi(a_0), \varphi(a_1), \cdots, \varphi(a_q) \rangle \\ \qquad (\varphi(a_0), \varphi(a_1), \cdots, \varphi(a_q) \text{ がすべて異なるとき,}) \\ 0 \qquad (\varphi(a_0), \varphi(a_1), \cdots, \varphi(a_q) \text{ の中に同じものがあるとき,}) \end{cases}$$

と定義し，$C_q(K)$ の元 $c = \sum_i \gamma_i \langle \sigma_i \rangle$ に対して，

$$\varphi_{\#q}(c) = \varphi_{\#q}(\sum_i \gamma_i \langle \sigma_i \rangle) = \sum_i \gamma_i \varphi_{\#q}(\langle \sigma_i \rangle)$$

と定義すると，準同型

$$\varphi_{\sharp q} : C_q(K) \to C_q(K') \qquad (q=0, 1, \cdots)$$

が定義されるが，これは鎖準同型

$$\{\varphi_{\sharp q}\} : \{C_q(K)\} \to \{C_q(K')\}$$

となる．なぜなら，$\varphi(a_0), \varphi(a_1), \cdots, \varphi(a_q)$ がすべて異なる場合は

$$\begin{aligned}
&\partial'_q(\varphi_{\sharp q}\langle a_0, a_1, \cdots, a_q\rangle)\\
&\quad = \partial'_q\langle\varphi(a_0), \varphi(a_1), \cdots, \varphi(a_q)\rangle\\
&\quad = \sum_{i=0}^{q}(-1)^i\langle\varphi(a_0), \varphi(a_1), \cdots, \widehat{\varphi(a_i)}, \cdots, \varphi(a_q)\rangle\\
&\quad = \varphi_{\sharp q-1}(\partial_q\langle a_0, a_1, \cdots, a_q\rangle)
\end{aligned}$$

であるし，$\varphi(a_0), \varphi(a_1), \cdots, \varphi(a_q)$ の中に同じものがある場合は，たとえば $\varphi(a_j)=\varphi(a_k)$ とすると

$$\begin{aligned}
&\partial'_q(\varphi_{\sharp q}\langle a_0, a_1, \cdots, a_q\rangle) = 0,\\
&\varphi_{\sharp q-1}(\partial_q\langle a_0, a_1, \cdots, a_q\rangle)\\
&\quad = \varphi_{\sharp q-1}\Bigl(\sum_{i=0}^{q}(-1)^i\langle a_0, a_1, \cdots, \hat{a}_i, \cdots, a_q\rangle\Bigr)\\
&\quad = (-1)^j\varphi_{\sharp q-1}\langle a_0, a_1, \cdots, \hat{a}_j, \cdots, a_q\rangle\\
&\qquad\quad +(-1)^k\varphi_{\sharp q-1}\langle a_0, a_1, \cdots, \hat{a}_k, \cdots, a_q\rangle = 0
\end{aligned}$$

となって，一般に $c \in C_q(K)$ に対して

$$\partial'_q\varphi_{\sharp q}(c) = \varphi_{\sharp q-1}\partial_q(c)$$

が成り立つからである．鎖準同型 $\{\varphi_{\sharp q}\} : \{C_q(K)\} \to \{C_q(K')\}$ からきまるホモロジー群の準同型 $\{(\varphi_{\sharp q})_*\}$ を簡単に $\{\varphi_{*q}\}$ と書き，$\{\varphi_{*q}\}$ あるいは

$$\varphi_{*q} : H_q(K) \to H_q(K') \qquad (q=0, 1, \cdots)$$

を**単体写像 φ からきまるホモロジー群の準同型**という．φ_{*q} を単に φ_* とも書く．また，$\{\varphi_{*q}\}$ をまとめて

$$\varphi_* : H_*(K) \to H_*(K')$$

と書くこともある．

$1_K : K \to K$ を恒等写像とすると，

$$1_{K*} : H_q(K) \to H_q(K) \qquad (q=0, 1, \cdots)$$

は明らかに同型である．また，$\varphi : K \to K'$，$\varphi' : K' \to K''$ を単体写像とすると，$\varphi'\varphi : K \to K''$ も単体写像であって(§8)，$\varphi_{\#q} : C_q(K) \to C_q(K')$，$\varphi'_{\#q} : C_q(K') \to C_q(K'')$，$(\varphi'\varphi)_{\#q} : C_q(K) \to C_q(K'')$ に対して，容易にたしかめられるように

$$(\varphi'\varphi)_{\#q} = \varphi'_{\#q}\varphi_{\#q}$$

が成り立つ．よって $\varphi'\varphi$ からきまる準同型 $(\varphi'\varphi)_* : H_*(K) \to H_*(K'')$ は $\varphi_* : H_*(K) \to H_*(K')$ と $\varphi'_* : H_*(K') \to H_*(K'')$ の合成 $\varphi'_*\varphi_*$ に等しく

$$(\varphi'\varphi)_* = \varphi'_*\varphi_*$$

である．

次の定理はホモロジー群の不変性の証明に重要な役割をはたすものである．

定理 3.16　K, K' を複体，$K \times \boldsymbol{I}$ を K と閉区間 $\boldsymbol{I}$ との積複体とし(§10)，$\Phi : K \times \boldsymbol{I} \to K'$ を単体写像とする．Φ を $K \times \boldsymbol{I}$ の部分複体 $K_{\{0\}}$ および $K_{\{1\}}$ に制限した写像をそれぞれ $\varphi = \Phi | K_{\{0\}}$ および $\varphi' = \Phi | K_{\{1\}}$ とすると，$K_{\{0\}}$ および $K_{\{1\}}$ を K と同一視することによって，$\varphi, \varphi' : K \to K'$ は二つの単体写像である．このとき，φ, φ' からきまる準同型

$$\varphi_*, \varphi'_* : H_*(K) \to H_*(K')$$

について

$$\varphi_* = \varphi'_*$$

が成り立つ．

証明　$\langle\sigma\rangle = \langle a_0, a_1, \cdots, a_q\rangle \in C_q(K)$ に対して，$C_{q+1}(K \times \boldsymbol{I})$ の元 $D_q(\langle a_0, a_1, \cdots, a_q\rangle)$ を

$$D_q(\langle\sigma\rangle) = D_q(\langle a_0, a_1, \cdots, a_q\rangle)$$
$$= \sum_{i=0}^{q}(-1)^i\langle \underline{a}_0, \underline{a}_1, \cdots, \underline{a}_i, \overline{a}_i, \cdots, \overline{a}_q\rangle$$

と定義し，$c=\sum_i \gamma_i\langle\sigma_i^q\rangle \in C_q(K)$ に対して，$D_q(c)\in C_{q+1}(K\times \boldsymbol{I})$ を

$$D_q(c) = \sum_i \gamma_i D_q(\langle\sigma_i^q\rangle)$$

と定義すると，

$$D_q : C_q(K) \to C_{q+1}(K\times \boldsymbol{I}) \qquad (q=0, 1, \cdots)$$

は準同型である．$D_q(\langle\sigma^q\rangle)$ は $\sigma^q\times\boldsymbol{I}$ を分割している $K\times\boldsymbol{I}$ の各 $q+1$ 単体に適当な向きをきめたものの和である．鎖群 $\{C_q(K\times\boldsymbol{I})\}$ に関する境界準同型を $\bar\partial_q$ と書くことにすれば，

$$\begin{aligned}
&\bar\partial_{q+1}D_q(\langle a_0, a_1, \cdots, a_q\rangle)\\
&\quad= \sum_{i=0}^{q}(-1)^i\Big\{\sum_{j=0}^{i-1}(-1)^j\langle \underline{a}_0, \cdots, \hat{\underline{a}}_j, \cdots, \underline{a}_i, \overline{a}_i, \cdots, \overline{a}_q\rangle\\
&\qquad\qquad +(-1)^i\langle \underline{a}_0, \cdots, \underline{a}_{i-1}, \overline{a}_i, \cdots, \overline{a}_q\rangle\\
&\qquad\qquad +(-1)^{i+1}\langle \underline{a}_0, \cdots, \underline{a}_i, \overline{a}_{i+1}, \cdots, \overline{a}_q\rangle\\
&\qquad\qquad + \sum_{j=i+1}^{q}(-1)^{j+1}\langle \underline{a}_0, \cdots, \underline{a}_i, \overline{a}_i, \cdots \hat{\overline{a}}_j, \cdots, \overline{a}_q\rangle\Big\},
\end{aligned}$$

$$\begin{aligned}
&D_{q-1}\partial_q(\langle a_0, a_1, \cdots, a_q\rangle) = D_{q-1}\Big(\sum_{j=0}^{q}(-1)^j\langle a_0, \cdots, \hat{a}_j, \cdots, a_q\rangle\Big)\\
&\quad= \sum_{j=0}^{q}(-1)^j\Big\{\sum_{i<j}(-1)^i\langle \underline{a}_0, \cdots, \underline{a}_i, \overline{a}_i, \cdots, \hat{\overline{a}}_j, \cdots, \overline{a}_q\rangle\\
&\qquad\qquad + \sum_{j<i}(-1)^{i-1}\langle \underline{a}_0, \cdots, \hat{\underline{a}}_j, \cdots, \underline{a}_i, \overline{a}_i, \cdots, \overline{a}_q\rangle\Big\}
\end{aligned}$$

だから，

$$(\bar\partial_{q+1}D_q + D_{q-1}\partial_q)(\langle a_0, a_1, \cdots, a_q\rangle)$$
$$= \langle \overline{a}_0, \overline{a}_1, \cdots, \overline{a}_q\rangle - \langle \underline{a}_0, \underline{a}_1, \cdots, \underline{a}_q\rangle.$$

したがって，同型 $K\to K_{\{0\}}$ および同型 $K\to K_{\{1\}}$ によって $c\in C_q(K)$ に対応する元を $\underline{c}\in C_q(K_{\{0\}})$ および $\overline{c}\in C_q(K_{\{1\}})$ と書くことにすると，

$$(\bar{\partial}_{q+1}D_q+D_{q-1}\partial_q)(c)=\bar{c}-\underline{c}$$

である．とくに $z\in Z_q(K)$ については

$$\bar{\partial}_{q+1}D_q(z)=\bar{z}-\underline{z}$$

となるが，この両辺の準同型 $\Phi_{\sharp q}: C_q(K\times I)\to C_q(K')$ による像は

$$\Phi_{\sharp q}(\bar{\partial}_{q+1}D_q(z))=\partial'_{q+1}\Phi_{\sharp q+1}(D_q(z))=\Phi_{\sharp q}(\bar{z})-\Phi_{\sharp q}(\underline{z})$$
$$=\varphi'_{\sharp q}(z)-\varphi_{\sharp q}(z)$$

であるから，

$$\varphi_{\sharp q}(z)\backsim\varphi'_{\sharp q}(z),$$

したがって $H_q(K)$ のホモロジー類 $[z]$ に対して

$$\varphi_{*q}([z])=\varphi'_{*q}([z])$$

となる．∎

§15　マイヤー-ビートリス完全系列

K を複体，K_1, K_2 を K の部分複体で $K_1\cup K_2=K$ であるとする．$K'=K_1\cap K_2$ はまた K の部分複体である．

鎖群 $C_q(K_1), C_q(K_2)$ はともに $C_q(K)$ の部分加群であって，$C_q(K)$ の元は $C_q(K_1)$ の元と $C_q(K_2)$ の元の和として書き表わされる ($q=0,1,\cdots$)．また，$C_q(K_1)\cap C_q(K_2)$ は K_1 と K_2 とに共通な q 単体に向きをきめたものにより生成されるから，

$$C_q(K_1)\cap C_q(K_2)=C_q(K')$$

である ($q=0,1,\cdots$)．鎖群 $\{C_q(K_1)\}$, $\{C_q(K_2)\}$, $\{C_q(K')\}$ の境界準同型はそれぞれ $\{C_q(K)\}$ の境界準同型 ∂_q を制限したものだから (例 3.22)，簡単のためすべて同一の ∂_q で書くことにする．$Z_q(K)$ の元 z を

$$z=c_1+c_2\qquad(c_1\in C_q(K_1),\ \ c_2\in C_q(K_2))$$

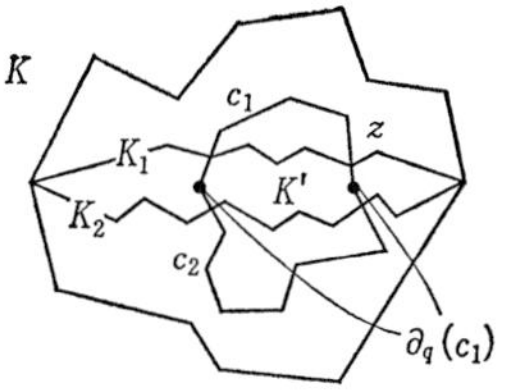

図 3. 2

と書き表わす(図 3. 2). (この書き表わし方は必ずしも一意的ではない.) このとき

$$0 = \partial_q(z) = \partial_q(c_1)+\partial_q(c_2)$$

から

$$\partial_q(c_1) = -\partial_q(c_2)$$

であって, $\partial_q(c_1) \in C_{q-1}(K_1)$, $-\partial_q(c_2) \in C_{q-1}(K_2)$ だから

$$\partial_q(c_1) = -\partial_q(c_2) \in C_{q-1}(K_1) \cap C_{q-1}(K_2) = C_{q-1}(K')$$

であるが, さらに $\partial_{q-1}(\partial_q(c_1))=0$ だから

$$\partial_q(c_1) \in Z_{q-1}(K')$$

である (図 3. 2). (もちろん $c_1 \in C_q(K_1)$ であって, 一般には $c_1 \in C_q(K')$ ではないから, $\partial_q(c_1) \in B_{q-1}(K')$ というわけではない.) $z \in Z_q(K)$ の別の書き表わし方を

$$z = c_3+c_4 \qquad (c_3 \in C_q(K_1),\ \ c_4 \in C_q(K_2))$$

とすると, $c_1+c_2=c_3+c_4$ から $c_1-c_3=c_4-c_2$ であって, $c_1-c_3 \in C_q(K_1)$, $c_4-c_2 \in C_q(K_2)$ だから

$$c_1-c_3 = c_4-c_2 \in C_q(K_1) \cap C_q(K_2) = C_q(K')$$

となり,

$$\partial_q(c_1)-\partial_q(c_3) \in B_{q-1}(K')$$

である. したがって, $Z_q(K)$ の元 z に対して, $H_{q-1}(K')$ のホモロジー類 $[\partial_q(c_1)]$ は $z=c_1+c_2$の 書き表わし方に無関係にき

まる．さらに，$\bar{z}\in Z_q(K)$ が $\bar{z}\backsim z$ で，$\bar{z}$ を

$$\bar{z}=\bar{c}_1+\bar{c}_2 \qquad (\bar{c}_1\in C_q(K_1),\quad \bar{c}_2\in C_q(K_2))$$

とすると，$\bar{z}\backsim z$ から

$$z-\bar{z}=\partial_{q+1}(\tilde{c}_1+\tilde{c}_2) \qquad (\tilde{c}_1\in C_{q+1}(K_1),\ \ \tilde{c}_2\in C_{q+1}(K_2))$$

であって，$(c_1+c_2)-(\bar{c}_1+\bar{c}_2)=\partial_{q+1}(\tilde{c}_1)+\partial_{q+1}(\tilde{c}_2)$ となるから

$$c_1-\bar{c}_1-\partial_{q+1}(\tilde{c}_1)=\partial_{q+1}(\tilde{c}_2)-c_2+\bar{c}_2$$

をうる．この式の左辺は $C_q(K_1)$ の元であり，右辺は $C_q(K_2)$ の元だから，

$$c_1-\bar{c}_1-\partial_{q+1}(\tilde{c}_1)\in C_q(K_1)\cap C_q(K_2)=C_q(K')$$

であって，

$$\partial_q(c_1-\bar{c}_1-\partial_{q+1}(\tilde{c}_1))=\partial_q(c_1)-\partial_q(\bar{c}_1)\in B_{q-1}(K')$$

から，複体 K' において

$$\partial_q(c_1)\backsim\partial_q(\bar{c}_1)$$

となる．このことから，$H_q(K)$ のホモロジー類 $[z]$ に対して，$z=c_1+c_2\,(c_1\in C_q(K_1),\,c_2\in C_q(K_2))$ と分解して $[z]$ に $H_{q-1}(K')$ の元 $[\partial_q(c_1)]$ を対応させると，$[\partial_q(c_1)]$ は $[z]$ の代表元のとり方に無関係にきまることがわかる．$[\partial_q(c_1)]$ を $\varDelta_q([z])$ と書くことにすれば，定義から明らかなように

$$\varDelta_q([z]+[\tilde{z}])=\varDelta_q([z])+\varDelta_q([\tilde{z}])$$

だから

$$\varDelta_q: H_q(K)\to H_{q-1}(K') \qquad (q=0,1,\cdots)$$

は準同型である．

K, K_1, K_2, K' の間の自然な単射 i, i', j, j' を

$$\begin{array}{ccccc} & {\scriptstyle i}\nearrow & K_1 & \searrow{\scriptstyle j} & \\ K' & & & & K \\ & {\scriptstyle i'}\searrow & K_2 & \nearrow{\scriptstyle j'} & \end{array}$$

と定義すれば，明らかに $ji=j'i'$ である．

このとき準同型

$$\psi_q: H_q(K') \to H_q(K_1) \oplus H_q(K_2) \qquad (q=0, 1, \cdots),$$
$$\phi_q: H_q(K_1) \oplus H_q(K_2) \to H_q(K) \qquad (q=0, 1, \cdots)$$

を $[z'] \in H_q(K')$, $[z_1] \in H_q(K_1)$, $[z_2] \in H_q(K_2)$ として，

$$\psi_q([z']) = (i_*([z']), -i'_*([z'])),$$
$$\phi_q([z_1], [z_2]) = j_*([z_1]) + j'_*([z_2])$$

で定義する．

定理 3.17　準同型 $\psi_q, \phi_q, \varDelta_q$ をつづけてえられる系列

$$\cdots \xrightarrow{\varDelta_{q+1}} H_q(K') \xrightarrow{\psi_q} H_q(K_1) \oplus H_q(K_2) \xrightarrow{\phi_q} H_q(K) -$$
$$\xrightarrow{\varDelta_q} H_{q-1}(K') \xrightarrow{\psi_{q-1}} \cdots \longrightarrow H_1(K) \xrightarrow{\varDelta_1} H_0(K') -$$
$$\xrightarrow{\psi_0} H_0(K_1) \oplus H_0(K_2) \xrightarrow{\phi_0} H_0(K) \xrightarrow{\varDelta_0} 0$$

は完全系列である．これを $(K; K_1, K_2)$ に関する**マイヤー-ビートリス完全系列**という．

証明　(i) $\mathrm{Im}\,\varDelta_q = \mathrm{Ker}\,\psi_{q-1}$ の証明．$[z] \in H_q(K)$, $z = c_1 + c_2$ $(c_1 \in C_q(K_1),\ c_2 \in C_q(K_2))$ とすれば，

$$\psi_{q-1}(\varDelta_q([z])) = \psi_{q-1}([\partial_q(c_1)]) = (i_*([\partial_q(c_1)]), -i'_*([\partial_q(c_1)]))$$

であるが，$i_\sharp(\partial_q(c_1)) \in B_{q-1}(K_1)$, $i'_\sharp(\partial_q(c_1)) = -i'_\sharp(\partial_q(c_2)) \in B_{q-1}(K_2)$ だから，$\psi_{q-1}(\varDelta_q([z])) = 0$. したがって，$\mathrm{Im}\,\varDelta_q \subset \mathrm{Ker}\,\psi_{q-1}$ である．

逆に，$[\bar{z}] \in \mathrm{Ker}\,\psi_{q-1}$ とすると $i_*([\bar{z}]) = 0$, $i'_*([\bar{z}]) = 0$ だから，$\bar{c}_1 \in C_q(K_1)$, $\bar{c}_2 \in C_q(K_2)$ で

$$\partial_q(\bar{c}_1) = \bar{z}, \qquad \partial_q(\bar{c}_2) = -\bar{z}$$

となるものが存在する．$\bar{c}_1 + \bar{c}_2 \in C_q(K)$ は $\partial_q(\bar{c}_1 + \bar{c}_2) = \bar{z} - \bar{z} = 0$ だから $\bar{c}_1 + \bar{c}_2 \in Z_q(K)$ であって，

$$\varDelta_q([\bar{c}_1 + \bar{c}_2]) = [\partial_q(\bar{c}_1)] = [\bar{z}]$$

となるから $[\bar{z}]\in \mathrm{Im}\,\Delta_q$. したがって $\mathrm{Im}\,\Delta_q \supset \mathrm{Ker}\,\psi_{q-1}$ が成り立つ.

(ii) $\mathrm{Im}\,\phi_q = \mathrm{Ker}\,\Delta_q$ の証明. $([z_1],[z_2])\in H_q(K_1)\oplus H_q(K_2)$ とすれば,

$$\Delta_q\phi_q([z_1],[z_2]) = \Delta_q([j_\sharp(z_1)+j'_\sharp(z_2)]) = [\partial_q(j_\sharp(z_1))] = 0$$

だから $\mathrm{Im}\,\phi_q \subset \mathrm{Ker}\,\Delta_q$ である.

逆に, $[z]\in \mathrm{Ker}\,\Delta_q$ $(q\geqq 1)$, $z=c_1+c_2$ $(c_1\in C_q(K_1),\ c_2\in C_q(K_2))$ とすると, $H_{q-1}(K')$ のホモロジー類として $[\partial_q(c_1)]=0$ であるから, $c'\in C_q(K')$ で $\partial_q(c')=\partial_q(c_1)$ となるものが存在する. $z=c_1-c'+(c_2+c')$ $(c_1-c'\in C_q(K_1),\ c_2+c'\in C_q(K_2))$ と分解すれば, $\partial_q(c_1-c')=0$ だから $c_1-c'\in Z_q(K_1)$ であり, $\partial_q(c_2+c')=\partial_q(z)-\partial_q(c_1-c')=0$ だから $c_2+c'\in Z_q(K_2)$. したがって,

$$\phi_q([c_1-c'],[c_2+c']) = [z]$$

であって, $\mathrm{Im}\,\phi_q \supset \mathrm{Ker}\,\Delta_q$ が成り立つ. $q=0$ の場合には ϕ_0 が上への写像であることは明らかであろう(定理3.12).

(iii) $\mathrm{Im}\,\psi_q = \mathrm{Ker}\,\phi_q$ の証明. $[z']\in H_q(K')$ とすれば,

$$\begin{aligned}\phi_q\psi_q([z']) &= \phi_q(i_*([z']), -i'_*([z']))\\ &= (ji)_*([z'])-(j'i')_*([z']) = 0\end{aligned}$$

だから, $\mathrm{Im}\,\psi_q \subset \mathrm{Ker}\,\phi_q$ である.

逆に, $([z_1],[z_2])\in \mathrm{Ker}\,\phi_q$ とすると, $j_*([z_1])+j'_*([z_2])=0$ だから, $z_1+z_2\in Z_q(K)$ は $H_q(K)$ のホモロジー類として $[z_1+z_2]=0$ である. よって, $\tilde{c}\in C_{q+1}(K)$ で $\partial_{q+1}(\tilde{c})=z_1+z_2$ となるものがある. $\tilde{c}=\tilde{c}_1+\tilde{c}_2$ $(\tilde{c}_1\in C_{q+1}(K_1),\ \tilde{c}_2\in C_{q+1}(K_2))$ とすると,

$$z_1-\partial_{q+1}(\tilde{c}_1) = -z_2+\partial_{q+1}(\tilde{c}_2)\in C_q(K_1)\cap C_q(K_2) = C_q(K')$$

であって，$\partial_q(z_1-\partial_{q+1}(\tilde{c}_1))=0$ だから $z_1-\partial_{q+1}(\tilde{c}_1)\in Z_q(K')$ である．したがって

$$\phi_q([z_1-\partial_{q+1}(\tilde{c}_1)]) = (i_*([z_1-\partial_{q+1}(\tilde{c}_1)]), -i'_*([z_1-\partial_{q+1}(\tilde{c}_1)])) = ([z_1], [z_2])$$

となって，$\mathrm{Im}\,\psi_q\supset\mathrm{Ker}\,\phi_q$ が成り立つ．∎

例 3.25 r 個の m 単体 $\sigma_1^m, \sigma_2^m, \cdots, \sigma_r^m\ (m\geqq 2)$ が一つの頂点 a を共有していて，それ以外では共通点をもたない，すなわち $\sigma_i^m\cap\sigma_j^m=\{a\}\ (i\neq j)$ であるとし(図 3.3)，$\sigma_1^m, \sigma_2^m, \cdots, \sigma_r^m$ の $m-1$ 次元以下の辺単体すべてからなる $m-1$ 次元複体を K_r とする．$K_1=K(\partial\sigma_1^m)$ だから，定理 3.15 によって

$$H_q(K_1)=\begin{cases} \boldsymbol{Z} & q=0, m-1 \\ 0 & q\neq 0, m-1 \end{cases}$$

である．

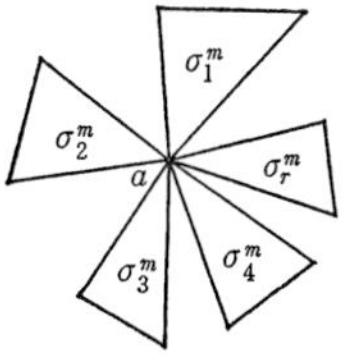

図 3.3

$$K_r = K_{r-1}\cup K(\partial\sigma_r^m), \qquad K_{r-1}\cap K(\partial\sigma_r^m) = \{a\}$$

であるから，$(K_r;\ K_{r-1}, K(\partial\sigma_r^m))$ に関するマイヤー-ビートリス完全系列

$$\cdots\longrightarrow H_q(\{a\})\xrightarrow{\phi_q} H_q(K_{r-1})\oplus H_q(K(\partial\sigma_r^m))\xrightarrow{\phi_q} H_q(K_r)\xrightarrow{\Delta_q} H_{q-1}(\{a\})\longrightarrow\cdots$$

をつかえば，r に関する数学的帰納法によって

$$H_q(K_r)=\begin{cases}\boldsymbol{Z} & q=0\\ \boldsymbol{Z}\oplus\boldsymbol{Z}\oplus\cdots\oplus\boldsymbol{Z}\quad(\boldsymbol{Z}\text{ の }r\text{ 個の直和}) & q=m-1\\ 0 & q\neq 0,\ m-1\end{cases}$$

をうる. ∎

マイヤー-ビートリス完全系列はホモロジー群を実際に計算するのに極めて有効であるが，つぎにマイヤー-ビートリス完全系列の一つの応用として，複体とその重心細分のホモロジー群が同型であることを証明しよう．

K を複体，$Sd(K)$ を K の重心細分とする．K の鎖群 $\{C_q(K)\}$ から $Sd(K)$ の鎖群 $\{C_q(Sd(K))\}$ への鎖準同型

$$\{Sd_q\} : \{C_q(K)\} \to \{C_q(Sd(K))\}$$

を次元 q に関して帰納的に次のように定義する．

$q=0$ の場合には，a_i を K の頂点とすれば，a_i はまた $Sd(K)$ の頂点でもあることに注意して

$$Sd_0 : C_0(K) \to C_0(Sd(K))$$

を自然な単射準同型，すなわち

$$Sd_0(\sum_i \gamma_i\langle a_i\rangle) = \sum_i \gamma_i\langle a_i\rangle$$

と定義する．さらに，準同型 $Sd_{q-1} : C_{q-1}(K)\to C_{q-1}(Sd(K))$ が定義されていて，$Sd_{q-1}(\langle\sigma^{q-1}\rangle)\in C_{q-1}(Sd(K(\sigma^{q-1}))))$ ($q=1$ のときこの仮定は明らかに満たされている）であるとして，q に関して帰納的に準同型

$$Sd_q : C_q(K) \to C_q(Sd(K))$$

を $\langle\sigma^q\rangle=\langle a_0, a_1, \cdots, a_q\rangle$ に対して

$$Sd_q(\langle a_0, a_1, \cdots, a_q\rangle) = [\sigma^q] * (Sd_{q-1}(\partial_q\langle a_0, a_1, \cdots, a_q\rangle))$$

と定義し(上述の仮定からこの右辺の結は確かに存在する)，$\sum\gamma_i\langle\sigma_i^q\rangle\in C_q(K)$ に対して

$$Sd_q(\sum_i \gamma_i\langle\sigma_i^q\rangle) = \sum_i \gamma_i Sd_q(\langle\sigma_i^q\rangle)$$

と定義する．

たとえば $q=1$ の場合は $Sd_1(\langle a_0, a_1\rangle)=\langle[\sigma^1], a_1\rangle-\langle[\sigma^1], a_0\rangle$ であり(図3.4)，$q=2$ の場合は

$$\begin{aligned}
&Sd_2(\langle a_0, a_1, a_2\rangle)\\
&\quad= [\sigma^2] * (Sd_1(\langle a_1, a_2\rangle - \langle a_0, a_2\rangle + \langle a_0, a_1\rangle)\\
&\quad= [\sigma^2] * (\langle[|a_1a_2|], a_2\rangle - \langle[|a_1a_2|], a_1\rangle - \langle[|a_0a_2|], a_2\rangle\\
&\qquad + \langle[|a_0a_2|], a_0\rangle + \langle[|a_0a_1|], a_1\rangle - \langle[|a_0a_1|], a_0\rangle)\\
&\quad= \langle[\sigma^2], [|a_1a_2|], a_2\rangle - \langle[\sigma^2], [|a_1a_2|], a_1\rangle\\
&\qquad - \langle[\sigma^2], [|a_0a_2|], a_2\rangle + \langle[\sigma^2], [|a_0a_2|], a_0\rangle\\
&\qquad + \langle[\sigma^2], [|a_0a_1|], a_1\rangle - \langle[\sigma^2], [|a_0a_1|], a_0\rangle
\end{aligned}$$

である(図3.4)．

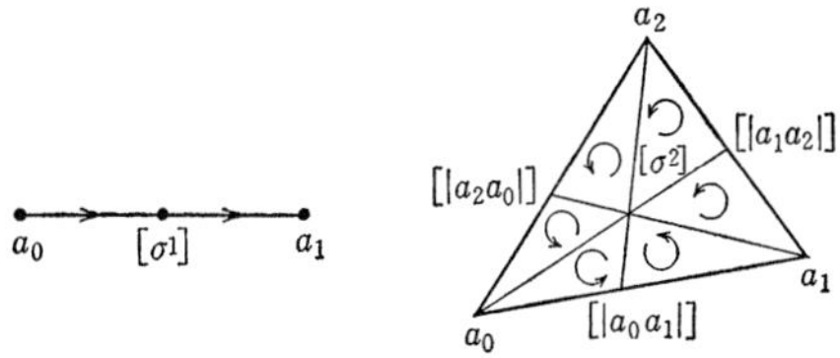

図3.4

一般に，$Sd_q(\langle\sigma^q\rangle)$ は σ^q を重心細分してえられた各 q 単体に $\langle\sigma^q\rangle$ の向きからきまる向きを定めたものの和である．したがって，$Sd_q(\langle\sigma^q\rangle)\in C_q(Sd(K(\sigma^q)))$ となっている．

$\{C_q(Sd(K))\}$ に関する境界準同型を

$$\partial'_q : C_q(Sd(K)) \to C_{q-1}(Sd(K)) \qquad (q=0, 1, \cdots)$$

とする．

補助定理 3.18 $c\in C_q(K)$ $(q=1, 2, \cdots)$ に対して

$$\partial'_q(Sd_q(c)) = Sd_{q-1}(\partial_q(c)).$$

証明　$c=\langle\sigma^q\rangle=\langle a_0, a_1, \cdots, a_q\rangle$ の場合について証明すればよいことは明らかであろう．$c=\langle\sigma^1\rangle=\langle a_0, a_1\rangle$ に対しては

$$\begin{aligned}\partial'_1(Sd_1\langle a_0, a_1\rangle) &= \partial'_1(\langle[\sigma^1], a_1\rangle-\langle[\sigma^1], a_0\rangle)\\ &= \langle a_1\rangle-\langle a_0\rangle = Sd_0(\partial_1\langle a_0, a_1\rangle)\end{aligned}$$

だからよい．つぎに，

$$\partial'_{q-1}(Sd_{q-1}(c)) = Sd_{q-2}(\partial_{q-1}(c)) \qquad (c\in C_{q-1}(K)$$

であると仮定すれば，補助定理3.13をつかって

$$\begin{aligned}&\partial'_q(Sd_q(\langle a_0, a_1, \cdots, a_q\rangle))\\ &\quad= \partial'_q([\sigma^q]*Sd_{q-1}(\partial_q(\langle a_0, a_1, \cdots, a_q\rangle)))\\ &\quad= Sd_{q-1}(\partial_q(\langle a_0, a_1, \cdots, a_q\rangle))\\ &\qquad -[\sigma^q]*(\partial'_{q-1}(Sd_{q-1}(\partial_q(\langle a_0, a_1, \cdots, a_q\rangle))))\\ &\quad= Sd_{q-1}(\partial_q(\langle a_0, a_1, \cdots, a_q\rangle))\\ &\qquad -[\sigma^q]*(Sd_{q-2}(\partial_{q-1}\partial_q(\langle a_0, a_1, \cdots, a_q\rangle)))\\ &\quad= Sd_{q-1}(\partial_q(\langle a_0, a_1, \cdots, a_q\rangle))\end{aligned}$$

となるから，q に関する数学的帰納法によって補助定理が成り立つ．∎

補助定理3.18によって，$Sd_q: C_q(K)\to C_q(Sd(K))$ $(q=0, 1, \cdots)$ は鎖準同型

$$\{Sd_q\}: \{C_q(K)\}\to\{C_q(Sd(K))\}$$

を形成する．

定理3.19　鎖準同型 $\{Sd_q\}:\{C_q(K)\}\to\{C_q(Sd(K))\}$ からきまるホモロジー群の準同型

$$Sd_{*q}: H_q(K)\to H_q(Sd(K)) \qquad (q=0, 1, \cdots)$$

は同型である．

証明　K が0次元複体の場合は，$K=Sd(K)$ で Sd_0 は恒等写像だから定理は明らかに成り立つ．したがって K の次

元に関する数学的帰納法によって定理を証明することとし，$m-1$ 次元複体に対して定理が成り立つと仮定して，m 次元複体 K について定理が成り立つことを証明しよう．

K の $m-1$ 次元切片を $K^{(m-1)}$，K の m 単体を $\sigma_1^m, \sigma_2^m, \cdots, \sigma_r^m$ とすると，$K=K^{(m-1)}\cup\sigma_1^m\cup\sigma_2^m\cup\cdots\cup\sigma_r^m$ である．いま，$K_0=K^{(m-1)}$，$K_i=K_0\cup\sigma_1^m\cup\cdots\cup\sigma_i^m$ $(i=1, 2, \cdots, r)$ とすると，K_0 および K_i $(i=1, 2, \cdots, r)$ は K の部分複体である．K_0 に対しては仮定から定理が成り立つ．つぎに，K_{i-1} に対して定理が成り立つと仮定して，K_i $(1\leqq i\leqq r)$ について定理が成り立つことを証明しよう．これが証明されれば i についての数学的帰納法によって $K=K_r$ について定理が成り立つことになる．

K_{i-1} と $K(\sigma_i^m)$ はともに K_i の部分複体で，$K_i = K_{i-1}\cup K(\sigma_i^m)$ である．また $Sd(K_{i-1})$ と $Sd(K(\sigma_i^m))$ はともに $Sd(K_i)$ の部分複体で $Sd(K_i)=Sd(K_{i-1})\cup Sd(K(\sigma_i^m))$ である．$(K_i; K_{i-1}, K(\sigma_i^m))$ および $(Sd(K_i); Sd(K_{i-1}), Sd(K(\sigma_i^m)))$ に関するマイヤー-ビートリス完全系列と，準同型

$$Sd_*: H_*(K_i)\to H_*(Sd(K_i)),$$

$$\begin{aligned} Sd_*: H_*(K_{i-1}\cap K(\sigma_i^m)) &\to H_*(Sd(K_{i-1}\cap K(\sigma_i^m))) \\ &= H_*(Sd(K_{i-1})\cap Sd(K(\sigma_i^m))), \end{aligned}$$

$$\begin{aligned} Sd_*\oplus Sd_*: H_*(K_{i-1})\oplus H_*(K(\sigma_i^m)) & - \\ \to H_*(Sd(K_{i-1}))\oplus H_*(Sd(K(\sigma_i^m))), \end{aligned}$$

(ただし $(Sd_*\oplus Sd_*)([z_1], [z_2]) = (Sd_*([z_1]), Sd_*([z_2]))$)

とから構成される図式

$$
\begin{array}{ccc}
\cdots \longrightarrow & H_q(K_{i-1}\cap K(\sigma_i^m)) & - \\
 & \Big\downarrow Sd_* & \\
\cdots \longrightarrow & H_q(Sd(K_{i-1})\cap Sd(K(\sigma_i^m))) & -
\end{array}
$$

$$
\begin{array}{ccccccc}
\xrightarrow{\phi_q} & H_q(K_{i-1})\oplus H_q(K(\sigma_i^m)) & \xrightarrow{\phi_q} & H_q(K_i) & \xrightarrow{\Delta_q} & \cdots \\
 & \Big\downarrow Sd_*\oplus Sd_* & & \Big\downarrow Sd_* & & \\
\xrightarrow{\phi_q} & H_q(Sd(K_{i-1}))\oplus H_q(Sd(K(\sigma_i^m))) & \xrightarrow{\phi_q} & H_q(Sd(K_i)) & \xrightarrow{\Delta_q} & \cdots
\end{array}
$$

は，マイヤー-ビートリス完全系列の定義と Sd_q の定義から直ちにわかるように，可換な図式である．たとえば，$H_q(K_i) \ni [z]$, $z=c_1+c_2$ $(c_1 \in C_q(K_{i-1}),\ c_2 \in C_q(K(\sigma_i^m)))$ とすると，

$$
\begin{aligned}
Sd_*\Delta_q([z]) &= Sd_*([\partial_q(c_1)]) = [Sd_{q-1}(\partial_q(c_1))], \\
\Delta_q Sd_*([z]) &= \Delta_q([Sd_q(z)]) = \Delta_q([Sd_q(c_1)+Sd_q(c_2)]) \\
&= [\partial'_q Sd_q(c_1)] = [Sd_{q-1}\partial_q(c_1)]
\end{aligned}
$$

だから

$$Sd_*\Delta_q = \Delta_q Sd_*$$

である．その他の場合はほとんど自明であろう．

ここで，帰納法の仮定から

$$Sd_* : H_q(K_{i-1}) \to H_q(Sd(K_{i-1})) \qquad (q=0, 1, \cdots, m)$$

は同型であり，$K_{i-1}\cap K(\sigma_i^m)$ は $m-1$ 次元複体であるから帰納法の仮定により

$$Sd_* : H_q(K_{i-1}\cap K(\sigma_i^m)) \to H_q(Sd(K_{i-1})\cap Sd(K(\sigma_i^m))) \qquad (q=0, 1, 2, \cdots, m)$$

は同型である．また，$K(\sigma_i^m)$, $Sd(K(\sigma_i^m))$ は非輪状であるから(定理 3.14),

$$Sd_* : H_q(K(\sigma_i^m)) \to H_q(Sd(K(\sigma_i^m))) \qquad (q=0, 1, 2, \cdots, m)$$

は同型である．したがって上記の図式に5項補助定理(定理

3.8) を適用すれば $Sd_{*q}: H_q(K_i) \to H_q(Sd(K_i))$ $(q=0, 1, 2, \cdots)$ は同型である. ∎

問　題 III

1. m 次元複体 $K(\sigma^m)$ および $K(\partial\sigma^{m+1})$ (例 2.2) についてオイラー数の関係 $\sum_{i=0}^{m}(-1)^i b_i = \sum_{i=0}^{m}(-1)^i \alpha_i$ (定理 3.10) が成り立っていることを直接にたしかめよ.

2. $K(\sigma^m)$ の $m-2$ 次元切片 $(K(\sigma^m))^{(m-2)}$ のホモロジー群 $H_*((K(\sigma^m))^{(m-2)})$ を求めよ.

3. 図 3.5 に示すような 1 次元複体のホモロジー群を求めよ.

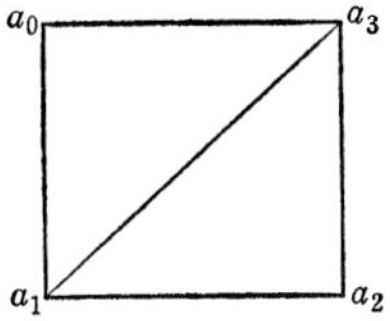

図 3.5

4. σ_1^m, σ_2^m を二つの m 次元単体で, $\sigma_1^m \cap \sigma_2^m$ が σ_1^m および σ_2^m に共通な q 辺単体であるとする. このとき, σ_1^m, σ_2^m のすべての辺単体からなる複体を K とするとき, K のホモロジー群 $H_*(K)$ および K の $m-1$ 次元切片 $K^{(m-1)}$ のホモロジー群 $H_*(K^{(m-1)})$ を求めよ.

5. $Sd(K(\sigma^m))$ の $m-1$ 次元切片を K' とするとき, K' のホモロジー群 $H_*(K')$ を求めよ.

6. $\varphi: K(\partial\sigma^m) \to K(\partial\sigma^m)$ $(m \geqq 2)$ を $\bar{\varphi}(|K(\partial\sigma^m)|)$ が $K(\partial\sigma^m)$ の一つの頂点であるような単体写像とすると, $\varphi_*(H_{m-1}(K(\partial\sigma^m)))=0$ であることを示せ.

第4章　図形のホモロジー

位相不変なものを求めてホモロジー群を定義したが，実はこの章の定理4.11に述べる連続写像のホモトピー類との関係がホモロジー群の本質を示すものであって，それからホモロジー群は位相不変よりもさらに広いホモトピー型不変の性質をもっていることがいえる．このようにしてホモロジー群に関連して，トポロジーの基本概念の一つであるホモトピーがこの章から登場してくる．多面体に対して定義されたホモロジー群が位相不変であることから，単体分割可能な図形に対してホモロジー群を定義することができる．

§16　ホモトピー

X, Y, Z を N 次元ユークリッド空間 $\boldsymbol{R}^N$ の図形(あるいはもっと一般に位相空間)とする．

X と閉区間 $\boldsymbol{I}=[0,1]$ との積空間 $X\times\boldsymbol{I}$ から Y の中への連続写像

$$F: X\times\boldsymbol{I}\to Y$$

に対して，$t\in\boldsymbol{I}$ として F を $X\times\{t\}$ に制限した写像 $F|(X\times\{t\}): X\times\{t\}\to Y$ は $X\times\{t\}$ と X とを自然に同一視することによって，

$$F|(X\times\{t\}): X\to Y$$

と見做すことができる(図4.1).

いま，X から Y への二つの連続写像

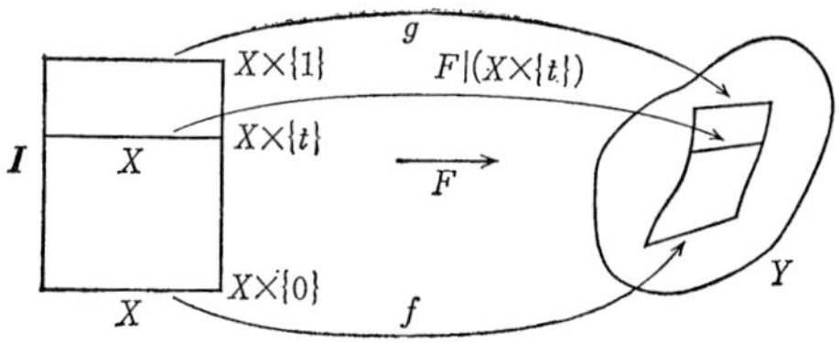

図 4.1

$$f, g : X \to Y$$

に対して，連続写像 $F : X\times \boldsymbol{I} \to Y$ で

$$F|(X\times\{0\}) = f, \quad F|(X\times\{1\}) = g$$

となるものが存在するとき，f と g とは**ホモトープ**であるといい，$f\simeq g$ と書く．また，F を f と g との間の**ホモトピー**という．

$t\in \boldsymbol{I}$ に対して $f_t = F|(X\times\{t\})$ とおけば，

$$f_t : X\to Y$$

は連続写像である．したがって $t\in \boldsymbol{I}$ を媒介変数とし t について連続的に変化する連続写像 $f_t : X\to Y$ で，$f_0=f$，$f_1=g$ となるものが存在するとき，f と g とは**ホモトープ**であると定義してもよい．ここで f_t が t について連続的に変化するとは，$(x, t)\in X\times \boldsymbol{I}$ に対して $f_t(x)\in Y$ を対応させることによってえられる写像 $X\times \boldsymbol{I}\to Y$ が連続であることを意味する．この場合 $\{f_t\}$ $(t\in \boldsymbol{I})$ を f と g との間の**ホモトピー**という．

直観的には，$f\simeq g$ であるとは f が時間 t につれて連続的に変化して g となることをいうのである．

連続写像 $f, g, h : X\to Y$ に対して，関係 $\simeq$ は次の条件を満たしている：

(i) $f\simeq f$,

(ii) $f\simeq g$　ならば　$g\simeq f$,

(iii) $f\simeq g$, $g\simeq h$　ならば　$f\simeq h$.

なぜなら，(i)に対しては，$f_t=f\,(t\in \boldsymbol{I})$ と定義すれば $\{f_t\}$ が f と f との間のホモトピーになるし，(ii)に対しては，f と g との間のホモトピーを $\{f_t\}$ とするとき，

$$f'_t : X\to Y \qquad (t\in \boldsymbol{I})$$

を $f'_t=f_{1-t}$ と定義すれば，$f'_0=g$, $f'_1=f$ だから，$\{f'_t\}$ が g と f との間のホモトピーになる．また，(iii)に対しては，$\{f_t\}$, $f_0=f$, $f_1=g$ を f と g との間のホモトピー，$\{g_t\}$, $g_0=g$, $g_1=h$ を g と h との間のホモトピーとすると，連続写像

$$h_t : X\to Y \qquad (t\in \boldsymbol{I})$$

を

$$h_t=\begin{cases} f_{2t} & (0\leqq t\leqq 1/2),\\ g_{2t-1} & (1/2\leqq t\leqq 1)\end{cases}$$

と定義すれば，$\{h_t\}(t\in \boldsymbol{I})$ が f と h との間のホモトピーとなる(図 4.2).

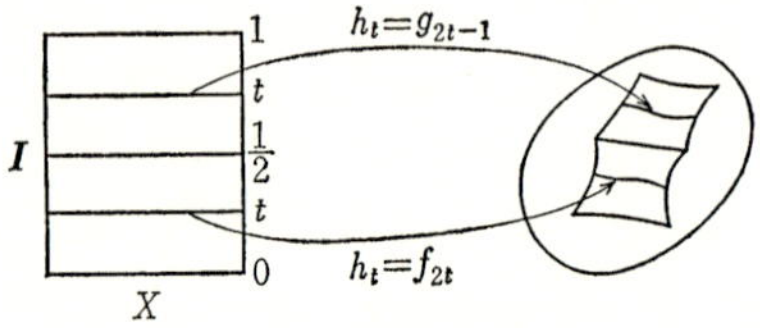

図 4.2

したがって，ホモトープという関係 $\simeq$ は同値関係であって，X から Y への連続写像全体の集合をこの関係 $\simeq$ によって類別することができる．このようにしてえられる同値類を X から Y への**連続写像のホモトピー類**といい，f を含む同値類を $[f]$ と書く．$f\simeq g$ と $[f]=[g]$ とは同じ意味である．

例 4.1 D^n を n 次元球体とするとき，任意の二つの連続写像 $f, g: X \to D^n$ に対してつねに $f \simeq g$ が成り立つ．なぜなら，$x \in X$ に対して D^n の線分 $\overline{f(x)g(x)}$ を $t:(1-t)$ に内分する点を $f_t(x) \in D^n$ とすれば，写像 $f_t: X \to D^n$ は明らかに連続写像で，f_t は t に関して連続的に変化し，$f_0=f$, $f_1=g$ であるから，$\{f_t\}$ は f と g との間のホモトピーである．

すぐわかるように，D^n の代りに $\boldsymbol{R}^N$ の任意の凸集合をとっても同じ結果がえられる． ∎

例 4.2 P を一点とする．連続写像 $f, g: P \to Y$ が $f \simeq g$ であれば，f と g との間のホモトピーを $\{f_t\}$ とするとき，t に $f_t(P) \in Y$ を対応させると，連続写像

$$\alpha: \boldsymbol{I} \to Y \qquad (\alpha(t) = f_t(P))$$

がえられて，$\alpha(0)=f(P)$, $\alpha(1)=g(P)$ であるから，α は Y の 2 点 $f(P)$, $g(P)$ を結ぶ連続曲線である．このことから逆に $f, g: P \to Y$ に対して $f(P)$ と $g(P)$ とを結ぶ連続曲線が存在すれば $f \simeq g$ となることも明らかであろう．したがって P から X への連続写像全体のホモトピー類は Y の弧状連結成分に対応している． ∎

補助定理 4.1 連続写像 $f, g: X \to Y$, $f', g': Y \to Z$ に対して，次の(i),(ii),(iii)が成り立つ:

(i) $f \simeq g$ ならば，$f'f, f'g: X \to Z$ に対して $f'f \simeq f'g$,

(ii) $f' \simeq g'$ ならば，$f'f, g'f: X \to Z$ に対して $f'f \simeq g'f$,

(iii) $f \simeq g$, $f' \simeq g'$ ならば，$f'f, g'g: X \to Z$ に対して $f'f \simeq g'g$.

証明 $\{f_t\}$, $f_0=f$, $f_1=g$ を f と g との間のホモトピー，$\{f'_t\}$, $f'_0=f'$, $f'_1=g'$ を f' と g' との間のホモトピーとする

と，$\{f'f_t\}$ が $f'f$ と $f'g$ との間のホモトピーで(i)が成り立ち，$\{f'_tf\}$ が $f'f$ と $g'f$ との間のホモトピーで(ii)が成り立ち，$\{f'_tf_t\}$ が $f'f$ と $g'g$ との間のホモトピーで(iii)が成り立つからである．▮

X, Y に対して，連続写像 $f: X\to Y$，$g: Y\to X$ が存在して，$1_X: X\to X$，$1_Y: Y\to Y$ を恒等写像とするとき，$gf: X\to X$，$fg: Y\to Y$ が

$$gf \simeq 1_X, \quad fg \simeq 1_Y$$

であるとき，X と Y とは**ホモトピー同型**あるいは**同じホモトピー型**であるといい，$X\simeq Y$ と書く．

もしも，X と Y とが同位相であれば，同位相写像 $f: X\to Y$ に対して，$f^{-1}: Y\to X$ をとれば，$f^{-1}f=1_X$，$ff^{-1}=1_Y$ で，$X\simeq Y$ となるから，同位相ならばホモトピー同型である．例4.3に示すようにこの逆は成り立たない．ホモトピー同型は同位相を拡張した概念である．

$\boldsymbol{R}^N$ の図形(あるいは一般に位相空間)に対して，ホモトピー同型という関係 $\simeq$ は次の条件(i)，(ii)，(iii)を満たしている：

(i) $X\simeq X$,

(ii) $X\simeq Y$ ならば $Y\simeq X$,

(iii) $X\simeq Y$，$Y\simeq Z$ ならば $X\simeq Z$.

なぜなら，$1_X: X\to X$ によって(i)が成り立つことは明らかであり，(ii)が成り立つことは定義から直ちにわかることであるし，(iii)は，$f: X\to Y$，$g: Y\to X$ および $f': Y\to Z$，$g': Z\to Y$ によって X と Y および Y と Z がホモトピー同型であるとすれば，$f'f: X\to Z$，$gg': Z\to X$ に対して，

$$gg'f'f \simeq g1_Yf = gf \simeq 1_X,$$
$$f'fgg' \simeq f'1_Yg' = f'g' \simeq 1_Z$$

であるから，X と Z はホモトピー同型となる．

したがって，ホモトピー同型という関係 $\simeq$ は同値関係であって，$\boldsymbol{R}^N$ の図形（あるいは一般に位相空間）の集合をホモトピー同型によって類別することができる．これは同位相による類別よりも広い（粗い）ものであるが，§19 で述べるようにホモロジー群は同位相による類別よりもむしろホモトピー同型による類別に関する量であって，このことからもホモトピー同型の概念はトポロジーにおいて基本的な重要性をもつものであることが理解できよう．

例 4.3 P を1点，D^n を n 次元球体とすると，$P \simeq D^n$ である．なぜなら，任意の写像 $f: P \to D^n$ と $g: D^n \to P$ に対して，$gf: P \to P$ は明らかに $gf = 1_P$ であり，$fg: D^n \to D^n$ は例 4.1 によって $fg \simeq 1_{D^n}$ であるからである．しかし P と D^n とは同位相ではない．∎

X が1点とホモトピー同型のとき，X を**可縮**であるという．たとえば，$D^n, \boldsymbol{R}^n$ は可縮である．

X の部分集合 A に対して，連続写像 $r: X \to A$ で (i) $r|A = 1_A$，(ii) r を連続写像 $X \to X$ と考えたとき，$r \simeq 1_X$ であって，ホモトピー $\{r_t\}$ $(r_0 = 1_X,\ r_1 = r)$ が $r_t|A = 1_A$ であるものが存在するとき，A を X の**変形収縮**といい，$r: X \to A$ を**収縮写像**という．直観的に言えば，A が X の変形収縮とは，A の各点を固定したまま恒等写像 $1_X: X \to X$ を時間 t に関して連続的に変化させて，A の中への写像とすることができることである．たとえば，σ^n の頂点 a は σ^n の変形収縮であ

る．また $X\times\{0\}$ は $X\times \boldsymbol{I}$ の変形収縮である．

A を X の変形収縮とすれば $X\simeq A$ である．なぜなら，ι: $A\to X$ を自然な単射，$r: X\to A$ を収縮写像とすれば，$r\iota=1_A$，$\iota r=r\simeq 1_X$ だからである．

§17 単体近似

K を複体，a を K の一つの頂点とするとき，a を頂点とする K のすべての単体の内部の和集合 $\bigcup_{a\prec\sigma}\mathrm{Int}\,\sigma$ を K における a の**開星状体**といい，$O_K(a)$ と書く(図4.3)：

$$O_K(a)=\bigcup_{a\prec\sigma}\mathrm{Int}\,\sigma.$$

$O_K(a)$ は $|K|$ の開集合である．なぜなら，$|K|-O_K(a)$ は a を頂点としない(有限個の)単体の和集合で，各単体は $|K|$ の閉集合だから(例1.11)，$|K|-O_K(a)$ は閉集合となるからである．

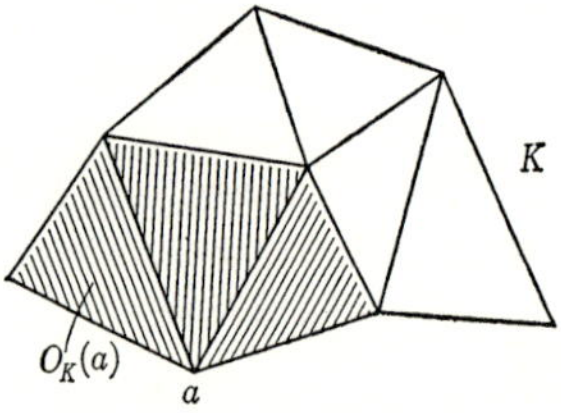

図 4.3

補助定理 4.2 $a_0, a_1, \cdots, a_q$ を K の $q+1$ 個の頂点とするとき，$a_0, a_1, \cdots, a_q$ が K に属する一つの単体の頂点であるためには

$$O_K(a_0)\cap O_K(a_1)\cap\cdots\cap O_K(a_q)\neq\phi$$

が必要十分である．

証明 $a_0, a_1, \cdots, a_q$ がすべて異るとして証明してよい．σ^q

$=|a_0a_1\cdots a_q|\in K$ であるとすると，定義から $\mathrm{Int}\,\sigma^q\subset O_K(a_i)$ $(i=0,1,\cdots,q)$ だから，$O_K(a_0)\cap O_K(a_1)\cap\cdots\cap O_K(a_q)\supset\mathrm{Int}\,\sigma^q$ $\neq\phi$ である．

逆に，$O_K(a_0)\cap O_K(a_1)\cap\cdots\cap O_K(a_q)\ni x$ とし，$x\in\mathrm{Int}\,\sigma'$ $(\sigma'\in K)$ であるとすれば，各 $O_K(a_i)$ は $O_K(a_i)=\bigcup_{a_i<\sigma}\mathrm{Int}\,\sigma$ で $\sigma_1\neq\sigma_2$ なら $\mathrm{Int}\,\sigma_1\cap\mathrm{Int}\,\sigma_2=\phi$ だから，$\mathrm{Int}\,\sigma'\subset O_K(a_i)$ $(i=0,1,\cdots,q)$ でなければならない．したがって，$a_0,a_1,\cdots,a_q$ はいずれも σ' の頂点である．∎

K,K' を複体とするとき，多面体 $|K|$ から多面体 $|K'|$ への連続写像 $f:|K|\to|K'|$ に対して，単体写像

$$\varphi:K\to K'$$

が存在して，K の任意の頂点 a について，つねに

$$f(O_K(a))\subset O_{K'}(\varphi(a))$$

であるとき，φ を f の**単体近似**という．たとえば $\varphi:K\to K'$ を単体写像とすると容易にたしかめられるように $\bar{\varphi}(O_K(a))\subset O_{K'}(\varphi(a))$ だから，単体写像 φ は連続写像 $\bar{\varphi}:|K|\to|K'|$ の単体近似となっている．

定理 4.3　$\varphi:K\to K'$ を $f:|K|\to|K'|$ の単体近似とすると，$\bar{\varphi}:|K|\to|K'|$ (§8) に対して，$f\simeq\bar{\varphi}$ である．

証明　x を $|K|$ の任意の点とし，$x\in\mathrm{Int}\,\sigma$，$\sigma=|a_{i_0}a_{i_1}\cdots a_{i_q}|$ であるとする．$x\in O_K(a_{i_s})$ $(s=0,1,\cdots,q)$ から，$f(x)\in f(O_K(a_{i_s}))$ $(s=0,1,\cdots,q)$ であって，単体近似の定義から

$$O_{K'}(\varphi(a_{i_0}))\cap O_{K'}(\varphi(a_{i_1}))\cap\cdots\cap O_{K'}(\varphi(a_{i_q}))\ni f(x)$$

となり，$\varphi(a_{i_s})$ $(s=0,1,\cdots,q)$ は K' の一つの単体 σ' の頂点である(補助定理 4.2)．

したがって $\bar{\varphi}(x)\in\sigma'$ で，$f(x)$ と $\bar{\varphi}(x)$ とは σ' の中で線分

$\overline{f(x)\bar{\varphi}(x)}$ によって結べる．線分 $\overline{f(x)\bar{\varphi}(x)}$ を $t:(1-t)$ に内分する点を $f_t(x)$ とすると，連続写像

$$f_t : |K| \to |K'| \qquad (t \in \boldsymbol{I})$$

は t に関して連続的に変化して，$f_0=f$，$f_1=\bar{\varphi}$．よって $f \simeq \bar{\varphi}$ である．∎

つぎに単体近似の一つの例として，複体 K の重心細分 $Sd(K)$ から K への単体写像 $\pi : Sd(K) \to K$ を定義しよう．$Sd(K)$ の頂点 $[\sigma]$ $(\sigma \in K)$ に対して，σ の一つの頂点を任意に定めてそれを $\pi([\sigma])$ とすると，$Sd(K)$ の頂点の集合から K の頂点の集合への写像

$$\pi : Sd(K) \to K$$

が定義される．$Sd(K)$ の q 単体 $|[\sigma_0][\sigma_1]\cdots[\sigma_q]|$ $(\sigma_0 \subsetneqq \sigma_1 \subsetneqq \cdots \subsetneqq \sigma_q)$ に対して，$\pi([\sigma_0])$, $\pi([\sigma_1])$, $\cdots$, $\pi([\sigma_q])$ はすべて σ_q の頂点だから，$\pi : Sd(K) \to K$ は単体写像である．

$\sigma = |a_0 a_1 \cdots a_q|$ を K の単体とすると，$[\sigma]$ は $Sd(K)$ の一つの頂点であるが，いま，$[\sigma]$ を頂点とする $Sd(K)$ の一つの単体 $\tau = |[\sigma_0][\sigma_1]\cdots[\sigma]\cdots[\sigma_r]|$ $(\sigma_0 \subsetneqq \sigma_1 \subsetneqq \cdots \subsetneqq \sigma \subsetneqq \cdots \subsetneqq \sigma_r)$ を考えると，$\mathrm{Int}\,\tau$ の点を σ_r の重心座標で書いてみれば，$[\sigma] = \dfrac{1}{q+1}\left(\sum_{i=0}^{q} a_i\right)$ だから $a_i\,(i=0,1,\cdots,q)$ に関する係数はすべて 0

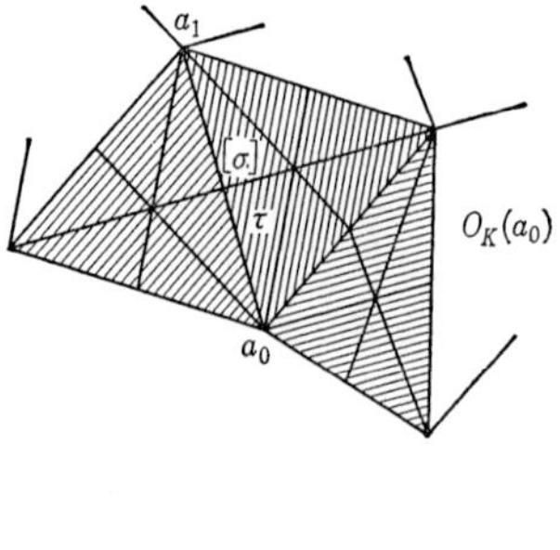

図 4.4

でないことがわかり，$\mathrm{Int}\,\tau\subset O_K(a_i)$ $(i=0,1,\cdots,q)$ である(図4.4)．

よって，$O_{Sd(K)}([\sigma])=\bigcup_{[\sigma]\prec\tau}\mathrm{Int}\,\tau$ から，$O_{Sd(K)}([\sigma])\subset O_K(a_i)$ $(i=0,1,\cdots,q)$ であって

$$O_{Sd(K)}([\sigma])\subset O_K(\pi([\sigma]))$$

をうる．したがって $1_{|K|}:|Sd(K)|\to|K|$ を恒等写像とすると，$\pi:Sd(K)\to K$ は $1_{|K|}$ の単体近似である．

π の構成は一意的ではないが，つぎの定理が示すように π から定まる $\pi_*:H_*(Sd(K))\to H_*(K)$ は一意的である．

定理 4.4 $\pi_*:H_q(Sd(K))\to H_q(K)\qquad(q=0,1,\cdots)$ は同型であり，$\pi_*=(Sd_*)^{-1}$ である(定理3.19参照)．

証明 鎖準同型 $\{Sd_q\}:\{C_q(K)\}\to\{C_q(Sd(K))\}$ (§15) と $\pi:Sd(K)\to K$ から定まる鎖準同型 $\{\pi_{\sharp q}\}:\{C_q(Sd(K))\}\to\{C_q(K)\}$ の合成としてえられる鎖準同型

$$\{\pi_{\sharp q}Sd_q\}:\{C_q(K)\}\to\{C_q(K)\}$$

を考えよう．$q=0$ に対しては，定義から，$\pi_{\sharp 0}Sd_0:C_0(K)\to C_0(K)$ は恒等写像である．いま，$\pi_{\sharp q-1}Sd_{q-1}:C_{q-1}(K)\to C_{q-1}(K)$ が恒等写像であると仮定すると，K の q 単体 $\sigma=|a_0a_1\cdots a_q|$ に対して $\pi([\sigma])=a_j$ であるとすれば

$$\begin{aligned}
&\pi_{\sharp q}Sd_q(\langle a_0,a_1,\cdots,a_q\rangle)\\
&\quad=\pi_{\sharp q}([\sigma]*(Sd_{q-1}(\partial_q(\langle a_0,a_1,\cdots,a_q\rangle))))\\
&\quad=\pi([\sigma])*\pi_{\sharp q-1}(Sd_{q-1}(\partial_q(\langle a_0,a_1,\cdots,a_q\rangle)))\\
&\quad=a_j*(\partial_q(\langle a_0,a_1,\cdots,a_q\rangle))\\
&\quad=a_j*\left(\sum_{i=0}^{q}(-1)^i\langle a_0,a_1,\cdots,\hat{a}_i,\cdots,a_q\rangle\right)\\
&\quad=(-1)^j\langle a_j,a_0,a_1,\cdots,\hat{a}_j,\cdots,a_q\rangle\\
&\quad=\langle a_0,a_1,\cdots,a_q\rangle.
\end{aligned}$$

よって $\pi_{\sharp q}Sd_q : C_q(K)\to C_q(K)$ は恒等写像で，数学的帰納法によりすべての次元 q について $\pi_{\sharp q}Sd_q$ は恒等写像となる．したがって

$$\pi_* Sd_* : H_q(K) \to H_q(K) \qquad (q=0, 1, \cdots)$$

は恒等写像で，定理 3.19 から $Sd_* : H_q(K)\to H_q(Sd(K))$ が同型だから，$\pi_*=(Sd_*)^{-1}$ も同型である．∎

連続写像 $f:|K|\to|K'|$ に対し，f の単体近似が存在するとき，それは一般には一意的ではないが，つねに次の定理が成り立つ．

定理 4.5 単体写像 $\varphi, \varphi' : K\to K'$ がともに連続写像 $f: |K|\to|K'|$ の単体近似であるとき，

$$\varphi_*, \varphi'_* : H_q(K) \to H_q(K') \qquad (q=0, 1, \cdots)$$

に対して，$\varphi_*=\varphi'_*$ である．

証明 積複体 $K\times \boldsymbol{I}$ (§10) の頂点を $\underline{a}, \overline{a}$ $(a\in K)$ とし，$K\times \boldsymbol{I}$ の頂点の集合から K' の頂点の集合への写像 Φ を，

$$\Phi(\underline{a}) = \varphi(a), \quad \Phi(\overline{a}) = \varphi'(a) \qquad (a\in K)$$

で定義する．$|a_0a_1\cdots a_q|$ を K の q 単体とすると，φ, φ' が f の単体近似であることから

$$\begin{aligned} &f(O_K(a_i)) \subset O_{K'}(\varphi(a_i)), \\ &f(O_K(a_i)) \subset O_{K'}(\varphi'(a_i)) \end{aligned} \qquad (i=0, 1, \cdots, q)$$

で

$$\begin{aligned} &f(O_K(a_0)\cap O_K(a_1)\cap\cdots\cap O_K(a_q)) \\ &\quad \subset O_{K'}(\varphi(a_0))\cap O_{K'}(\varphi(a_1))\cap\cdots\cap O_{K'}(\varphi(a_q)), \\ &f(O_K(a_0)\cap O_K(a_1)\cap\cdots\cap O_K(a_q)) \\ &\quad \subset O_{K'}(\varphi'(a_0))\cap O_{K'}(\varphi'(a_1))\cap\cdots\cap O_{K'}(\varphi'(a_q)) \end{aligned}$$

となる．補助定理 4.2 から $O_K(a_0)\cap O_K(a_1)\cap\cdots\cap O_K(a_q)\neq\phi$

だから，$O_{K'}(\varphi(a))=O_{K'}(\Phi(\underline{a}))$，$O_{K'}(\varphi'(a))=O_{K'}(\Phi(\overline{a}))$ に注意すれば

$$O_{K'}(\Phi(\underline{a}_0))\cap O_{K'}(\Phi(\underline{a}_1))\cap\cdots\cap O_{K'}(\Phi(\underline{a}_i))$$
$$\cap O_{K'}(\Phi(\bar{a}_i))\cap\cdots\cap O_{K'}(\Phi(\bar{a}_q))\neq\phi$$
$$(i=0,1,\cdots,q)$$

であって，$\Phi(\underline{a}_0)$, $\Phi(\underline{a}_1)$, $\cdots$, $\Phi(\underline{a}_i)$, $\Phi(\bar{a}_i)$, $\cdots$, $\Phi(\bar{a}_q)$ は補助定理4.2によって K' の一つの単体の頂点である．したがって Φ は単体写像

$$\Phi: K\times \boldsymbol{I}\to K'$$

で，定理3.16から $\varphi_*=\varphi'_*$ である．∎

連続写像 $f:|K|\to|K'|$ に対して，f の単体近似が存在するためには，K における開星状体 $O_K(a)$ の f による像 $f(O_K(a))$ が K' における或る頂点 a' の開星状体 $O_{K'}(a')$ に含まれなければならない．したがって，与えられた連続写像 f に対してつねに単体近似が存在するわけにはいかないが，K を何回かつづけて重心細分して $Sd^r(K)$ とすれば，$Sd^r(K)$ における開星状体 $O_{Sd^r(K)}(a)$ は小さくなって，f による像 $f(O_{Sd^r(K)}(a))$ は或る $O_{K'}(a')$ に含まれ，単体近似が存在するための必要条件が満たされる．実際このように K を $Sd^r(K)$ でおきかえることによって $f:|Sd^r(K)|\to|K'|$ に対しては単体近似が存在するようにできることをつぎに証明する．($|K|=|Sd^r(K)|$ であることに注意(§9))．

多面体 $|K|$, $|K'|$ は $\boldsymbol{R}^N$ の図形として，$\boldsymbol{R}^N$ の距離から自然に導入される距離をもっている．

補助定理 4.6 連続写像 $f:|K|\to|K'|$ が与えられているとき，A を直径 $d(A)$ が $d(A)<l$ である $|K|$ の任意の部分

集合とすると，$f(A)$ は K' の或る頂点 a' に対してつねに

$$f(A) \subset O_{K'}(a')$$

となるような正の実数 l が存在する．

証明　このような l が存在しないと仮定すれば，$k=1,2,\cdots$ に対して，$|K|$ の部分集合 A_k $(k=1,2,\cdots)$ で $d(A_k)<1/2^k$ であり，$f(A_k)$ は K' のどのような頂点 a' をとっても $O_{K'}(a')$ に含まれないようなものが存在する．x_k を A_k の任意の点とし，無限点列 $x_1, x_2, \cdots, x_k, \cdots$ をつくると，$|K|$ が有限個の単体の和集合であることから，K の一つの単体で $x_1, x_2, \cdots, x_k, \cdots$ のうち無限個を含むものが存在する．したがって，よく知られているように(たとえば高木貞治著，解析概論参照)，$x_1, x_2, \cdots, x_k, \cdots$ の部分列 $x_{k_1}, x_{k_2}, \cdots, x_{k_r}, \cdots$ で或る $\hat{x} \in |K|$ に収束するものが存在する．$f(\hat{x})$ は或る $O_{K'}(a')$ に含まれるが，$O_{K'}(a')$ は開集合だから $\varepsilon>0$ を十分小にとれば，$\{x' ; x' \in |K'|, \rho(x', f(\hat{x}))<\varepsilon\} \subset O_{K'}(a')$．したがって f の連続性から $\delta>0$ を十分小にとれば，$\{x ; x \in |K|, \rho(x, \hat{x})<\delta\}$ の f による像は $\{x' ; x' \in |K'|, \rho(x', f(\hat{x}))<\varepsilon\}$ に含まれ，それはまた $O_{K'}(a')$ に含まれる．r を十分大にとって $1/2^{k_r}<\delta/2$, $\rho(\hat{x}, x_{k_r})<\delta/2$ を満たすようにすると，$A_{k_r} \subset \{x ; x \in |K|, \rho(x, \hat{x})<\delta\}$ だから $f(A_{k_r}) \subset O_{K'}(a')$ となる．これは矛盾である．よって l の存在が証明された．∎

定理 4.7(**単体近似定理**)　K, K' を複体，$f : |K| \to |K'|$ を連続写像とすると，ある自然数 n が存在して，$r \geqq n$ のとき，K を r 回つづけて重心細分してえられた複体 $Sd^r(K)$ を考えれば，$f : |Sd^r(K)| \to |K'|$ に対して単体近似 $\varphi : Sd^r(K) \to K'$ が存在する．

証明　補助定理 4.6 の l に対して n を十分大にとれば，定理 2.4 によって $r \geqq n$ ならば $\mathrm{mesh}(Sd^r(K)) < l/2$ が成り立つようにできる．$Sd^r(K)$ の任意の頂点 a に対して，$Sd^r(K)$ における a の開星状体 $O_{Sd^r(K)}(a)$ の直径がつねに $d(O_{Sd^r(K)}(a)) < l$ となるから，K' のある頂点 a' で

$$f(O_{Sd^r(K)}(a)) \subset O_{K'}(a')$$

となるものが存在する(補助定理 4.6)．このとき，a に対して a' を対応させることにし，a' を $\varphi(a)$ とすると $Sd^r(K)$ の頂点の集合から K' の頂点の集合への写像 φ が定義される．

$\tau = |a_0 a_1 \cdots a_q|$ を $Sd^r(K)$ の q 単体とすると

$$\begin{aligned} &O_{K'}(\varphi(a_0)) \cap O_{K'}(\varphi(a_1)) \cap \cdots \cap O_{K'}(\varphi(a_q)) \\ &\quad \supset f(O_{Sd^r(K)}(a_0) \cap O_{Sd^r(K)}(a_1) \cap \cdots \cap O_{Sd^r(K)}(a_q)) \\ &\quad \supset f(\mathrm{Int}\,\tau) \neq \phi \end{aligned}$$

だから，補助定理 4.2 から $\varphi(a_0)$, $\varphi(a_1)$, $\cdots$, $\varphi(a_q)$ は K' の一つの単体の頂点である．したがって φ は単体写像

$$\varphi : Sd^r(K) \to K'$$

であり，$f(O_{Sd^r(K)}(a)) \subset O_{K'}(\varphi(a))$ だから，φ は $f : |Sd^r(K)| \to |K|$ の単体近似である．▌

例 4.4　K の二つの頂点 a, a' が $|K|$ の同じ弧状連結成分に属するとし，$\alpha : \boldsymbol{I} \to |K|$, $\alpha(0) = a$, $\alpha(1) = a'$ を a と a' とを結ぶ連続曲線とすると，α に対して定理 4.7 を適用すれば a と a' とが K のいくつかの 1 単体の列で結ばれる．したがって $|K|$ の弧状連結成分と K の連結成分 (§13) とは一致する．▌

単体近似定理の応用としてつぎの定理を証明しよう．

定理 4.8　$f, g : S^m \to S^n$ $(m < n)$ を二つの任意の連続写像

とすると，つねに $f\simeq g$ である．

証明 $\{K(\partial\sigma^{m+1}),\boldsymbol{t}\}$，$\boldsymbol{t}:|K(\partial\sigma^{m+1})|\to S^m$，$\{K(\partial\sigma^{n+1}),\boldsymbol{t}'\}$，$\boldsymbol{t}':|K(\partial\sigma^{n+1})|\to S^n$ をそれぞれ S^m, S^n の単体分割とする（例2.9）．連続写像 $\boldsymbol{t}'^{-1}f\boldsymbol{t}:|K(\partial\sigma^{m+1})|\to|K(\partial\sigma^{n+1})|$ に対して定理4.7を適用してえられる単体近似を

$$\varphi : Sd^r(K(\partial\sigma^{m+1}))\to K(\partial\sigma^{n+1})$$

とする．$\bar{\varphi}:|Sd^r(K(\partial\sigma^{m+1}))|\to|K(\partial\sigma^{n+1})|$ に対して，定理4.3によって $\boldsymbol{t}'^{-1}f\boldsymbol{t}\simeq\bar{\varphi}$ が成り立つ．φ は単体写像だから，$Sd^r(K(\partial\sigma^{m+1}))$ の q 単体の $\bar{\varphi}$ による像は $K(\partial\sigma^{n+1})$ の一つの q 単体に含まれる．したがって，$K(\partial\sigma^{n+1})$ の m 次元切片を $(K(\partial\sigma^{n+1}))^{(m)}$ とすると，

$$\bar{\varphi}(|K(\partial\sigma^{m+1})|)\subset|(K(\partial\sigma^{n+1}))^{(m)}|$$

である．$m<n$ だから，a_0 を $K(\partial\sigma^{n+1})$ の一つの頂点とすると，$|(K(\partial\sigma^{n+1}))^{(m)}|$ の任意の点 y と a_0 とを結ぶ線分 $\overline{ya_0}$ は $|K(\partial\sigma^{n+1})|$ 上にある．いま，$x\in|K(\partial\sigma^{m+1})|$ に対して，線分 $\overline{\varphi(x)a_0}$ を $t:(1-t)$ に内分する点を $\varphi_t(x)$ $(0\leqq t\leqq 1)$ とすると，連続写像

$$\varphi_t : |K(\partial\sigma^{m+1})|\to|K(\partial\sigma^{n+1})| \qquad (0\leqq t\leqq 1)$$

がえられる．$|K(\partial\sigma^{m+1})|$ のすべての点を a_0 に写像する連続写像を $\psi:|K(\partial\sigma^{m+1})|\to|K(\partial\sigma^{n+1})|$ とすると，$\varphi_1=\bar{\varphi}$, $\varphi_0=\psi$ だから $\bar{\varphi}\simeq\psi$ である．よって $\boldsymbol{t}'^{-1}f\boldsymbol{t}\simeq\psi$ となる．全く同様にして，$\boldsymbol{t}'^{-1}g\boldsymbol{t}\simeq\psi$ となるから，$\boldsymbol{t}'^{-1}f\boldsymbol{t}\simeq\boldsymbol{t}'^{-1}g\boldsymbol{t}$. したがって $f\simeq g$ である． ∎

§18 連続写像とホモロジー群

K を複体，K を r 回つづけて重心細分してえられる複体

を $Sd^r(K)$ とする $(r=1, 2, \cdots)$．また $Sd^0(K)=K$ とする．$Sd^r(K)=Sd(Sd^{r-1}(K))$ から $Sd^{r-1}(K)$ へ §17 で定義した単体写像 π を一つきめて，それを

$$\pi^r_{r-1} : Sd^r(K) \to Sd^{r-1}(K) \qquad (r=1, 2, \cdots)$$

とする．π^r_{r-1} は恒等写像 $|Sd^r(K)| \to |Sd^{r-1}(K)|$ の単体近似である．定理 4.4 によって

$$(\pi^r_{r-1})_* : H_*(Sd^r(K)) \to H_*(Sd^{r-1}(K)) \qquad (r=1, 2, \cdots)$$

は同型であり，鎖準同型 $\{Sd_q\} : \{C_q(Sd^{r-1}(K))\} \to \{C_q(Sd^r(K))\}$ に対して，$(\pi^r_{r-1})_* = Sd_*^{-1}$ である．

複体 $Sd^r(K)$ $(r=0, 1, 2, \cdots)$ に関して，単体写像の列

$$K \xleftarrow{\pi^1_0} Sd(K) \xleftarrow{\pi^2_1} \cdots \xleftarrow{\pi^{r-1}_{r-2}} Sd^{r-1}(K) \xleftarrow{\pi^r_{r-1}} Sd^r(K) \xleftarrow{\pi^{r+1}_r} \cdots$$

ができるが，これらの単体写像を合成して $s \leqq t$ に対して単体写像

$$\pi^t_s : Sd^t(K) \to Sd^s(K)$$

を，$s<t$ のときは $\pi^t_s = \pi^{s+1}_s \pi^{s+2}_{s+1} \cdots \pi^t_{t-1}$，$t=s$ のときは恒等写像と定義する．

補助定理 4.9 K, K' を複体，$f : |K| \to |K'|$ を連続写像とする．$\varphi : Sd^s(K) \to K'$，$\varphi' : Sd^t(K) \to K'$ を f の単体近似とすると $(s \leqq t)$，

$$(\varphi\pi^t_s)_*, \varphi'_* : H_*(Sd^t(K)) \to H_*(K')$$

に関して，$(\varphi\pi^t_s)_* = \varphi'_*$ が成り立つ．

証明 $s=t$ の場合は定理 4.5 だから，$s<t$ とする．$Sd^t(K)$ の一つの頂点を a とすると，$s<i \leqq t$ に対して $\pi^i_{i-1} : Sd^i(K) \to Sd^{i-1}(K)$ が恒等写像の単体近似であることから，

$$O_{Sd^t(K)}(a) \subset O_{Sd^{t-1}(K)}(\pi^t_{t-1}(a)) \subset \cdots \subset O_{Sd^i(K)}(\pi^t_i(a))$$
$$\subset O_{Sd^{i-1}(K)}(\pi^t_{i-1}(a)) \subset \cdots \subset O_{Sd^s(K)}(\pi^t_s(a))$$

である．一方，φ が f の単体近似であることから，$\bar{a}$ を $Sd^s(K)$ の一つの頂点とするとき $f(O_{Sd^s(K)}(\bar{a}))\subset(O_{K'}(\varphi(\bar{a})))$. よって

$$f(O_{Sd^t(K)}(a)) \subset f(O_{Sd^s(K)}(\pi_s^t(a))) \subset O_{K'}(\varphi\pi_s^t(a))$$

となる．したがって単体写像 $\varphi\pi_s^t : Sd^t(K)\to K'$ も f の単体近似で，定理4.5によって $(\varphi\pi_s^t)_*=\varphi'_*$ が成り立つ． ∎

K, K' を複体，$f : |K|\to|K'|$ を連続写像とする．定理4.7によって十分大きな s をとると f の単体近似

$$\varphi : Sd^s(K) \to K'$$

が存在する．準同型

$$f_{*q} : H_q(K) \to H_q(K') \qquad (q=0, 1, 2, \cdots)$$

を，次の二つの準同型

$$H_q(K) \xrightarrow{(\pi_0^s)_*^{-1}} H_q(Sd^s(K)) \xrightarrow{\varphi_*} H_q(K')$$

の合成として $f_{*q}=\varphi_*(\pi_0^s)_*^{-1}$ で定義する．単体近似 φ : $Sd^s(K)\to K'$ のとり方は一意的ではないが，$\varphi' : Sd^t(K)\to K'$ $(t\geqq s)$ を f の別の単体近似とすると，補助定理4.9によって $(\varphi\pi_s^t)_*=\varphi'_*$ であるから，$\pi_0^s\pi_s^t=\pi_0^t$ をつかって

$$\varphi'_*(\pi_0^t)_*^{-1} = (\varphi\pi_s^t)_*(\pi_0^t)_*^{-1} = \varphi_*(\pi_s^t)_*(\pi_0^t)_*^{-1} = \varphi_*(\pi_0^s)_*^{-1}$$

が成り立ち，f_{*q} が単体近似のとり方によらずに定まることがわかる．f_{*q} を単に f_* とも書く．

$f_{*q} : H_q(K)\to H_q(K')$ $(q=0, 1, \cdots)$ をまとめて $f_*=\{f_{*q}\}$ とし

$$f_* : H_*(K) \to H_*(K')$$

と書くこともある．この $f_*=\{f_{*q}\}$ を**連続写像 f が定める（ホモロジー群の）準同型**という．とくに f が単体写像であるときは，単体近似として f 自身をとることができて，f_*

は§14で定義した準同型写像と一致するから，ここで定義した準同型は§14の準同型の拡張と見做すことができる．

定理 4.10 $f:|K|\to|K'|$, $f':|K'|\to|K''|$ を連続写像とするとき，

$$(f'f)_*: H_q(K)\to H_q(K'') \qquad (q=0,1,\cdots)$$

に対して，$(f'f)_*=f'_*f_*$ が成り立つ．

証明 $\varphi': Sd^s(K')\to K''$ を f' の単体近似とし，$\varphi: Sd^t(K)\to Sd^s(K')$ を $f:|Sd^t(K)|\to|Sd^s(K')|$ の単体近似とする．a を $Sd^t(K)$ の一つの頂点とすると

$$f'f(O_{Sd^t(K)}(a))\subset f'(O_{Sd^s(K')}(\varphi(a)))\subset O_{K''}(\varphi'\varphi(a))$$

であるから

$$\varphi'\varphi: Sd^t(K)\to K''$$

は $f'f:|Sd^t(K)|\to|K''|$ の単体近似である．したがって K' に関する単体写像 π_0^s を $'\pi_0^s: Sd^s(K')\to K'$ と書くと

$$(f'f)_*=(\varphi'\varphi)_*(\pi_0^t)_*^{-1}=\varphi'_*('\pi_0^s)_*^{-1}('\pi_0^s)_*\varphi_*(\pi_0^t)_*^{-1}$$

であるが(§14)，$'\pi_0^s\varphi: Sd^t(K)\to K'$ に対して $f(O_{Sd^t(K)}(a))\subset O_{Sd^s(K')}(\varphi(a))\subset O_{K'}('\pi_0^s\varphi(a))$ が成り立つから，$'\pi_0^s\varphi$ は f の単体近似であって3行上の式は

$$(f'f)_*=f'_*f_*$$

となる．∎

つぎの定理はホモロジー群の基本的性質を明らかにするもので，この章の主要な結果である．

定理 4.11 K, K' を複体とし，連続写像 $f,g:|K|\to|K'|$ がホモトープ

$$f\simeq g$$

であるとする．このとき $f_*, g_*: H_q(K)\to H_q(K')$ $(q=0,1,$

…) に対して

$$f_* = g_*$$

が成り立つ.

証明　$F: |K| \times \boldsymbol{I} \to |K'|$, $F|(|K| \times 0) = f$, $F|(|K| \times 1) = g$ を f と g との間のホモトピーとする. この F に対して補助定理 4.6 の l を定める. 定理 2.4 によって r を十分大にとると K の重心細分 $Sd^r(K)$ は mesh $Sd^r(K) < l/4$ となる. 一方, 正の整数 s を $1/s < l/4$ にとり,

$$\begin{aligned} |K| \times \boldsymbol{I} &= \bigcup_{i=0}^{s-1}\left(|K| \times \left[\frac{i}{s}, \frac{i+1}{s}\right]\right) \\ &= \bigcup_{i=0}^{s-1}\left(|Sd^r(K)| \times \left[\frac{i}{s}, \frac{i+1}{s}\right]\right) \end{aligned}$$

と分解する(図 4.5). さらに, $\boldsymbol{I}_i = \left[\dfrac{i}{s}, \dfrac{i+1}{s}\right]$ として, 各 $|Sd^r(K)| \times \boldsymbol{I}_i$ を定理 2.7 に述べたように複体 $Sd^r(K) \times \boldsymbol{I}_i$ によって単体分割する ($i = 0, 1, \cdots, s-1$) (図 4.5). $\hat{K} = \bigcup_{i=0}^{s-1}(Sd^r(K) \times \boldsymbol{I}_i)$ とすると, $\hat{K}$ は明らかに複体で $|\hat{K}| = |K| \times \boldsymbol{I}$, すなわち $\hat{K}$ は $|K| \times \boldsymbol{I}$ の単体分割である(図 4.5).

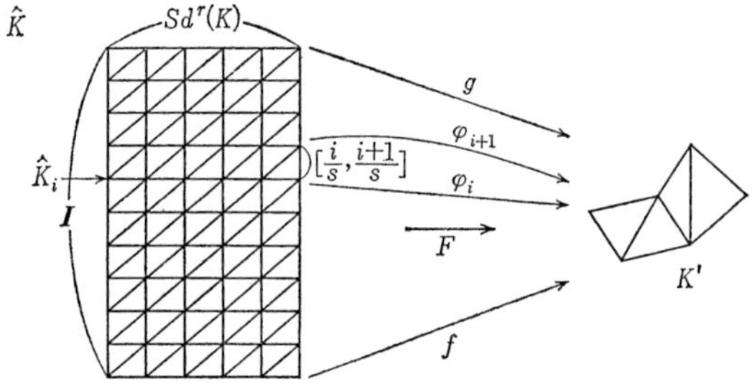

図 4.5

s, r のとり方から，σ を $\hat{K}$ の単体とすると，$d(\sigma)<\frac{l}{4}+\frac{l}{4}=\frac{l}{2}$ となるから，a を $\hat{K}$ の任意の頂点とするとき $d(O_{\hat{K}}(a))<l$ である．したがって，K' の頂点 a' で

$$F(O_{\hat{K}}(a)) \subset O_{K'}(a')$$

となるものが存在する．a に対して a' を対応させ a' を $\Phi(a)$ とすると，$\hat{K}$ の頂点の集合から K' の頂点の集合への写像 Φ がえられるが，定理4.7の証明と同じ論法で Φ は単体写像

$$\Phi : \hat{K} \to K'$$

である．$\hat{K}$ の部分複体 $\left\{\sigma \in \hat{K};\ \sigma \subset |Sd^r(K)| \times \frac{i}{s}\right\}$ を $\hat{K}_i$ とし，

$$\varphi_i = \Phi | \hat{K}_i : \hat{K}_i \to K' \qquad (i=0, 1, \cdots, s)$$

と定義する(図4.5)．ここで，各 K_i を $Sd^r(K)$ と同一視すれば

$$\varphi_i : Sd^r(K) \to K'$$

である．a を $Sd^r(K)$ の頂点とすると，$f(O_{Sd^r(K)}(a)) \subset F(O_{\hat{K}}(a)) \subset O_{K'}(\Phi(a)) = O_{K'}(\varphi_0(a))$ であるから，φ_0 は f の単体近似である．同様に φ_s は g の単体近似である．定理3.16によって

$$(\varphi_i)_* = (\varphi_{i+1})_* \qquad (i=0, 1, \cdots, s-1)$$

が成り立つから，$(\varphi_0)_* = (\varphi_s)_*$ である．したがって

$$f_* = (\varphi_0)_*(\pi_0^r)_*^{-1} = (\varphi_s)_*(\pi_0^r)_*^{-1} = g_*$$

となる．∎

§19　ホモロジー群の不変性と図形のホモロジー群

複体 K, K' に対して，多面体 $|K|, |K'|$ がホモトピー同

型で，連続写像 $f:|K|\to|K'|$，$g:|K'|\to|K|$ が $gf\simeq 1_{|K|}$，$fg\simeq 1_{|K'|}$ であるとする．f,g からホモロジー群の準同型

$$f_*:H_q(K)\to H_q(K'),\qquad g_*:H_q(K')\to H_q(K)\qquad (q=0,1,\cdots)$$

が定まり，$gf:|K|\to|K|$，$fg:|K'|\to|K'|$ からホモロジー群の準同型

$$(gf)_*:H_q(K)\to H_q(K),\qquad (fg)_*:H_q(K')\to H_q(K')\qquad (q=0,1,\cdots)$$

が定まるが，$gf\simeq 1_{|K|}$，$fg\simeq 1_{|K'|}$ だから定理 4.11 によって $(gf)_*,(fg)_*$ はそれぞれ恒等写像であり，さらに定理 4.10 によって

$$(gf)_*=g_*f_*,\qquad (fg)_*=f_*g_*$$

であるから，定理 3.1 により f_*,g_* はそれぞれ同型で $f_*=(g_*)^{-1}$ である．よってつぎの定理が成り立つ．

定理 4.12（**ホモロジー群のホモトピー型不変性**）　K,K' を複体とするとき，多面体 $|K|,|K'|$ がホモトピー同型ならば，

$$H_q(K)\cong H_q(K')\qquad (q=0,1,\cdots)$$

であって，この同型はホモトピー同型を示す連続写像が定める準同型で与えられる．したがってとくに K と K' のベッチ数，ねじれ係数，オイラー数は等しい．

同位相であればホモトピー同型であるから，定理 4.12 の系としてつぎの定理をうる．

定理 4.13（**ホモロジー群の位相不変性**）　$|K|,|K'|$ が同位相ならば，$H_q(K)\cong H_q(K')$ $(q=0,1,\cdots)$ である．とくに K と K' のベッチ数，ねじれ係数，オイラー数は等しい．

定理 4.12 によって，ホモロジー群は同位相による不変量

であるばかりでなく，さらに広くホモトピー同型による不変量であることが証明されたが，このことは第5章で実際にホモロジー群を計算する場合にも極めて有用である．

ホモロジー群の位相不変性をつかって，多面体よりも一般な単体分割可能な図形に対して次のようにホモロジー群を定義することができる．

X を N 次元ユークリッド空間 $\boldsymbol{R}^N$ の中の単体分割可能な図形(あるいは一般に位相空間)とし，$\{K, \boldsymbol{t}\}$，$\boldsymbol{t} : |K| \to X$ を X の単体分割とする(§10)．このとき X の **q 次元ホモロジー群** $H_q(X)$ $(q=0, 1, \cdots)$ を

$$H_q(X) = H_q(K) \qquad (q=0, 1, \cdots)$$

によって定義する．X の単体分割の仕方は一意的でないが，$\{K', \boldsymbol{t}'\}$，$\boldsymbol{t}' : |K'| \to X$ を他の単体分割とすると，$\boldsymbol{t}'^{-1}\boldsymbol{t} : |K| \to |K'|$ は同位相写像であって，$\boldsymbol{t}'^{-1}\boldsymbol{t}$ によって定まる

$$(\boldsymbol{t}'^{-1}\boldsymbol{t})_* : H_q(K) \to H_q(K')$$

は同型であるから(定理4.13)，$H_q(X)$ $(q=0, 1, \cdots)$ は単体分割のとり方に無関係にきまる．$H_q(K)$ の元 α と $H_q(K')$ の元 $(\boldsymbol{t}'^{-1}\boldsymbol{t})_*(\alpha)$ とが $H_q(X)$ の同じ元を表わすのである．$H_q(X)$ $(q=0, 1, \cdots)$ の直和を $H_*(X)$ と書き，X の**ホモロジー群**という．また $\chi(K)$ を X の**オイラー数**といい，$\chi(X)$ と書く．

X のホモロジー群が

$$H_q(X) = \begin{cases} \boldsymbol{Z} & q=0, \\ 0 & q \neq 0 \end{cases}$$

であるとき，X を**非輪状**であるという．

n 次元球体 D^n は $\{K(\sigma^n), \boldsymbol{t}\}$ によって単体分割されるから

(§10), $H_*(D^n)=H_*(K(\sigma^n))$ である．したがって定理3.14から D^n は非輪状である．また，n 次元球面 S^n は $\{K(\partial\sigma^{n+1}),\boldsymbol{t}\}$ によって単体分割されるから (§10)，$H_*(S^n)=H_*(K(\partial\sigma^{n+1}))$ である．したがって定理3.15から $n\geqq 1$ のとき

$$H_q(S^n)=\begin{cases}\boldsymbol{Z} & q=0,n,\\ 0 & q\neq 0,n\end{cases}$$

である．

X, X' がそれぞれ $\{K,\boldsymbol{t}\}$, $\{K',\boldsymbol{t}'\}$ によって単体分割されているとする．連続写像

$$f: X\to X'$$

が与えられたとき，連続写像 $\boldsymbol{t}'^{-1}f\boldsymbol{t}: |K|\to|K'|$ を考え，$\boldsymbol{t}'^{-1}f\boldsymbol{t}$ から定まる準同型

$$(\boldsymbol{t}'^{-1}f\boldsymbol{t})_*: H_*(K)\to H_*(K')$$

に対して，$\alpha\in H_*(K)$ によって表わされる $H_*(X)$ の元に $(\boldsymbol{t}'^{-1}f\boldsymbol{t})_*(\alpha)\in H_*(K')$ によって表わされる $H_*(X')$ の元を対応させる準同型を

$$f_*: H_*(X)\to H_*(X')$$

と書き，**f が定める(ホモロジー群の)準同型**という．

$\{K,\boldsymbol{t}\}$ を X の単体分割とするとき，X と $|K|$ とは同じものではないが，同位相なものをとくに区別する必要がないときは，X と同位相な $|K|$ とを同一視して，$H_*(X)=H_*(K)$ と見做すことにする．また，同様に上述の f と $\boldsymbol{t}'^{-1}f\boldsymbol{t}$ も同一視して，$f_*: H_*(K)\to H_*(K')$ と見做すことにする．

連続写像が定めるホモロジー群の準同型の定義と定理4.11，定理4.12からつぎの定理が成り立つ．

定理4.14　X, X' を単体分割可能な図形，$f, g: X\to X'$ を

連続写像でホモトープ $f \simeq g$ であるとすると，

$$f_*, g_* : H_*(X) \to H_*(X')$$

について $f_*=g_*$ である．また X と X' がホモトピー同型で連続写像 $f' : X \to X'$，$g' : X' \to X$ に関して $g'f' \simeq 1_X$，$f'g' \simeq 1_{X'}$ であれば $H_*(X) \cong H_*(X')$ で，$f'_* : H_*(X) \to H_*(X')$，$g'_* : H_*(X') \to H_*(X)$ $(f'_*=(g'_*)^{-1})$ がこの同型を与える．とくに X と X' とが同位相ならば $H_*(X) \cong H_*(X')$ である．

例 4.5　定理 4.14 から X が可縮ならば，X は非輪状となることは明らかであろう．また，X の部分集合 A が単体分割可能で X の変形収縮になっているとき，$H_*(X) \cong H_*(A)$ が成り立つことも明らかである．▌

定理 4.14 の応用として次元の不変性に関するつぎの定理がえられる．

定理 4.15(**次元の不変性**)　(i) $f : S^n \to S^m$ $(n, m \geqq 1)$ を同位相写像とすると $n=m$ である．

(ii) $g : \boldsymbol{R}^n \to \boldsymbol{R}^m$ を同位相写像とすると $n=m$ である．

証明　f が同位相だから定理 4.14 によって $f_* : H_*(S^n) \to H_*(S^m)$ は同型であるから，$H_n(S^n) \cong H_n(S^m) \cong \boldsymbol{Z}$ から $n=m$ でなければならない．よって(i)が証明された．

つぎに，同位相写像 $g : \boldsymbol{R}^n \to \boldsymbol{R}^m$ に対して，$S^n=\boldsymbol{R}^n \cup \{\infty\}$，$S^m=\boldsymbol{R}^m \cup \{\infty\}$ と考えて(例 1.18)，

$$\hat{g} : S^n \to S^m$$

を $\hat{g}|\boldsymbol{R}^n=g$，$\hat{g}(\infty)=\infty$ と定義すれば，$\hat{g}$ は同位相写像となるから，(i)によって $n=m$ でなければならない．よって(ii)が証明された．▌

つぎに，ホモロジー群の位相不変性の最も簡単な応用とし

て，正多面体の決定について述べよう．正4面体，正6面体，正8面体，正12面体，正20面体のように(図4.6)，3次元ユークリッド空間 $\boldsymbol{R}^3$ の中の(内点が空でない)凸な閉部分集合 A で，A の境界 A' が，(i) l 個の正 m 角形からなり，(ii)各正 m 角形の各辺は二つの正 m 角形の共通の辺になっており，(iii) 各頂点にはつねに n 個の辺が集っているとき，A を**正 l 面体**という．上記の各正多面体の面の種類と面の個数，辺の個数，頂点の個数はつぎのとおりである．

	面の種類	面の個数	辺の個数	頂点の個数
正4面体	正3角形	4	6	4
正6面体	正4角形	6	12	8
正8面体	正3角形	8	12	6
正12面体	正5角形	12	30	20
正20面体	正3角形	20	30	12

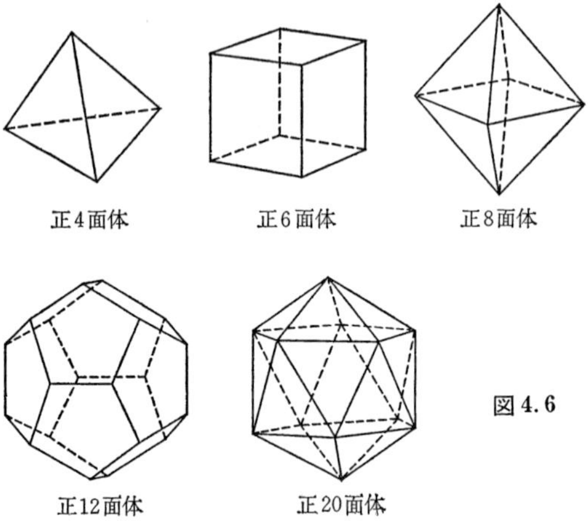

図 4.6

正 l 面体 A の境界 A' は S^2 と同位相である(例 2.9 参照). A' の頂点の個数を β, 辺の個数を β', 面の個数を β'' とする. 簡単にわかるように

$$\beta=\frac{lm}{n}, \qquad \beta'=\frac{lm}{2}, \qquad \beta''=l$$

である. A' の各正 m 角形について, その中心と各頂点とを結べば, 複体 K がえられる(図 4.7). K は A' の単体分割である. K の 0 単体の個数は $\beta+\beta''$, 1 単体の個数は $\beta'+ml$, 2 単体の個数は ml である. したがって K のオイラー数 $\chi(K)$ は

$$\chi(K)=(\beta+\beta'')-(\beta'+ml)+ml=\beta-\beta'+\beta''$$

である.

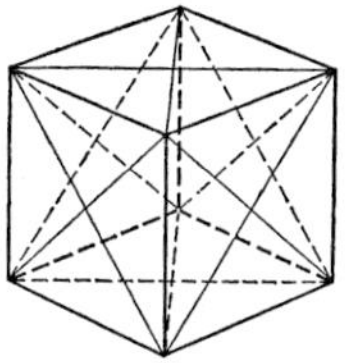

図 4.7

正 6 面体の場合

一方, $A'=|K|$ が S^2 と同位相だから, 定理 4.13 から $H_0(K)\cong \boldsymbol{Z}$, $H_1(K)=0$, $H_2(K)\cong \boldsymbol{Z}$ であって, 定理 3.10 から $\chi(K)=2$ となる. したがって

$$\beta-\beta'+\beta''=2$$

である. これと $\beta'=lm/2$, $\beta''=l$ とから

$$(*) \qquad 2\beta-lm+2l=4$$

をうるが, $(*)$ と $\beta=lm/n$ とから

$$(**) \qquad 2\beta-n\beta+2l=4$$

である．(*) と (**) とを辺々加え合せると

$$(4-n)\beta+(4-m)l = 8$$

となる．ここで β, l, m, n はすべて正の整数で，$n\geqq 3$，$m\geqq 3$ だから，この式が成り立つためには $m=3$ か $n=3$(あるいは両方)でなければならない．$m=3$ の場合は，(*) を2倍して (**) を加えると

$$(6-n)\beta+2(3-m)l = 12$$

となるから，

$$3 \leqq n < 6$$

でなければならない．また $n=3$ の場合は，(*) に (**) を2倍したものを加えれば

$$2(3-n)\beta+(6-m)l = 12$$

となるから，

$$3 \leqq m < 6$$

でなければならない．したがって，m, n の組合せは，3,3; 3,4; 4,3; 3,5; 5,3 の5種類である．この5種類はそれぞれ正4面体，正8面体，正6面体，正20面体，正12面体に対応するものである．よってつぎの定理が証明された

定理 4.16 正多面体は正4面体，正6面体，正8面体，正12面体，正20面体の5種類だけである．

§20 ホモロジー群の標準基，Z_2 を係数とする

ホモロジー群

K を複体，$C_q(K)$ を K の q 次元鎖群 ($q=0,1,\cdots$) とする．例 3.23 に述べたように，$C_q(K)$ の適当な部分加群 W を

$$C_q(K) \cong Z_q(K) \oplus W, \qquad W \cong B_{q-1}(K) \qquad (q=0,1,\cdots)$$

のようにえらべる．同型 $W\cong B_{q-1}(K)$ は境界準同型 ∂_q によって与えられるものであるから，

$$\partial_q|W: W\to Z_{q-1}(K)$$

は単射準同型である．$Z_{q-1}(K)$ は自由加群だから，$Z_{q-1}(K)$ とその部分加群 $\partial_q(W)\cong B_{q-1}(K)$ に対して補助定理 3.5 を適用すれば，W の基 $y_1, y_2, \cdots, y_{\beta_{q-1}}$，$Z_{q-1}(K)$ の基 $y'_1, y'_2, \cdots, y'_{\beta'_{q-1}}$ を適当にとって

$$\partial_q(y_i)=\theta_i y'_i \qquad (i=1,2,\cdots,\beta_{q-1})$$

となるようにできる．$\partial_q|W$ が単射準同型だから $\theta_i\neq 0$ $(i=1, 2, \cdots, \beta_{q-1})$ である．y_i のうちで $\theta_i=1$ であるものをとくに e^q_m $(m=1,2,\cdots,\beta_{q-1}-\tau_{q-1})$ とし，e^q_m に対応する y'_i を a^{q-1}_m と書く．残りの y_i を d^q_l $(l=1,2,\cdots,\tau_{q-1})$ とし，d^q_l に対応する y'_i を b^{q-1}_l と書く．a^{q-1}_m $(m=1,2,\cdots,\beta_{q-1}-\tau_{q-1})$，$b^{q-1}_l$ $(l=1, 2,\cdots,\tau_{q-1})$ 以外の y'_i を c^{q-1}_k $(k=1,2,\cdots,R_q)$ と書く．このとき明らかにつぎの定理が成り立つ．

定理 4.17　q 次元鎖群 $C_q(K)$ $(q=0,1,\cdots)$ の基

$$a^q_i \ (i=1,2,\cdots,\beta_q-\tau_q),\qquad b^q_j \ (j=1,2,\cdots,\tau_q),$$
$$c^q_k \ (k=1,2,\cdots,R_q),\qquad d^q_l \ (l=1,2,\cdots,\tau_{q-1}),$$
$$e^q_m \ (m=1,2,\cdots,\beta_{q-1}-\tau_{q-1})$$

を適当にとって，

$$\partial_q(a^q_i)=0,\qquad \partial_q(b^q_j)=0,\qquad \partial_q(c^q_k)=0$$
$$\partial_q(d^q_l)=\theta^{q-1}_l b^{q-1}_l,\qquad \partial_q(e^q_m)=a^{q-1}_m$$

であるようにできる．この基を**標準基**という．

a^q_i, b^q_j, c^q_k が $Z_q(K)$ の基であり，$\theta^q_l b^q_l, a^q_i$ が $B_q(K)$ の基である．したがって $[b^q_l], [c^q_k]$ が $H_q(K)$ の生成元であって，R_q が q 次元ベッチ数，$(\theta^q_1, \theta^q_2, \cdots, \theta^q_{\tau_q})$ が q 次元ねじれ係数である．

つぎに $\boldsymbol{Z}_2$ を係数とするホモロジー群について述べよう．複体 K の各 q 単体に向きを指定したものを $\langle\sigma_1^q\rangle, \langle\sigma_2^q\rangle, \cdots, \langle\sigma_u^q\rangle$ とするとき，K の q 次元鎖群 $C_q(K)$ の元は $\gamma_1\langle\sigma_1^q\rangle+\gamma_2\langle\sigma_2^q\rangle+\cdots+\gamma_u\langle\sigma_u^q\rangle$ $(\gamma_i\in\boldsymbol{Z})$ である(§12)．いま $\boldsymbol{Z}_2$ を位数2の巡回群とし，形式的和

$$\tilde{c}=\tilde{\gamma}_1\langle\sigma_1^q\rangle+\tilde{\gamma}_2\langle\sigma_2^q\rangle+\cdots+\tilde{\gamma}_u\langle\sigma_u^q\rangle \quad (\tilde{\gamma}_i\in\boldsymbol{Z}_2,\ i=1,2,\cdots,u)$$

全体を $C_q(K;\boldsymbol{Z}_2)$ と書く．$\tilde{\gamma}_i$ は $[0]$ あるいは $[1]$ である．$\tilde{\gamma}_i$ $(i=1,2,\cdots,u)$ のうち $[1]$ のものが $\tilde{\gamma}_{i_1}, \tilde{\gamma}_{i_2}, \cdots, \tilde{\gamma}_{i_v}$ であるとき，

$$\tilde{c}=[1]\langle\sigma_{i_1}^q\rangle+[1]\langle\sigma_{i_2}^q\rangle+\cdots+[1]\langle\sigma_{i_v}^q\rangle$$

とも書く．$\tilde{c}'=\tilde{\gamma}'_1\langle\sigma_1^q\rangle+\tilde{\gamma}'_1\langle\sigma_2^q\rangle+\cdots+\tilde{\gamma}'_v\langle\sigma_u^q\rangle$ とするとき，$C_q(K;\boldsymbol{Z}_2)$ に和を

$$\tilde{c}+\tilde{c}'=(\tilde{\gamma}_1+\tilde{\gamma}'_1)\langle\sigma_1^q\rangle+(\tilde{\gamma}_2+\tilde{\gamma}'_2)\langle\sigma_2^q\rangle+\cdots+(\tilde{\gamma}_v+\tilde{\gamma}'_v)\langle\sigma_u^q\rangle$$

と定義すると，$C_q(K;\boldsymbol{Z}_2)$ は加群となる．$C_q(K;\boldsymbol{Z}_2)$ の単位元を0と書く．この $C_q(K;\boldsymbol{Z}_2)$ を K の **$\boldsymbol{Z}_2$ を係数とする $\boldsymbol{q}$ 次元鎖群**という $(q=0,1,\cdots)$．$C_{-1}(K;\boldsymbol{Z}_2)=0$ であるときめておく．$C_q(K;\boldsymbol{Z}_2)$ の元 $[1]\langle\sigma^q\rangle=[1]\langle a_0,a_1,\cdots,a_q\rangle$ に対して

$$\tilde{\partial}_q([1]\langle a_0,a_1,\cdots,a_q\rangle)=\sum_{i=0}^{q}[1]\langle a_0,a_1,\cdots,a_{i-1},\hat{a}_i,a_{i+1}\cdots,a_q\rangle$$

と定め，境界準同型

$$\tilde{\partial}_q:C_q(K;\boldsymbol{Z}_2)\to C_{q-1}(K;\boldsymbol{Z}_2) \qquad (q=0,1,2,\cdots)$$

を

$$\tilde{\partial}_q\tilde{c}=\partial_q\langle\sigma_{i_1}^q\rangle+\partial_q\langle\sigma_{i_2}^q\rangle+\cdots+\partial_q\langle\sigma_{i_v}^q\rangle$$

と定義する．補助定理3.9と同様に，

$$\tilde{\partial}_{q-1}\tilde{\partial}_q(C_q(K;\boldsymbol{Z}_2))=0 \qquad (q=1,2,\cdots)$$

である．したがって $\{C_q(K)\}$ の場合のように，$\mathrm{Ker}\,\tilde{\partial}_q$ を $Z_q(K;\boldsymbol{Z}_2)$ と書き，$\mathrm{Im}\,\tilde{\partial}_{q+1}$ を $B_q(K;\boldsymbol{Z}_2)$ と書くと

$$B_q(K;\boldsymbol{Z}_2)\subset Z_q(K;\boldsymbol{Z}_2)\subset C_q(K;\boldsymbol{Z}_2)$$

であり，それぞれ部分加群になっている．**$\boldsymbol{Z}_2$ を係数とする $\boldsymbol{q}$ 次元ホモロジー群**

$$H_q(K;\boldsymbol{Z}_2) \qquad (q=0,1,\cdots)$$

を

$$H_q(K;\boldsymbol{Z}_2) = Z_q(K;\boldsymbol{Z}_2)/B_q(K;\boldsymbol{Z}_2)$$

と定義する．

$\boldsymbol{Z}_2$ の元として $[1]=[-1]$ であるから，$[1]\langle\sigma^q\rangle=[-1]\langle\sigma^q\rangle$ であって，$C_q(K;\boldsymbol{Z}_2)$ を定義するのに σ^q に向きをきめることは必ずしも必要ではなく，$C_q(K;\boldsymbol{Z}_2)$ の元を幾何学的に K の q 単体の集合と対応させることができる．

$H_q(K;\boldsymbol{Z}_2)$ $(q=0,1,\cdots)$ に関して，§13 から §20 までの $H_q(K)$ についての諸結果と同様なことが成り立つ．たとえば，単体写像 $\varphi: K\to K'$ は準同型

$$\varphi_*: H_q(K;\boldsymbol{Z}_2)\to H_q(K';\boldsymbol{Z}_2) \qquad (q=0,1,\cdots)$$

を定める．また，マイヤー-ビートリス完全系列

$$\cdots \xrightarrow{\Delta_{q+1}} H_q(K';\boldsymbol{Z}_2) \xrightarrow{\phi_q} H_q(K_1;\boldsymbol{Z}_2)\oplus H_q(K_2;\boldsymbol{Z}_2) \xrightarrow{\phi_q} H_q(K;\boldsymbol{Z}_2) \xrightarrow{\Delta_q} H_{q-1}(K';\boldsymbol{Z}_2)\to\cdots$$

が成り立つ．証明は $H_*(K)$ の場合と全く同じである．さらに，$H_*(K)$ の場合と同様に，$|K|\simeq|K'|$ ならば

$$H_*(K;\boldsymbol{Z}_2)\cong H_*(K';\boldsymbol{Z}_2)$$

であり，単体分割可能な図形 X に対して $\{K,\boldsymbol{t}\}$ を X の単体分割とするとき，$\boldsymbol{Z}_2$ を係数とする X のホモロジー群 $H_*(X;\boldsymbol{Z}_2)$ を $H_*(K;\boldsymbol{Z}_2)$ で定義することができる．

$C_q(K)$ の標準基(定理 4.17)をつかえば，$C_q(K;\boldsymbol{Z}_2)$ の元は

$$\sum\tilde{\gamma}_i a_i^q+\sum\tilde{\mu}_j b_j^q+\sum\tilde{\nu}_k c_k^q+\sum\tilde{\xi}_l d_l^q+\sum\tilde{\eta}_m e_m^q$$
$$(\tilde{\gamma}_i,\tilde{\mu}_j,\tilde{\nu}_k,\tilde{\xi}_l,\tilde{\eta}_m\in\boldsymbol{Z}_2)$$

と書ける．明らかに

$$\tilde{\partial}_q([1]a_i^q)=0,\qquad \tilde{\partial}_q([1]b_j^q)=0,\qquad \tilde{\partial}_q([1]c_k^q)=0,$$
$$\tilde{\partial}_q([1]e_m^q)=[1]a_m^{q-1}$$

であって，θ_l^{q-1} が偶数であるときにかぎって

$$\tilde{\partial}_q([1]d_l^q)=0$$

となる．したがって θ_l^{q-1} のうち奇数のものを $\theta_l^{q-1}\,(l=1,2,\cdots,\tau'_{q-1})$ とすると，$Z_q(K;\boldsymbol{Z}_2)$ の元は

$$\sum\tilde{\gamma}_i a_i^q+\sum\tilde{\mu}_j b_j^q+\sum\tilde{\nu}_k c_k^q+(\tilde{\xi}_{\tau'_{q-1}+1}d^q_{\tau'_{q-1}+1}+\tilde{\xi}_{\tau'_{q-1}+2}d^q_{\tau'_{q-1}+2}$$
$$+\cdots+\tilde{\xi}_{\tau_{q-1}}d^q_{\tau_{q-1}})\qquad (\tilde{\gamma}_i,\,\tilde{\mu}_j,\,\tilde{\nu}_k,\,\tilde{\xi}_l\in\boldsymbol{Z}_2)$$

である．θ_l^q のうち奇数のものを $\theta_l^q\,(l=1,2,\cdots,\tau'_q)$ とすると，$B_q(K;\boldsymbol{Z}_2)$ の元は

$$\sum\tilde{\gamma}_i a_i^q+(\tilde{\mu}_1 b_1^q+\tilde{\mu}_2 b_2^q+\cdots+\tilde{\mu}_{\tau'_q}b^q_{\tau'_q})$$

である．したがってつぎの定理をうる．

定理 4.18 複体 K の $\boldsymbol{Z}_2$ を係数とする q 次元ホモロジー群 $H_q(K;\boldsymbol{Z}_2)$ は $R_q+(\tau_q-\tau'_q)+(\tau_{q-1}-\tau'_{q-1})$ 個の $\boldsymbol{Z}_2$ の直和である．とくに，$H_q(K)\cong H_q(K')\,(q=0,1,\cdots)$ ならば，$H_q(K;\boldsymbol{Z}_2\cong H_q(K';\boldsymbol{Z}_2)$ である．

たとえば，$n\geqq 1$ とすると

$$H_q(S^n;\boldsymbol{Z}_2)=\begin{cases}\boldsymbol{Z}_2 & q=0,n,\\ 0 & q\neq 0,n\end{cases}$$

である．

例 4.6 K を m 次元複体とし，K の各 $m-1$ 次元単体はちょうど二つの m 単体の共通の辺単体となっているとする．Kの m 単体が $\sigma_1,\sigma_2,\cdots,\sigma_r$ であるとすると，$\tilde{c}=[1]\langle\sigma_1\rangle+[1]\langle\sigma_2\rangle+\cdots+[1]\langle\sigma_r\rangle\in C_m(K;\boldsymbol{Z}_2)$ に対して，$\tilde{\partial}_m\tilde{c}=0$ となり，$\tilde{c}\in Z_m(K;\boldsymbol{Z}_2)$ であって，$[\tilde{c}]\in H_m(K;\boldsymbol{Z}_2)$ したがって

$H_m(K;\boldsymbol{Z}_2)\neq 0$ である．∎

問　題 IV

1. 二つの連続写像 $f, g: S^n \to S^n (n \geqq 1)$ が $f(S^n) \neq S^n$, $g(S^n) \neq S^n$ であるとすると，$f \simeq g$ であることを示せ．

2. $S^3 = \{(x_1, x_2, x_3, x_4);\ x_i \in \boldsymbol{R},\ \sum x_i^2 = 1\}$, $S^1 = \{(x_1, x_2, 0, 0);\ x_1, x_2 \in \boldsymbol{R},\ x_1^2 + x_2^2 = 1\}$ とするとき，$S^3 - S^1$ は S^1 とホモトピー同型であることを証明せよ．

3. 2次元ユークリッド空間 $\boldsymbol{R}^2$ の図形 X を，$X = [0,3]\times[0,3] - (0,1)\times(0,1) - (0,1)\times(2,3) - (2,3)\times(0,1) - (2,3)\times(2,3)$ とするとき，X のホモロジー群 $H_*(X)$ を計算せよ．ただし，$(a, b) = \{x;\ a < x < b\}$ である．

4. $\{K, \boldsymbol{t}\}$, $\{K', \boldsymbol{t}'\}$ をそれぞれ $S^n, S^m\ (n \neq m)$ の単体分割とし，$f: K \to K'$ を単体写像とする．$n+1$ 次元球体 D^{n+1} と m 次元球面 S^m とを $D^{n+1} \cap S^m = \phi$ の図形と考え，$D^{n+1} \cup S^m$ から x と $f(x)$ $(x \in S^n)$ とを同一視してできる図形を X とするとき，X のホモロジー群 $H_*(X)$ を計算せよ．

5. 写像 $g: S^1 \to S^1 \times S^1$ を $g(x) = (x, x)$ $(x \in S^1)$ で定義し，$D^2 \cup (S^1 \times S^1)$ から x と $g(x)$ $(x \in S^1)$ を同一視してできる図形を X とするとき，X のホモロジー群を計算せよ．

6. $\{K, \boldsymbol{t}\}$ を S^3 の単体分割とし，L を K の部分複体で $|L|$ は $S^1 \times D^2$ と同位相であるとする．$X = S^3 - (\boldsymbol{t}(|L|))^\circ$ とするとき，X のホモロジー群 $H_*(X)$ を計算せよ．

7. n 次元円環面 T^n のホモロジー群 $H_*(T^n)$ を計算せよ．

8. $S^2 \times S^2$ において (x, y) と (y, x) $((x, y) \in S^2 \times S^2)$ を同一視してできる図形を X とするとき，X のホモロジー群を計算せよ．

9. m 次元複体 K の $\boldsymbol{Z}_2$ を係数とする i 次元ホモロジー群 $H_i(K;\boldsymbol{Z}_2)$ が α_i 個の $\boldsymbol{Z}_2$ の直和と同型であるとき $(i = 0, 1, \cdots)$，K のオイラー数 $\chi(K)$ は $\sum_{i=0}^{m} (-1)^i \alpha_i$ に等しいことを証明せよ．

第5章　ホモロジーの応用と例

単体分割可能な図形 X, Y に対して，X から Y への連続写像は X のホモロジー群 $H_*(X)$ から Y のホモロジー群 $H_*(Y)$ への準同型を定め，この準同型は第 4 章で述べたように連続写像のホモトピー類できまる．したがって，$H_*(X)$ から $H_*(Y)$ への準同型は X から Y への連続写像のホモトピー類を決定するための一つの手段となる．X, Y がともに n 次元球面の場合はこの方法でホモトピー類を完全に決定できる．これはホモトピー論の第一歩と言うべきものである．この応用として，不動点定理，代数学の基本定理等がえられる．

マイヤー-ビートリス完全系列はホモロジー群の計算に極めて有用であるが，ここでその例として球面の積空間 $S^m \times S^n$ と射影空間のホモロジー群について述べることにする．

§21　写像度と不動点定理

S^n を n 次元球面 $(n \geqq 1)$ とする．S^n の q 次元ホモロジー群 $H_q(S^n)$ は $q=0, n$ のとき $\boldsymbol{Z}$ と同型であり，その他の q に対しては 0 である(§19)．連続写像 $f: S^n \to S^n$ が定める準同型

$$f_*: H_n(S^n) \to H_n(S^n)$$

に対して，$H_n(S^n) \cong \boldsymbol{Z}$ の一つの生成元 ι を定め，整数 $\gamma(f)$ を

$$f_*(\iota) = \gamma(f)\iota$$

によって定義する．f_* は準同型だから，任意の $\alpha \in H_n(S^n)$ について

$$f_*(\alpha) = \gamma(f)\alpha$$

が成り立つ．したがって当然 $\gamma(f)$ は生成元のとり方に無関係に f のみによってきまる．この $\gamma(f)$ を f の**写像度**という．

たとえば，恒等写像の写像度は 1 であり，像が 1 点であるような写像の写像度は 0 である(問題 III，6 参照)．

二つの連続写像 $f, g : S^n \to S^n$ が，ホモトープ $f \simeq g$ であれば，定理 4.14 によって $f_*(\iota) = g_*(\iota)$ だから，$\gamma(f) = \gamma(g)$ である．すなわち，写像度は連続写像のホモトピー類によってきまる量である．

つぎの補助定理は不動点定理を証明するために必要である．D^n は n 次元球体，S^{n-1} は D^n の境界の $n-1$ 次元球面である．

補助定理 5.1 連続写像 $F : D^n \to S^{n-1}$ $(n \geqq 2)$ が与えられているとき，F を D^n の境界 S^{n-1} に制限してえられる連続写像

$$F|S^{n-1} : S^{n-1} \to S^{n-1}$$

の写像度 $\gamma(F|S^{n-1})$ は 0 である．

証明 S^{n-1} の任意の点 x に対して，$f_t(x) = F(tx)(0 \leqq t \leqq 1)$ と定義すれば，連続写像 $f_t : S^{n-1} \to S^{n-1}$ $(0 \leqq t \leqq 1)$ がえられる．f_t は t に関して連続的に変化し，$f_1 = F|S^{n-1}$ であり，f_0 の像 $f_0(S^{n-1})$ は 1 点 $F(0)$ である．よって，$f_1 \simeq f_0$ から $\gamma(F|S^{n-1}) = \gamma(f_0) = 0$ がえられる． ▮

X を $\boldsymbol{R}^N$ の図形(あるいは一般に位相空間)とし，$f : X \to$

X を連続写像とするとき，X の点 x で $f(x)=x$ を満たすものを f の**不動点**という．

例 5.1 D^1 を閉区間 $[-1,1]$ とし，$f: D^1 \to D^1$ を連続写像とすると，f は必ず不動点をもつ．なぜなら，$f(-1)=-1$ あるいは $f(1)=1$ ならば，-1 あるいは 1 が不動点である．$f(-1)\neq -1$，$f(1)\neq 1$ ならば，連続写像 $g: D^1 \to \boldsymbol{R}$ を $g(x)=f(x)-x$ と定義すると，$g(-1)>0$，$g(1)<0$ であるからよく知られた中間値の定理から $g(\bar{x})=0$ すなわち $f(\bar{x})=\bar{x}$ となる D^1 の点 $\bar{x}$ が存在する．∎

つぎの**ブロウアーの不動点定理**は例5.1を一般の次元に拡張したものと見ることができる．

定理 5.2（**ブロウアーの不動点定理**） n 次元球体 D^n ($n\geqq 2$) から D^n への連続写像 $f: D^n \to D^n$ は必ず不動点をもつ．

証明 f が不動点をもたないと仮定して矛盾を導くことにする．f が不動点をもたないとすると，D^n の任意の点 x に対してつねに $x\neq f(x)$ であるから，$f(x)$ と x とを結ぶ半直線 $\overrightarrow{f(x)x}$ が存在する．D^n の境界 S^{n-1} と $\overrightarrow{f(x)x}$ との交点を $g(x)$ とすると，連続写像

$$g: D^n \to S^{n-1}$$

がえられる(図5.1)．とくに $x\in S^{n-1}$ とすると $g(x)=x$ だか

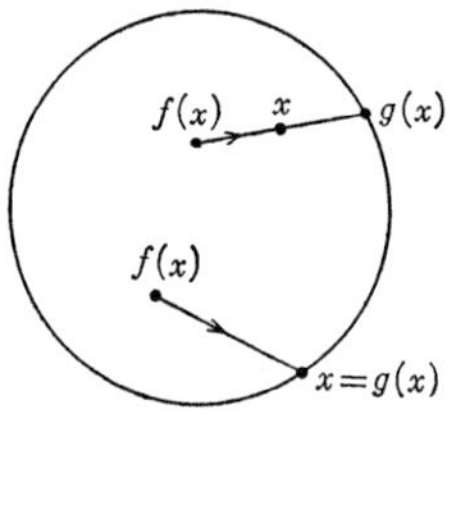

図 5.1

ら(図5.1)，$g|S^{n-1}$ は恒等写像であり，$\gamma(g|S^{n-1})=1$ となる．これは補助定理5.1と矛盾する．∎

§22　S^n から S^n への連続写像のホモトピー類

n 次元球面 S^n $(n\geqq 1)$ から S^n への連続写像のホモトピー類の集合を $[S^n, S^n]$ と書くことにする．連続写像 $f: S^n\to S^n$ が属するホモトピー類を $[f]$ とし，対応

$$\gamma_*: [S^n, S^n] \to \boldsymbol{Z}$$

を写像度によって $\gamma_*([f])=\gamma(f)$ と定義する．この対応 γ_* が全単射であることを証明するのがこの節の目標である．

はじめに $n=1$ の場合を考えよう．S^1 を複素平面における絶対値が1の複素数全体の集合と見做すことにすれば，S^1 上の点は偏角 θ によって $\cos\theta+i\sin\theta$ と表わされる．S^1 上の点 $\cos\theta+i\sin\theta$ を簡単のため θ と書くことにする．θ と $\theta+2r\pi$ $(r=\pm 1, \pm 2, \cdots)$ は S^1 上の同じ点を表わす．

$f: S^1\to S^1$ を連続写像とするとき，$0\leqq\theta\leqq 2\pi$ に対して

$$f(\theta) = \cos\hat{f}(\theta)+i\sin\hat{f}(\theta)$$

と書き表わすと，$\hat{f}(\theta)$ は 2π の整数倍の不確定の部分を除けば一意的にきまる．いま，$\hat{f}(0)$ を $0\leqq\hat{f}(0)<2\pi$ のようにえらび，$0\leqq\theta\leqq 2\pi$ に対し $\hat{f}(\theta)$ が θ の連続関数となるように $\hat{f}(\theta)$ を定めれば，f に対して連続関数

$$\hat{f}: [0, 2\pi] \to \boldsymbol{R}$$

が一意的にきまる(図5.2)．$f(0)=f(2\pi)$ であるから，$\hat{f}(2\pi)-\hat{f}(0)$ は 2π の整数倍である．

逆に，$\hat{f}: [0, 2\pi]\to\boldsymbol{R}$ を連続関数で $\hat{f}(2\pi)-\hat{f}(0)$ が 2π の整数倍であるとすれば，$f(\theta)=\cos\hat{f}(\theta)+i\sin\hat{f}(\theta)$ と定義する

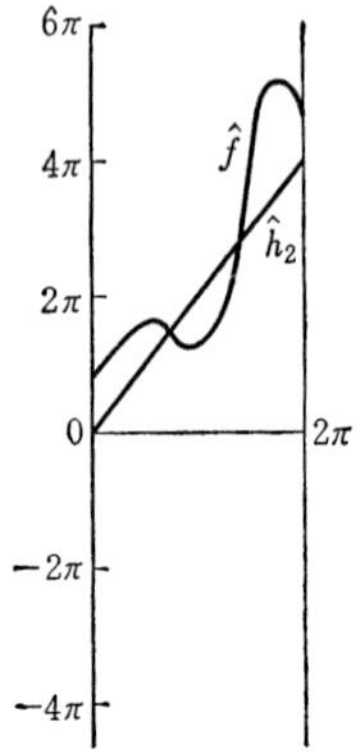

図 5.2

ことによって，連続関数

$$f : S^1 \to S^1$$

がえられる．$\hat{f}$ を f の**グラフ**ということにしよう．

補助定理 5.3　連続写像 $h_n : S^1 \to S^1$ (n は整数) を $h_n(\theta) = \cos n\theta + i \sin n\theta$ と定義すると，h_n の写像度 $\gamma(h_n)$ は n である．

証明　$a_j = \cos(2\pi j/3n) + i \sin(2\pi j/3n)$ $(j=0, 1, \cdots, 3n-1)$ を S^1 上の $3n$ 個の点とする．$a_0, a_1, \cdots, a_{3n-1}$ を頂点とし，S^1 に内接する正 $3n$ 角形の周からなる 1 次元複体を K とする．図 2.10 のように中心からの半直線によって同位相写像 $\boldsymbol{t} : |K| \to S^1$ を定義すれば，$\{K, \boldsymbol{t}\}$ は S^1 の単体分割である．

同様に $a_j' = \cos(2\pi j/3) + i \sin(2\pi j/3)$ $(j=0, 1, 2)$ を S^1 上の 3 点とし，正 3 角形 $|a_0'a_1'a_2'|$ の周からなる 1 次元複体を K' とし，$\{K', \boldsymbol{t}'\}$ によって S^1 を単体分割する．単体写像 φ: $K \to K'$ を $j=0, 1, \cdots, n-1$ のとき $\varphi(a_j) = a_0'$，$j=n, n+1, \cdots, 2n-1$ のとき $\varphi(a_j) = a_1'$，$j=2n, 2n+1, \cdots, 3n-1$ のとき

$\varphi(a_j)=a_2'$ と定義すれば，明らかに φ は連続写像 $\boldsymbol{t}'^{-1}\boldsymbol{t}$: $|K|\to|K'|$ の単体近似である．

$[\langle a_0, a_1\rangle+\langle a_1, a_2\rangle+\cdots+\langle a_{3n-1}, a_0\rangle]$ は $H_1(K)$ の生成元であり，$[\langle a_0', a_1'\rangle+\langle a_1', a_2'\rangle+\langle a_2', a_0'\rangle]$ は $H_1(K')$ の生成元であるが，$\varphi_\sharp(\langle a_0, a_1\rangle+\langle a_1, a_2\rangle+\cdots+\langle a_{3n-1}, a_0\rangle)=\langle a_0', a_1'\rangle+\langle a_1', a_2'\rangle+\langle a_2', a_0'\rangle$ であるから，$[\langle a_0, a_1\rangle+\langle a_1, a_2\rangle+\cdots+\langle a_{3n-1}, a_0\rangle]$ と $[\langle a_0', a_1'\rangle+\langle a_1', a_2'\rangle+\langle a_2', a_0'\rangle]$ とは $H_1(S^1)$ の同一の元 ι をあらわす．ι は $H_1(S^1)$ の生成元である．$(\boldsymbol{t}'^{-1}h_n\boldsymbol{t})_\sharp(\langle a_0, a_1\rangle+\langle a_1, a_2\rangle+\cdots+\langle a_{3n-1}, a_0\rangle)=n(\langle a_0', a_1'\rangle+\langle a_1', a_2'\rangle+\langle a_2', a_0'\rangle)$ から，$h_{n*}(\iota)=n\iota$ であり，$\gamma(h_n)=n$ が成り立つ．▮

$f: S^1\to S^1$ を連続写像とし，f のグラフ $\hat{f}:[0,2\pi]\to\boldsymbol{R}$ が $\hat{f}(2\pi)-\hat{f}(0)=2n\pi$ であるとする．補助定理5.3の $h_n: S^1\to S^1$ のグラフ $\hat{h}_n$ を考え(図5.2)，$0\leqq t\leqq1$ に対して $\hat{f}_t(\theta)$ を

$$\hat{f}_t(\theta)=(1-t)\hat{f}(\theta)+t\hat{h}_n(\theta)$$

と定義する．$\hat{f}_t:[0,2\pi]\to\boldsymbol{R}$ は連続写像で，$\hat{f}_t(2\pi)-\hat{f}_t(0)=2n\pi$ だから，$f_t(\theta)=\cos\hat{f}_t(\theta)+i\sin\hat{f}_t(\theta)$ と定義すると，連続写像

$$f_t: S^1\to S^1 \qquad (0\leqq t\leqq1)$$

がえられる．明らかに f_t は t に関して連続的に変化し，$f_0=f$，$f_1=h_n$ であるから，$f\simeq h_n$ となる．これから

$$\gamma(f)=\gamma(h_n)=n$$

が成り立つ．いいかえれば，連続写像 $f: S^1\to S^1$ の写像度が $\gamma(f)=n$ ならば，$\hat{f}(2\pi)-\hat{f}(0)=2n\pi$ であって，$f\simeq h_n$ である．したがって，二つの連続写像 $f, g: S^1\to S^1$ に対して $\gamma(f)=\gamma(g)$ であれば，$f\simeq g$ となる．このことと補助定理5.3とから

つぎの定理が成り立つ.

定理 5.4 $\gamma_*:[S^1, S^1]\to \boldsymbol{Z}$ は全単射である.

一般の $[S^n, S^n]$ についての結果を定理 5.4 から得るために，懸垂の概念が必要である.

$S^n=\{(x_1, x_2, \cdots, x_{n+1});\ x_1^2+x_2^2+\cdots+x_{n+1}^2=1\}$ を n 次元球面 $(n\geqq 2)$, S^{n-1} を S^n の赤道 $\{(x_1, x_2, \cdots, x_n, 0);\ x_1^2+x_2^2+\cdots+x_n^2=1\}$ と考える. S^{n-1} 上の1点 $x=(x_1, x_2, \cdots, x_n, 0)$ と $-1\leqq s\leqq 1$ に対して, S^n の点 $x[s]$ を

$$x[s]=(\sqrt{1-s^2}\,x_1,\ \sqrt{1-s^2}\,x_2,\ \cdots,\ \sqrt{1-s^2}\,x_n,\ s)$$

と定義する. $x[0]=x$ であり, $x[1]$ は北極 $p_+=(0, 0, \cdots, 0, 1)$, $x[-1]$ は南極 $p_-=(0, 0, \cdots, 0, -1)$ であって, s が -1 から 1 まで変化すると $x[s]$ は南極から x を通り北極にいたる経線を描く(図 5.3). また, y を S^n の任意の点で, y は p_+ でも p_- でもないとすると, y を通る経線はただ一つであるから, $x\in S^{n-1}$ と $-1<s<1$ が一意的にきまって, $y=x[s]$ と書ける.

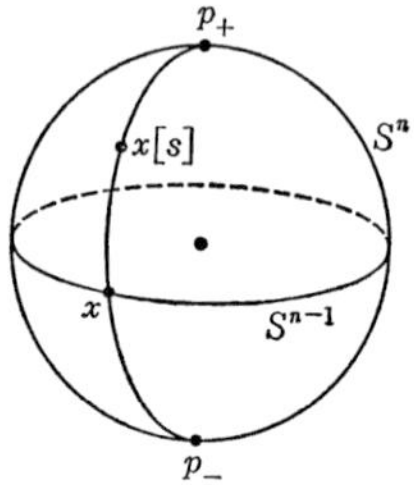

図 5.3

連続写像 $f:S^{n-1}\to S^{n-1}$ $(n\geqq 2)$ が与えられているとき, 連続写像

$$Ef:S^n\to S^n$$

を，

$$(Ef)(x[s]) = (f(x))[s]$$

と定義し，Ef を f の懸垂という．明らかに $Ef|S^{n-1}=f$, $Ef(p_\pm)=p_\pm$ であり，S^n において緯度が等しい点の集合を $A_s=\{(x_1, x_2, \cdots, x_{n+1})\in S^{n+1},\ x_{n+1}=s\}$ とすると，$f|A_s : A_s \to A_s$ であって，$f|A_s$ は f と相似である．

二つの連続写像 $f, g : S^{n-1}\to S^{n-1}$ がホモトープ

$$f \simeq g$$

ならば，$\{f_t\}$ を f と g との間のホモトピーとするとき，$\{Ef_t\}$ が Ef と Eg との間のホモトピーとなることが容易にたしかめられるから，$Ef, Eg : S^n\to S^n$ に対し，

$$Ef \simeq Eg$$

が成り立つ．

懸垂 $Ef : S^n\to S^n$ は S^n から S^n の中への連続写像としては極めて特別なものであるが，つぎの補助定理が示すように $[S^n, S^n]$ の各元は Ef によって表わされる．

補助定理 5.5 連続写像 $h : S^n\to S^n$ $(n\geqq 2)$ が与えられたとき，連続写像 $f : S^{n-1}\to S^{n-1}$ で $h\simeq Ef$ となるものが存在する．

証明 $\{K, \boldsymbol{t}\}$ を S^n の単体分割とし，簡単のため $|K|$ と S^n とを($\boldsymbol{t}$ によって)同一視することにする．北極 p_+，南極 p_- がともに K の n 単体の内点であるように，すなわち $p_+\in \mathrm{Int}\,\sigma_+^n$, $p_-\in \mathrm{Int}\,\sigma_-^n$ $(\sigma_+^n, \sigma_-^n\in K)$ になるように K をえらぶ．このためには例 2.9 の $\{K(\partial\sigma^{n+1}), \boldsymbol{t}\}$ を p_+, p_- が n 単体の内点になるようにわずかに回転させればよい．さらに $\varepsilon>0$ を十分小にとって，$V_\varepsilon^+=\{(x_1, x_2, \cdots, x_{n+1})\in S^n;\ 1-\varepsilon< x_{n+1}\leqq 1\}$,

$V_\varepsilon^- = \{(x_1, x_2, \cdots, x_{n+1}) \in S^n;\ -1 \leqq x_{n+1} < -1+\varepsilon\}$ が $V_\varepsilon^+ \subset \mathrm{Int}\,\sigma_+^n$, $V_\varepsilon^- \subset \mathrm{Int}\,\sigma_-^n$ であるとする.

$h: |K| \to |K|$ に対して h の単体近似 $\varphi: Sd^r(K) \to K$ が存在し(定理4.7), $h \simeq \bar{\varphi}$ である(定理4.3). $Sd^r(K)$ の n 単体 σ' で $\bar{\varphi}(\sigma') = \sigma_+^n$ (あるいは σ_-^n) となるものについては, $\bar{\varphi}|\sigma': \sigma' \to \sigma_+^n$ (あるいは σ_-^n) は同位相写像である. このことから, $\bar{\varphi}^{-1}(p_+)$, $\bar{\varphi}^{-1}(p_-)$ はともに有限個の点からなり, $\bar{\varphi}^{-1}(V_\varepsilon^+)$, $\bar{\varphi}^{-1}(V_\varepsilon^-)$ を弧状連結成分に分けて $\bar{\varphi}^{-1}(V_\varepsilon^+) = V_1^+ \cup V_2^+ \cup \cdots \cup V_q^+$, $\bar{\varphi}^{-1}(V_\varepsilon^-) = V_1^- \cup V_2^- \cup \cdots \cup V_{q'}^-$ とすると, $\bar{\varphi}|V_i^+ : V_i^+ \to V_\varepsilon^+$, $\bar{\varphi}|V_i^- : V_i^- \to V_\varepsilon^-$ は同位相写像となる. ここで同位相写像 $l: S^n \to S^n$ を適当にとって, l は恒等写像とホモトープであり, $l(E_+) \supset \bar{\varphi}^{-1}(V_\varepsilon^+)$, $l(E_-) \supset \bar{\varphi}^{-1}(V_\varepsilon^-)$ であるようにできる. このような l を構成するには, E_+ および E_- を連続的に変形していって(すなわち赤道 S^{n-1} を連続的に変形していって), $E_+ \supset \bar{\varphi}^{-1}(V_\varepsilon^+)$, $E_- \supset \bar{\varphi}^{-1}(V_\varepsilon^-)$ とすることを考えればよい. (図5.4の太線は赤道のこのような変形を示している.) このような l に対して, 明らかに $\bar{\varphi}l \simeq \bar{\varphi}$ で,

$$\bar{\varphi}l(E_+) \cap V_\varepsilon^- = \phi, \qquad \bar{\varphi}l(E_-) \cap V_\varepsilon^+ = \phi$$

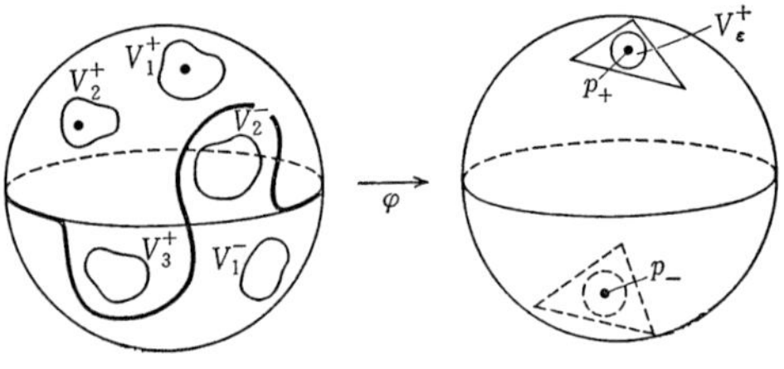

図5.4

である．

つぎに，V_ε^+(および V_ε^-)を拡大していって，E_+(および E_-)にするために，連続写像

$$h_t : S^n \to S^n \qquad (0 \leqq t \leqq 1)$$

を

$$h_t(x[s]) = \begin{cases} x[(1-t)s] & -1+\varepsilon \leqq s \leqq 1-\varepsilon \\ x[s'] & \begin{array}{l} (s' \text{ は区間 } [(1-t)(1-\varepsilon), 1] \text{ を} \\ (s-1+\varepsilon):(1-s) \text{ に内分する点}) \end{array} \\ & 1-\varepsilon \leqq s \leqq 1 \\ x[s''] & \begin{array}{l} (s'' \text{ は区間 } [-1, (1-t)(-1+\varepsilon)] \text{ を} \\ (s+1):(-1+\varepsilon-s) \text{ に内分する点}) \end{array} \\ & -1 \leqq s \leqq -1+\varepsilon \end{cases}$$

と定義すると，明らかに h_t は t に関して連続的に変化するから $h_0 \simeq h_1$ であって，h_0 は恒等写像，$h_1(V_\varepsilon^+) = E_+ - S^{n-1}$, $h_1(V_\varepsilon^-) = E_- - S^{n-1}$ である．

連続写像 $f' : S^n \to S^n$ を $f' = h_1\bar{\varphi}l$ と定義すると

$$f' = h_1\bar{\varphi}l \simeq \bar{\varphi}l \simeq \bar{\varphi} \simeq h$$

であり，

$$f'(E_+) = h_1\bar{\varphi}l(E_+) \subset h_1(S^n - V_\varepsilon^-) \subset E_+,$$
$$f'(E_-) = h_1\bar{\varphi}l(E_-) \subset h_1(S^n - V_\varepsilon^+) \subset E_-$$

であるから，

$$f'(S^{n-1}) \subset S^{n-1}$$

となる．ここで

$$f = f' \,|\, S^{n-1} : S^{n-1} \to S^{n-1}$$

と定義する．二つの連続写像

$$f', Ef : S^n \to S^n$$

は，S^{n-1} 上では等しく，$f'(E_+)\subset E_+$，$Ef(E_+)\subset E_+$ であるから，$x\in E_+$ に対して $f'(x)\neq Ef(x)$ となるのは $x\in E_+-S^{n-1}$ のときであって，そのような x に対して $Ef(x)\in E_+-S^{n-1}$ である．したがって，$x\in E_+$ が $f'(x)\neq Ef(x)$ であれば，$f'(x)$ と $Ef(x)$ とを通る大円（すなわち S^n の中心，$f(x), Ef(x)$ の 3 点できまる 2 次元平面と S^n との交わり）は $f'(x)$ と $Ef(x)$ とによって短い弧と長い弧とに分けられる．この大円の短い弧の上の点で $f'(x)$ と $Ef(x)$ とを $(1-t):t$ に内分する点を $f_t(x)\ (0\leqq t\leqq 1)$ とする．$x\in E_+$ が $f'(x)=Ef(x)$ ならば $f_t(x)=f'(x)=Ef(x)$ と定める．全く同様に E_- の点 x に対しても $f_t(x)$ を定義し，$x\in S^n$ に $f_t(x)$ を対応させると，$0\leqq t\leqq 1$ を媒介変数とする連続写像

$$f_t : S^n \to S^n$$

がえられる．f_t は t に関して連続的に変化し，$f_0=f'$，$f_1=Ef$ だから

$$f' \simeq Ef$$

である．$f'\simeq h$ であったから $h\simeq Ef$ である．▮

補助定理 5.6　連続写像 $f : S^{n-1}\to S^{n-1}\ (n\geqq 2)$ と f の懸垂 $Ef : S^n\to S^n$ の写像度に関して

$$\gamma(f) = \gamma(Ef)$$

が成り立つ．

証明　$\{K, \boldsymbol{t}\}$ を S^{n-1} の単体分割とし，$|K|$ と S^{n-1} とを（$\boldsymbol{t}$ によって）同一視する．$f : |K|\to|K|$ の単体近似を $\varphi : Sd^r(K)\to K$ とすると，$f\simeq\bar{\varphi}$ したがって $Ef\simeq E\bar{\varphi}$ である．

K および $Sd^r(K)$ から複体 $E_+(K)$，$E_-(K)$，$E_+(Sd^r(K))$，$E_-(Sd^r(K))$ を

$$E_+(K)=\{\tau;\ \tau\prec p_+*\sigma,\ \ \sigma\in K\},$$
$$E_-(K)=\{\tau;\ \tau\prec p_-*\sigma,\ \ \sigma\in K\},$$
$$E_+(Sd^r(K))=\{\tau;\ \tau\prec p_+*\sigma,\ \ \sigma\in Sd^r(K)\},$$
$$E_-(Sd^r(K))=\{\tau;\ \tau\prec p_-*\sigma,\ \ \sigma\in Sd^r(K)\}$$

と定義し，複体 $E(K)$ および $E(Sd^r(K))$ を $E(K)=E_+(K)\cup E_-(K)$ および $E(Sd^r(K))=E_+(Sd^r(K))\cup E_-(Sd^r(K))$ と定義すると，$S^n=|E(K)|=|E(Sd^r(K))|$ であって，K および $Sd^r(K)$ はそれぞれ $E(K)$ および $E(Sd^r(K))$ の部分複体である．$\bar{\varphi}$ の懸垂 $E\bar{\varphi}$ は明らかに単体写像を定める．これを

$$E\varphi : E(Sd^r(K))\to E(K)$$

と書くとき，$E\varphi|Sd^r(K)=\varphi$，$E\varphi(E_+(Sd^r(K)))\subset E_+(K)$，および $E\varphi(E_-(Sd^r(K)))\subset E_-(K)$ であるから，$(E(Sd^r(K));E_+(Sd^r(K)),E_-(Sd^r(K)))$ および $(E(K);E_+(K),E_-(K))$ に関するマイヤー-ビートリス完全系列の間のつぎの図式

$$\begin{array}{ccccc}
0= & H_n(E_+(Sd^r(K)))\oplus H_n(E_-(Sd^r(K))) & - & & \\
 & \downarrow & & & \\
0= & H_n(E_+(K))\oplus H_n(E_-(K)) & - & & \\
\to & H_n(E(Sd^r(K))) & \xrightarrow{\Delta'} & H_{n-1}(Sd^r(K)) & - \\
 & \downarrow{\scriptstyle (E\varphi)_*} & & \downarrow{\scriptstyle \varphi_*} & \\
\to & H_n(E(K)) & \xrightarrow{\Delta} & H_{n-1}(K) & - \\
\to & \multicolumn{3}{c}{H_{n-1}(E_+(Sd^r(K)))\oplus H_{n-1}(E_-(Sd^r(K)))} & =0 \\
 & & & \downarrow & \\
\to & \multicolumn{3}{c}{H_{n-1}(E_+(K))\oplus H_{n-1}(E_-(K))} & =0
\end{array}$$

は可換であり，したがって，Δ' および Δ は同型である．

ここで $H_{n-1}(Sd^r(K))\cong \boldsymbol{Z}$ の生成元 ι' を一つきめる．§18 の単体写像 $\pi_0^r : Sd^r(K)\to K$ に対して $\iota=(\pi_0^r)_*\iota'$ とすると，π_0^r は恒等写像とホモトープだから ι' と $\iota\in H_{n-1}(K)$ とは

$H_{n-1}(S^{n-1})\cong \boldsymbol{Z}$ の同じ生成元を表わす．$\varDelta'^{-1}(\iota')$，$\varDelta^{-1}(\iota)$ はそれぞれ $H_n(E(Sd^r(K)))\cong \boldsymbol{Z}$，$H_n(E(K))\cong \boldsymbol{Z}$ の生成元であるが，上記の図式において $(E\varphi)_*$ を $(E\pi_0^r)_*$ に，φ_* を $(\pi_0^r)_*$ におきかえた可換の図式からすぐわかるように，$(E\pi_0^r)_*(\varDelta'^{-1}(\iota'))=\varDelta^{-1}(\iota)$ であって $E\pi_0^r$ は恒等写像にホモトープであるから，$\varDelta'^{-1}(\iota')$ と $\varDelta^{-1}(\iota)$ とは $H_n(S^n)\cong \boldsymbol{Z}$ の同じ生成元を表わしている．したがって，

$$\varphi_*(\iota') = \gamma(\bar{\varphi})\iota, \qquad (E\varphi)_*\varDelta'^{-1}(\iota') = \gamma(E\bar{\varphi})\varDelta^{-1}(\iota)$$

であって，上記の図式の可換性から $\gamma(E\bar{\varphi})=\gamma(\bar{\varphi})$ をうる．$f\simeq\bar{\varphi}$，$Ef\simeq E\bar{\varphi}$ から $\gamma(f)=\gamma(\bar{\varphi})=\gamma(E\bar{\varphi})=\gamma(Ef)$． ∎

定理5.4，補助定理5.5，補助定理5.6からつぎの定理がえられる．

定理5.7（**ホップの定理**） 連続写像 $f, g: S^n\to S^n$ $(n\geqq 1)$ がホモトープ $f\simeq g$ であるためには，写像度 $\gamma(f)$，$\gamma(g)$ が等しいことが必要十分である．さらに，

$$\gamma_* : [S^n, S^n]\to \boldsymbol{Z}$$

は全単射である．

証明 $n=1$ の場合は定理5.4で証明されているから，f，$g: S^{n-1}\to S^{n-1}$ $(n\geqq 2)$ に対して定理が成立すると仮定して，次元に関する数学的帰納法によって証明する．いま，$\gamma(f)=\gamma(g)$ であるとすると，補助定理5.5によって連続写像 $\bar{f}, \bar{g}: S^{n-1}\to S^{n-1}$ で $f\simeq E\bar{f}$，$g\simeq E\bar{g}$ となるものが存在する．補助定理5.6によって $\gamma(\bar{f})=\gamma(f)$，$\gamma(\bar{g})=\gamma(g)$ だから，$\gamma(\bar{f})=\gamma(\bar{g})$ であって，帰納法の仮定から $\bar{f}\simeq\bar{g}$ が成り立つ．したがって $f\simeq E\bar{f}\simeq E\bar{g}\simeq g$ である．$f\simeq g$ ならば $\gamma(f)=\gamma(g)$ であることはすでに知っている．

つぎに，γ_* が全射であることは，帰納法の仮定により任意の整数 q に対して $\gamma(\bar{h})=q$ のような連続写像 $\bar{h}: S^{n-1}\to S^{n-1}$ が存在するが，補助定理 5.6 により $\gamma(E\bar{h})=\gamma(\bar{h})=q$ となることから明らかである．∎

連続写像 $S^q\to S^n$ $(q<n)$ のホモトピー類については定理 4.8 に述べてある．ホップの定理は第 7 章の基本群について写像のホモトピー類に対しえられた具体的な結果であった．

ホップの定理の $n=2$ の場合を使って**代数学の基本定理**を証明することができる．

定理 5.8（**代数学の基本定理**）　$a_1, a_2, \cdots, a_n$ を複素数とするとき，方程式 $f(z)=z^n+a_1z^{n-1}+a_2z^{n-2}+\cdots+a_{n-1}z+a_n=0$ $(n\geqq 1)$ は複素数の範囲で必ず根をもつ．

証明　f は複素平面から複素平面への連続写像であるから，$z=x+iy$ と書くと f は x 軸，y 軸で定まる 2 次元ユークリッド空間 $\boldsymbol{R}^2$ から $\boldsymbol{R}^2$ への連続写像と考えることができる．

$0\leqq t\leqq 1$ に対して

$$f_t(z) = z^n+(1-t)(a_1z^{n-1}+a_2z^{n-2}+\cdots+a_{n-1}z+a_n)$$

と定義すると，連続写像 $f_t: \boldsymbol{R}^2\to\boldsymbol{R}^2$ は t に関して連続的に変化し $f_0\simeq f_1$ であって，$f_0=f$，$f_1(z)=z^n$ である．任意の大きい正数 M に対して，$b=1+|a_1|+|a_2|+\cdots+|a_n|+M$ と b を定めれば，$|z|\geqq b$ のとき

$$\begin{aligned}|f_t(z)| &\geqq |z^n|-|a_1z^{n-1}+a_2z^{n-2}+\cdots+a_{n-1}z+a_n| \\ &\geqq |z^n|-(|a_1|+|a_2|+\cdots+|a_n|)|z^{n-1}| \\ &\geqq |z|-(|a_1|+|a_2|+\cdots+|a_n|) > M\end{aligned}$$

である．したがって例 1.18 のように $S^2=\boldsymbol{R}^2\cup\{\infty\}$ と考えて，

$$\bar{f}_t: S^2\to S^2 \qquad (0\leqq t\leqq 1)$$

を $\bar{f}_t|\boldsymbol{R}^2=f_t$, $\bar{f}_t(\infty)=\infty$ と定義すれば，$\bar{f}_t$ は連続写像で t に関して連続的に変化する．よって $\bar{f}_0\simeq\bar{f}_1$ である．$\{z;\ |z|=1\}$ は S^2 の中の S^1 であって，S^1 によって S^2 は $D^2_-=\{z;\ |z|\leqq 1\}$ と $D^2_+=\{z;\ |z|\geqq 1\}\cup\{\infty\}$ とに分割され，D^2_-, D^2_+ はともに D^2 と同位相である．$\bar{f}_1|S^1: S^1\to S^1$ は補助定理 5.3 を証明したときの h_n に等しいから，写像度は $\gamma(\bar{f}_1|S^1)=\gamma(h_n)=n$ である．また，$\bar{f}_1(D^2_-)\subset D^2_-$, $\bar{f}_1(D^2_+)\subset D^2_+$ だから補助定理 5.5 の証明中に示したように，$\bar{f}_1\simeq E(\bar{f}_1|S^1)$ であって，補助定理 5.6 から写像度は $\gamma(\bar{f}_1)=\gamma(\bar{f}_1|S^1)=n$ である．$\bar{f}_0\simeq\bar{f}_1$ から $\gamma(\bar{f}_0)=n\geqq 1$. したがって $\bar{f}_0(S^2)=S^2$ であって (問題IV, 1 参照), $f_0(z_0)=0$ のような z_0 が存在する．すなわち $f(z_0)=0$ で，z_0 は f の根である．∎

§23　球面の積空間と射影空間のホモロジー群

m 次元球面 S^m と n 次元球面 S^n の積空間 $S^m\times S^n$ のホモロジー群はつぎのとおりである．

定理 5.9　$m, n\geqq 1$ とする．$m\neq n$ ならば

$$H_q(S^m\times S^n)=\begin{cases} \boldsymbol{Z} & q=0, m, n, m+n, \\ 0 & q\neq 0, m, n, m+n. \end{cases}$$

また，

$$H_q(S^m\times S^m)=\begin{cases} \boldsymbol{Z} & q=0, 2m, \\ \boldsymbol{Z}+\boldsymbol{Z} & q=m, \\ 0 & q\neq 0, m, 2m. \end{cases}$$

証明　はじめに $H_q(S^m\times S^1)$ を計算しよう．$S^1=D^1_+\cup D^1_-$ だから $S^m\times S^1=(S^m\times D^1_+)\cup(S^m\times D^1_-)$ である．$S^m\times D^1_+$ および $S^m\times D^1_-$ はともに $S^m\times \boldsymbol{I}$ と同位相だから，定理 2.7 によっ

て単体分割可能である．$S^m\times D^1_+$ が複体 $\overline{K'_+}$ で，$S^m\times D^1_-$ が複体 $\overline{K'_-}$ で単体分割されているとして(例2.11)，$(\overline{K'_+}\cup\overline{K'_-};\overline{K'_+},\overline{K'_-})$ に関するマイヤー-ビートリス完全系列を考えれば，$|\overline{K'_+}\cap\overline{K'_-}|=S^m\times S^0=(S^m\times\{-1\})\cup(S^m\times\{1\})$ だから

$$\cdots\xrightarrow{\Delta_{q+1}}H_q(S^m\times\{-1\})\oplus H_q(S^m\times\{1\})\xrightarrow{\psi_q}H_q(S^m\times D^1_+)\oplus H_q(S^m\times D^1_-)\xrightarrow{\phi_q}H_q(S^m\times S^1)\xrightarrow{\Delta_q}\cdots$$

となる．ここで $S^m\times\{\pm 1\}\simeq S^m$，$S^m\times D^1_\pm\simeq S^m$ であるから $H_m(S^m\times\{-1\})\cong H_m(S^m\times\{1\})\cong H_m(S^m\times D^1_+)\cong H_m(S^m\times D^1_-)\cong\boldsymbol{Z}$ である．また，マイヤー-ビートリス完全系列の定義から明らかなように $\mathrm{Ker}\,\psi_m\cong\boldsymbol{Z}$ である．したがって

$$H_{m+1}(S^m\times S^1)\cong\boldsymbol{Z}$$

となる．さらに $m\geqq 2$ ならば $H_{m-1}(S^m)=0$，$H_1(S^m)=0$ から

$$H_m(S^m\times S^1)\cong(H_m(S^m\times D^1_+)\oplus H_m(S^m\times D^1_-))/\mathrm{Im}\,\psi_m\cong\boldsymbol{Z},$$

$$H_1(S^m\times S^1)\cong\mathrm{Ker}\,\psi_0\cong\boldsymbol{Z},\qquad H_0(S^m\times S^1)\cong\boldsymbol{Z}$$

であって，$q\neq 0,1,m,m+1$ に対しては $H_q(S^m\times S^1)=0$ であることがわかる．また，$m=1$ ならば，

$$H_1(S^1\times S^1)\cong\boldsymbol{Z}\oplus\boldsymbol{Z},\qquad H_0(S^1\times S^1)\cong\boldsymbol{Z}$$

であることがわかる．よって $S^m\times S^1$ に対して(すなわち $n=1$ の場合には)定理は成り立つ．同様に $S^1\times S^n$ に対しても定理は成り立つ．

したがって数学的帰納法によって定理を証明するために，$S^m\times S^{n-1}$ に対して定理が成り立つと仮定して $S^m\times S^n$ $(m\geqq 2,\ n\geqq 2)$ に対して定理が成り立つことを示すことにする．$S^n=D^n_+\cup D^n_-$ だから $S^m\times S^n=(S^m\times D^n_+)\cup(S^m\times D^n_-)$ である．$\{K,\boldsymbol{t}\}$ を $S^m\times S^n$ の単体分割とし，$S^m\times D^n_+$，$S^m\times D^n_-$ がそれぞれ K の部分複体 $\overline{K_+},\overline{K_-}$ によって単体分割されていると

する(例2.11). $(K;\overline{K}_+,\overline{K}_-)$ に関するマイヤー-ビートリス完全系列は，$|\overline{K}_+\cap\overline{K}_-|=S^m\times S^{n-1}$ であるから

$$\cdots\xrightarrow{\Delta_{q+1}} H_q(S^m\times S^{n-1})\xrightarrow{\phi_q} H_q(S^m\times D^n_+)\oplus H_q(S^m\times D^n_-)\xrightarrow{\psi_q} H_q(S^m\times S^n)\xrightarrow{\Delta_q} H_{q-1}(S^m\times S^{n-1})\xrightarrow{\phi_{q-1}}\cdots$$

となる．これから帰納法の仮定を使って $q\neq 0, m, n, m+n$ ならば $H_q(S^m\times S^n)=0$ であることがわかる．仮定から $H_{m+n-1}(S^m\times S^{n-1})\cong\boldsymbol{Z}$ であるから

$$H_{m+n}(S^m\times S^n)\cong\boldsymbol{Z}$$

である．さらに $m\neq n$ ならば

$$H_m(S^m\times S^n)\cong(H_m(S^m\times D^n_+)\oplus H_m(S^m\times D^n_-))/\mathrm{Im}\,\phi_m\cong\boldsymbol{Z},$$
$$H_n(S^m\times S^n)\cong\mathrm{Ker}\,\phi_{n-1}\cong\boldsymbol{Z}$$

である．また，$m=n$ ならばつぎの完全系列

$$0\longrightarrow(H_m(S^m\times D^m_+)\oplus H_m(S^m\times D^m_-))/\mathrm{Im}\,\phi_m\longrightarrow H_m(S^m\times S^m)\xrightarrow{\Delta_m} H_{m-1}(S^m\times S^{m-1})\longrightarrow 0$$

から，$H_m(S^m\times S^m)\cong\boldsymbol{Z}\oplus\boldsymbol{Z}$ をうる．∎

射影空間のホモロジー群を計算するためにつぎの補助定理が必要である．例によって $S^n=\{(x_1,x_2,\cdots,x_{n+1});\sum x_i^2=1\}$ とする．

補助定理 5.10　連続写像 $h:S^n\to S^n$ $(n\geqq 1)$ を $h(x_1,x_2,\cdots,x_{n+1})=(-x_1,-x_2,\cdots,-x_{n+1})$ と定義すると，h の写像度は $\gamma(h)=(-1)^{n+1}$ である．

証明　例2.12の複体 K によって S^n を単体分割する．D^n_+, D^n_- はそれぞれ K の部分複体 $\overline{K}_+,\overline{K}_-$ によって単体分割されている．以下 $|K|$ と S^n を同一視することにすると，$h:|K|\to|K|$ から単体写像 $h:K\to K$ が定まる．

$n=1$ の場合は，ι を $H_1(S^1)\cong\boldsymbol{Z}$ の生成元とすると明らか

に $h_*(\iota)=\iota$ であるから，$h_*: H_1(S^1)\to H_1(S^1)$ は恒等写像であって $\gamma(h)=1$ となる．したがって，$h: S^{n-1}\to S^{n-1}$ に対して $\gamma(h)=(-1)^n$ であると仮定して数学的帰納法によって定理を証明することにする．

$(K;\overline{K}_+,\overline{K}_-)$ に関するマイヤー-ビートリス完全系列

$$0=H_n(D_+^n)\oplus H_n(D_-^n)\longrightarrow H_n(S^n)\xrightarrow{\Delta}H_{n-1}(S^{n-1})\to$$
$$\to H_{n-1}(D_+^n)\oplus H_{n-1}(D_-^n)=0$$

を考える．$\overline{K}_+\cap\overline{K}_-$ は S^{n-1} の単体分割であって，$Z_{n-1}(\overline{K}_+\cap\overline{K}_-)=H_{n-1}(\overline{K}_+\cap\overline{K}_-)\cong\boldsymbol{Z}$ である．$Z_{n-1}(\overline{K}_+\cap\overline{K}_-)$ の一つの生成元を z とすると，仮定から $h_*([z])=(-1)^n[z]$ であるから $h_\sharp(z)=(-1)^n z$ である．$H_{n-1}(\overline{K}_+)=0$ だから，$C_n(\overline{K}_+)$ の元 c で $\partial_n(c)=z$ となるものが存在する．このとき $h_\sharp(c)$ は $C_n(\overline{K}_-)$ の元で

$$\partial_n((-1)^n h_\sharp(c))=h_\sharp((-1)^n\partial_n(c))=h_\sharp((-1)^n z)=z$$

となるから，マイヤー-ビートリス完全系列の定義から $c-(-1)^n(h_\sharp c)$ は $H_n(K)=Z_n(K)\cong\boldsymbol{Z}$ の一つの生成元である．

しかるに，$h_\sharp h_\sharp$ は恒等写像であるから

$$\begin{aligned}h_\sharp(c-(-1)^n h_\sharp(c))&=h_\sharp(c)-(-1)^n c\\&=(-1)^{n+1}(c-(-1)^n h_\sharp(c))\end{aligned}$$

となって，$\gamma(h)=(-1)^{n+1}$ をうる．∎

射影空間 P^n $(n=1,2,\cdots)$ のホモロジー群に関してつぎの定理が成り立つ．ただし，

$$\boldsymbol{p}: S^n\to P^n$$

は射影

$$\boldsymbol{p}((x_1,x_2,\cdots,x_{n+1}))=[x_1,x_2,\cdots,x_{n+1}]$$

である．

定理 5.11

$$H_q(P^n)=\begin{cases}\boldsymbol{Z} & q=0 \text{ および } n \text{ が奇数で } q=n,\\ \boldsymbol{Z}_2 & q \text{ が奇数で } 1\leqq q\leqq n-1,\\ 0 & q \text{ が偶数で } 2\leqq q\leqq n.\end{cases}$$

n が奇数のとき $\boldsymbol{p}_*: H_n(S^n)\to H_n(P^n)$ は単射準同型で，$H_n(P^n)\cong\boldsymbol{Z}$ の生成元を α とすると，$H_n(S^n)\cong\boldsymbol{Z}$ の生成元 ι に対して $\boldsymbol{p}_*(\iota)=\pm 2\alpha$ である．

証明　P^n を例 2.12 の複体 $\tilde{K}_n$ によって単体分割する．以下 P^n と $|\tilde{K}_n|$ とを同一視することにする．$n=1$ の場合は，P^1 と S^1 とは同位相だから $H_0(P^1)\cong H_0(S^1)\cong\boldsymbol{Z}$, $H_1(P^1)\cong H_1(S^1)\cong\boldsymbol{Z}$, $H_q(P^1)=0\ (q\neq 0,1)$ である．また，図 2.12 で $H_1(S^1)$ の生成元は $[\langle a_1,a_2\rangle+\langle a_2,a_3\rangle+\langle a_3,a_4\rangle+\langle a_4,a_5\rangle+\langle a_5,a_6\rangle+\langle a_6,a_1\rangle]$ であり，$H_1(P^1)$ の生成元は $[\boldsymbol{p}_\sharp(\langle a_1,a_2\rangle+\langle a_2,a_3\rangle+\langle a_3,a_4\rangle)]$ であるから，$n=1$ の場合には $\boldsymbol{p}_*$ は単射準同型で $\boldsymbol{p}_*(\iota)=\pm 2\alpha$ が成り立つ．

つぎに定理を次元に関する数学的帰納法によって証明するために，P^{n-1} に対して定理が成り立つと仮定する．$\tilde{K}_n$ の部分複体で $\boldsymbol{p}(|K_{n-1}|\times\boldsymbol{I})$ を単体分割しているものを L, $\{O*\sigma;\ \sigma\in K_{n-1}\}$ を L' とすると(例 2.12), $\tilde{K}_n=L\cup L'$ であり，$|L\cap L'|$ は S^{n-1} と同位相, $|L|\simeq P^{n-1}$, $|L'|$ は D^n と同位相であるから，$(\tilde{K}_n;L,L')$ に関するマイヤー-ビートリス完全系列は

$$\cdots\longrightarrow H_q(S^{n-1})\xrightarrow{\phi_q}H_q(P^{n-1})\oplus H_q(D^n)\xrightarrow{\phi_q}H_q(P^n)\xrightarrow{\Delta_q}H_{q-1}(S^{n-1})\longrightarrow\cdots$$

となる．これから $n\geqq 2$ として

$$H_q(P^n)\cong H_q(P^{n-1})\qquad 0\leqq q\leqq n-2$$

がえられる．また，n が奇数だとすると仮定から $H_{n-1}(P^{n-1})=0$ だから

$$H_n(P^n) \cong H_{n-1}(S^{n-1}) \cong \boldsymbol{Z}, \qquad H_{n-1}(P^n) = 0$$

となる．n が偶数のときは仮定から $H_{n-1}(P^{n-1})\cong\boldsymbol{Z}$ であり，準同型 $\psi_{n-1}: H_{n-1}(S^{n-1})\to H_{n-1}(P^{n-1})$ は容易にわかるように $\boldsymbol{p}_*: H_{n-1}(S^{n-1})\to H_{n-1}(P^{n-1})$ に等しいから仮定によって単射準同型で，$H_{n-1}(P^{n-1})/\psi_{n-1}(H_{n-1}(S^{n-1}))\cong\boldsymbol{Z}_2$ であるから

$$H_n(P^n) = 0, \qquad H_{n-1}(P^n) \cong \boldsymbol{Z}_2$$

となる．

最後に，n を奇数とし，$\boldsymbol{p}_*(\iota)=\pm 2\alpha$ を証明しよう．$|L\cap L'|=S^{n-1}$ であるから，$Z_{n-1}(L\cap L')\cong H_{n-1}(L\cap L')\cong\boldsymbol{Z}$ である．$Z_{n-1}(L\cap L')$ の一つの生成元を z とする．$H_{n-1}(L)=H_{n-1}(P^{n-1})=0$ だったから，$C_n(L)$ の元 c で $\partial_n(c)=z$ となるものが存在する．また，$O*z\in C_n(L')$ であって $\partial_n(O*z)=z$ であるから，マイヤー-ビートリス完全系列の定義から $\tilde{c}=c-O*z\in C_n(\widetilde{K}_n)$ とすると $[\tilde{c}]$ は $H_n(\widetilde{K}_n)=H_n(P^n)\cong\boldsymbol{Z}$ の生成元である．$\alpha=[\tilde{c}]$ とする．

例 2.12 で構成した K_n によって S^n を単体分割する．K_n の部分複体で D^n_+ を単体分割しているものを K^+_n とすると，K^+_n の n 単体と $\widetilde{K}_n$ の n 単体はちょうど 1 対 1 に対応する．したがって $\tilde{c}\in C_n(K^+_n)$ と考えることができる．補助定理 5.10 の h に対して $\hat{c}=\tilde{c}+h_\sharp(\tilde{c})\in C_n(K_n)$ と定める．$\tilde{c}$ を $C_n(K^+_n)$ の元として $\partial_n(\tilde{c})$ を考えると，$\partial_n(\tilde{c})$ の中に $K^+_n-K_{n-1}$ (例 2.12 参照)に属する $n-1$ 単体が出てくることはないから，$\partial_n(\tilde{c})\in Z_{n-1}(K_{n-1})$ である．したがって $h_\sharp(\partial_n(\tilde{c}))=\partial_n(h_\sharp(\tilde{c}))\in Z_{n-1}(K_{n-1})$ であり，補助定理 5.10 によって $\partial_n(h_\sharp(\tilde{c}))=$

$(-1)^n\partial_n(\tilde{c})$ である．よって $\partial_n(\hat{c})=0$ で，$\hat{c}\in Z_n(K_n)=H_n(K_n)$ となる．明らかに $\boldsymbol{p}_\sharp(\hat{c})=\boldsymbol{p}_\sharp(\tilde{c}+h_\sharp(\tilde{c}))=2\tilde{c}$ だから

$$\boldsymbol{p}_*([\hat{c}])=2\alpha$$

である．

一方，L' を K_n の部分複体と見做し，K_n の部分複体で $S^n-|L'|^\circ$ を単体分割しているものを L'' とすると，$L'\cup L''==K_n$，$|L'\cap L''|$ は S^{n-1} と同位相，$|L'|,|L''|$ はともに可縮であるから，$(K_n;\ L',L'')$ に関するマイヤー-ビートリス完全系列から

$$\varDelta_n : H_n(S^n)\to H_{n-1}(|L'\cap L''|)=H_{n-1}(|L\cap L'|)$$

は同型である．定義から $\varDelta_n([\hat{c}])=[z]$ だから $[\hat{c}]$ は $H_n(K_n)$ の生成元である．よって，$\boldsymbol{p}_*(\iota)=\pm 2\alpha$． ∎

問　題 V

1. $f: S^n\to S^n$ $(n\geqq 1)$ を連続写像とする．D^{n+1} において $x,y\in S^n$ が $f(x)=f(y)$ であるとき x と y とを同一視してえられる図形を X とするとき，X のホモトピー型と f との関係を求めよ．
2. 連続写像
$$f_k: S^n\times\{0\}\to S^n\times\{1\}$$
を $f_k((x_1,x_2,\cdots,x_{n+1}),0)=((-x_1,-x_2,\cdots,-x_k,x_{k+1},\cdots,x_{n+1}),1)$ と定義し，$S^n\times \boldsymbol{I}$ $(n\geqq 1)$ において $(x,0)\in S^n\times\{0\}$ と $f_k(x,0)$ とを同一視してえられる図形を X_k とするとき $(k=0,1,2,\cdots,n+1)$，X_k のホモロジー群 $H_*(X_k)$ を計算せよ．
3. 連続写像 $g: S^m\times S^n\to S^m\times S^n$ $(m,n\geqq 1)$ を
$$g((x_1,x_2,\cdots,x_{m+1}),(y_1,y_2,\cdots,y_{n+1}))$$
$$=((-x_1,-x_2,\cdots,-x_{m+1}),(-y_1,-y_2,\cdots,-y_{n+1}))$$
によって定義するとき，$H_{m+n}(S^m\times S^n)\ni\alpha$ に対して α と $g_*(\alpha)$ との関係を求めよ．

4. 連続写像 $f: P^n \to P^n$ が $f(P^n) \neq P^n$ でなければ $f_*(H_n(P^n))=0$ であることを示せ．

5. 連続写像 $P^n \to S^n$ のホモトピー類を決定せよ．（はじめ $n=2$ の場合について考えよ．）

6. $H_*(S^m \times S^n; \boldsymbol{Z}_2)$, $H_*(P^n; \boldsymbol{Z}_2)$ を求めよ．

第6章　多　様　体

多様体は幾何学の基本的対象であって，文字通り多様な内容をもっているが，この章で問題とするのはホモロジーから見た多様体の構造である．そのため局所的にホモロジーに関する或る条件を満たす複体としてホモロジー多様体が定義される．複体であって，局所的に球体の単体分割と同じ組合せ的構造をもつものが組合せ多様体で，組合せ多様体はホモロジー多様体である．本書では触れなかったが微分可能多様体や複素多様体は組合せ多様体したがってホモロジー多様体であって，それらについてもホモロジーだけを問題とするならば微分可能構造や複素構造は不必要で，ホモロジー多様体と見做せば十分なのである．ホモロジー論にとって，ホモロジー多様体は対象として極めて興味あるもので，ホモロジー多様体についてえられる諸結果はホモロジーの主要な内容の一つとなっている．

§24　局所ホモロジー群

K を n 次元複体 ($n \geqq 1$) とする．多面体 $|K|$ の1点 p に対して，K の単体で p を含むもの全体とそのすべての辺単体からなる K の部分複体を $S_K(p)$ と書く．すなわち

$$S_K(p) = \{\sigma;\ \sigma \prec \sigma', p \in \sigma' \text{ のような } \sigma' \in K \text{ がある}\}$$

である．$S_K(p)$ を K における p の**星状複体**という (図 6.1)．とくに p が K の頂点であるときは，$S_K(p)$ は例2.5の星状

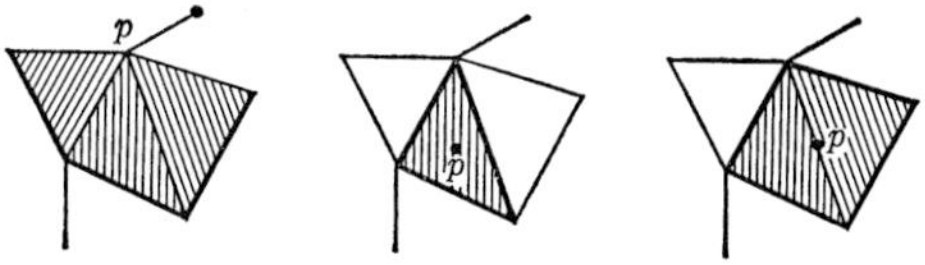

図 6.1

複体となっている．また，p が K の n 単体 σ^n の内点ならば $S_K(p)=K(\sigma^n)$ である．

例 6.1 多面体 $|S_K(p)|$ の 1 点を x とすると線分 $\overline{px}$ は $|S_K(p)|$ に属する．したがって例 4.3 と同様にして $|S_K(p)|$ は可縮である．▌

K における p の星状複体 $S_K(p)$ に属する単体 σ で，$p\notin\sigma$ のもの全体を $L_K(p)$ と書くと，$L_K(p)$ は K の部分複体である．$L_K(p)$ を K における p の**まつわり複体**といい，$|L_K(p)|$ を p の**まつわり多面体**という．たとえば，p が K の n 単体の内点ならば $L_K(p)=K(\partial\sigma^n)$ である．また，図 6.1 の太線の部分が $L_K(p)$ である．

星状複体とまつわり複体の次元について一般に

$$\dim L_K(p) = \dim S_K(p)-1$$

が成り立つ．$|S_K(p)|-|L_K(p)|$ は $|K|$ の開集合で，とくに p が K の頂点であるとき，これは K における p の開星状体 $O_K(p)$ である (§17).

$S_K(p)$ および $L_K(p)$ は複体 K における p の近くの状態を示すものである．$H_q(L_K(p))$ $(q=0,1,\cdots)$ を K の点 p における**局所ホモロジー群**という．たとえば，p が K の n 単体の内点のとき $(n\geqq 2)$, p における局所ホモロジー群は

$$H_q(L_K(p)) = H_q(K(\partial\sigma^n)) = \begin{cases} \boldsymbol{Z} & q=0, n-1, \\ 0 & q\neq 0, n-1 \end{cases}$$

である.

局所ホモロジー群について次の定理が成り立つ.

定理 6.1 K, K' を複体, $f: |K| \to |K'|$ を同位相写像とするとき, K の点 p における局所ホモロジー群 $H_q(L_K(p))$ と K' の点 $f(p)$ における局所ホモロジー群 $H_q(L_{K'}(f(p)))$ とは同型である ($q=0, 1, \cdots$).

証明 $0<\alpha<1$ として, $|S_K(p)|$ の部分集合 A_α, B_α を

$$A_\alpha = \{y;\ ある\ x \in |S_K(p)|\ に対して,\ y \in \overline{px},\ \rho(p, y) = \alpha\rho(p, x)\},$$

$$B_\alpha = \{y;\ ある\ x \in |L_K(p)|\ に対して,\ y \in \overline{px},\ \rho(p, y) = \alpha\rho(p, x)\}$$

と定義する(図 6.2). A_α, B_α はそれぞれ $|S_K(p)|$, $|L_K(p)|$ を p を中心として α 倍に縮小したものである. 同様に, $|S_{K'}(f(p))|$ および $|L_{K'}(f(p))|$ を $f(p)$ を中心として α' 倍 $(0<\alpha'<1)$ に縮小したものを $A'_{\alpha'}, B'_{\alpha'}$ とする.

$f^{-1}: |K'| \to |K|$ が連続で, $|S_K(p)| - |L_K(p)|$ が p を含む開集合だから, α' を十分小にとれば,

$$f^{-1}(A'_{\alpha'}) \subset |S_K(p)|$$

となる(図 6.2). また, α を十分小にとれば

$$f(A_\alpha) \subset A'_{\alpha'}$$

となる(図 6.2). $|L_K(p)|$ の任意の点 x に対して, 線分 $\overline{px}$ が B_α と交わる点を $\bar{x}$ とし, 半直線 $\overrightarrow{f(p)f(\bar{x})}$ が $|L_{K'}(f(p))|$ と交わる点を $\varphi(x)$ とすると, 写像

$$\varphi: |L_K(p)| \to |L_{K'}(f(p))|$$

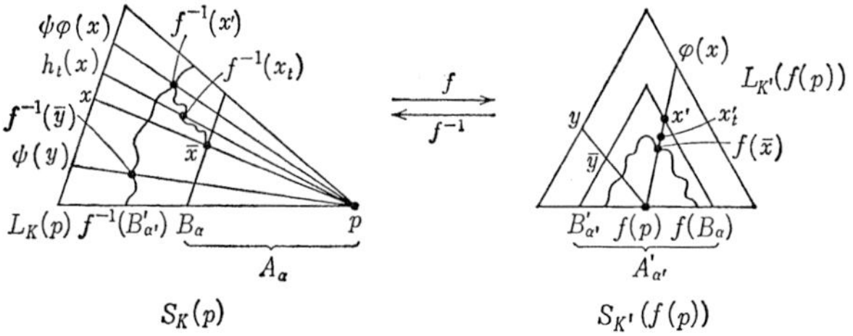

図 6.2

は明らかに連続である(図 6.2). $|L_{K'}(f(p))|$ の任意の点 y に対して, 線分 $\overline{f(p)y}$ が $B'_{\alpha'}$ と交わる点を $\bar{y}$ とし, 半直線 $\overrightarrow{pf^{-1}(\bar{y})}$ が $|L_K(p)|$ と交わる点を $\psi(y)$ とすると, 写像

$$\psi : |L_{K'}(f(p))| \to |L_K(p)|$$

も明らかに連続である.

つぎに,

$$\psi\varphi : |L_K(p)| \to |L_K(p)|$$

が恒等写像 $1_{|L_K(p)|} : |L_K(p)| \to |L_K(p)|$ とホモトープ

$$\psi\varphi \simeq 1_{|L_K(p)|}$$

であることを示そう. 半直線 $\overrightarrow{f(p)f(\bar{x})}$ が $B'_{\alpha'}$ と交わる点を x' とし, $x'_t = tf(\bar{x})+(1-t)x'$ $(0 \leqq t \leqq 1)$ とおく. 半直線 $\overrightarrow{pf^{-1}(x'_t)}$ が $|L_K(p)|$ と交わる点を $h_t(x)$ とすると, 写像

$$h_t : |L_K(p)| \to |L_K(p)|$$

は連続で, h_t は t に関して連続的に変化し, $h_0 = \psi\varphi$, $h_1 = 1_{|L_K(p)|}$ である. よって $\psi\varphi \simeq 1_{|L_K(p)|}$ である.

全く同様な方法で, $\varphi\psi \simeq 1_{|L_{K'}(f(p))|}$ がいえる. したがって $L_K(p)$ と $L_{K'}(f(p))$ とはホモトピー同型. よって定理 4.12 から, $H_q(L_K(p)) \cong H_q(L_{K'}(f(p)))$ が成り立つ. ∎

X を単体分割可能な $\boldsymbol{R}^N$ の図形(あるいはもっと一般に位相空間)とし，$\{K, \boldsymbol{t}\}$ を X の単体分割とする．p を X の1点とするとき，$|K|$ の点 $\boldsymbol{t}^{-1}(p)$ に関する局所ホモロジー群 $H_q(L_K(\boldsymbol{t}^{-1}(p)))$ を X の点 p に関する**局所ホモロジー群**といい，$H_q(L_X(p))$ と書く $(q=0, 1, \cdots)$．定理6.1から容易にわかるように，X の点 p に関する局所ホモロジー群は単体分割 $\{K, \boldsymbol{t}\}$ のとり方によらないできまる．

定理6.1の系として，複体の次元の不変性を証明しよう．

定理6.2(**複体の次元の不変性**) 複体 K, K' があって，多面体 $|K|, |K'|$ が同位相であれば，つねに

$$\dim K = \dim K'$$

である．

証明 $\dim K'=0$ のときは明らかだから，$\dim K' \geqq 1$として定理を証明する．$\dim K > \dim K'$ であると仮定してみよう．$\dim K = n$ とし，K の一つの n 単体の重心を p とすると，$H_{n-1}(L_K(p)) \cong H_{n-1}(K(\partial\sigma^n)) \cong \boldsymbol{Z}$ である．一方，$f: |K| \to |K'|$ を同位相写像とすると，$\dim S_{K'}(f(p)) \leqq n-1$ だから，$\dim L_{K'}(f(p)) \leqq n-2$ であって，$H_{n-1}(L_{K'}(f(p)))=0$．これは定理6.1に反する．したがって $\dim K \leqq \dim K'$ である．同様にして $\dim K \geqq \dim K'$ がいえるから $\dim K = \dim K'$ である．∎

このように複体の次元は位相不変量であるが，P を1点とすると $\dim K(\sigma^n)=n$，$\dim P=0$ で $|K(\sigma^n)| \simeq P$ だから(例4.3)，次元はホモトピー型不変量ではない．次元はホモロジー群と全く異質の不変量である．

§ 25　ホモロジー多様体と多様体

N 次元ユークリッド空間 $\boldsymbol{R}^N$ の図形（あるいは一般に位相空間）M が単体分割可能で，ある自然数 n に対して，M の任意の点 x における局所ホモロジー群 $H_q(L_M(x))$ がつねに

$$H_q(L_M(x)) \cong H_q(S^{n-1}) \qquad (q=0, 1, \cdots)$$

であるとき，M を**ホモロジー多様体**という．n を M の**次元**といい，$\dim M$ と書くことにする．単体分割可能な図形がホモロジー多様体であるかどうかはその局所的な状態できまるのである．

定義から明らかなように，M がホモロジー多様体で，M' と M が同位相なら M' はホモロジー多様体である．

M を距離空間（あるいは位相空間）とし，M の任意の点 x に対して M の開集合で x を含み $(D^n)^\circ=\{(x_1, x_2, \cdots x_n);\ \sum x_i^2<1\}$ と同位相（例 1.15 参照）なものがつねに存在するとき，M は**局所ユークリッド的**であるという．n を M の**次元**といい，$\dim M=n$ と書く．

たとえば，S^n の任意の点 x に対して，x の ε 近傍 $\{y;\ y\in S^n,\ \rho(y, x)<\varepsilon\}$ は $(D^n)^\circ$ と同位相であるから，S^n は局所ユークリッド的で n 次元である．n 次元射影空間 P^n も定義から局所的には S^n と同じと考えられるから，P^n は局所ユークリッド的である．

定理 6.3　単体分割可能な $\boldsymbol{R}^N$ の図形 M が局所ユークリッド的で n 次元であるとすると，M は n 次元ホモロジー多様体である．

証明　$\{K, \boldsymbol{t}\}$ を M の単体分割とし，M と $|K|$ とを（$\boldsymbol{t}$ によって）同一視することにする．p を $|K|$ の 1 点とすると，

M したがって $|K|$ が局所ユークリッド的だから，p を含む開集合 U で，U は $(D^n)^\circ$ と同位相なものが存在する．f: $U \to (D^n)^\circ$ を同位相写像とする．

K における p の星状複体を $S_K(p)$，まつわり複体を $L_K(p)$ とし，$0<\alpha<1$ に対して，$|S_K(p)|, |L_K(p)|$ を p を中心として α 倍に縮小したものを A_α, B_α とする．α を十分小にとれば，$A_\alpha \subset U$ となる．また，$0<\alpha'<1$ に対して，D^n の部分集合 $D_{\alpha'}$ を $D_{\alpha'}=\{(x_1, x_2, \cdots, x_n);\ \sum x_i^2 \leqq \alpha'\}$ と定義するとき，α' を十分小にとれば $f^{-1}(D_{\alpha'}) \subset A_\alpha$ となる．$D_{\alpha'}$ は明らかに D^n と同位相で，$D_{\alpha'}$ の境界 $\{(x_1, x_2, \cdots, x_n);\ \sum x_i^2=\alpha'\}$ を $S_{\alpha'}$ とすると，$S_{\alpha'}$ は S^{n-1} と同位相である．

$f^{-1}(D_{\alpha'}) \subset A_\alpha$ に定理 6.1 の証明と同じ方法を適用すれば，B_α と $S_{\alpha'}$ とがホモトピー同型であることが証明できるから，$|L_K(p)|$ は S^{n-1} とホモトピー同型であって

$$H_q(L_K(p)) \cong H_q(S^{n-1}) \qquad (q=0, 1, \cdots)$$

が成り立つ．すなわち $|K|$ したがって M は n 次元ホモロジー多様体である． ▌

例 6.2 S^n, P^n, $S^m \times S^n$ 等は定理 6.3 から直ちにわかるようにホモロジー多様体であって，次元はそれぞれ $n, n, m+n$ である． ▌

あとで述べるように n 次元ホモロジー多様体は $n=1, 2$ のときは局所ユークリッド的であり，$n=3$ のときもそうであるが(問題VI, 8)，$n=4$ に対しては必ずしも局所ユークリッド的ではない(問題VII, 7)．したがって定理 6.3 の逆は一般には成立しない．

ここで局所ユークリッド的であることよりも，もっと強い

条件を考えるために，複体の細分の定義を述べる．

複体 K, $\tilde{K}$ に対して，同位相写像 $h: |\tilde{K}| \to |K|$ で $\tilde{\sigma}$ を $\tilde{K}$ の任意の単体とするとき，K のある単体 σ に関して $h(\tilde{\sigma}) \subset \sigma$ であって，$h|\tilde{\sigma}: \tilde{\sigma} \to \sigma$ は線形，すなわち

$$h(tx+(1-t)y) = th(x)+(1-t)h(y) \qquad (x, y \in \tilde{\sigma},\ 0 \leqq t \leqq 1)$$

であるとき，$\tilde{K}$ を K の**細分**という．たとえば，$|Sd(K)| \to |K|$ を恒等写像とすれば，$Sd(K)$ は K の細分である．

複体 K, K' に対して，K の細分でもあり，K' の細分でもあるような複体 $\tilde{K}$ が存在するとき，すなわち K, K' は**共通細分**をもつとき，K と K' とは**組合せ的に同値**であるという．

M のある単体分割 $\{K, \boldsymbol{t}\}$ があって，$|K|$ の任意の点 p に対して $L_K(p)$ と $K(\partial\sigma^n)$ とがつねに組合せ的に同値であるとき，M と K との対 (M, K) を**組合せ多様体**という．組合せ的構造を考える立場で，**多様体**という場合には，ふつう組合せ多様体を意味する．$|L_K(p)|$ と $|K(\partial\sigma^n)| = S^{n-1}$ とが同位相だから，

$$H_q(L_K(p)) \cong H_q(S^{n-1}) \qquad (q=0, 1, \cdots)$$

であって組合せ多様体はホモロジー多様体である．また，容易にわかるように組合せ多様体は局所ユークリッド的である．しかし組合せ多様体に対しても，そのホモロジーだけを問題とするのならば，より弱い条件のホモロジー多様体と考えるので十分なのである．

複体 K に対して，K の部分複体 K_1, K_2 が，(i) $K_1 \cap K_2 = \phi$ であって，(ii) K の頂点は K_1 か K_2 かのいずれかに属し，(iii) $|a_{i_0}a_{i_1}\cdots a_{i_r}|$ を K_1 の任意の単体，$|a'_{j_0}a'_{j_1}\cdots a'_{j_s}|$ を K_2 の任意の単体とするとき，つねに $|a_{i_0}a_{i_1}\cdots a_{i_r}a'_{j_0}a'_{j_1}\cdots a_{j_s}|$ は

K の単体であるとき，K を K_1 と K_2 の結といい，$K_1 * K_2$ と書く．とくに，$K * \phi = K$ と約束する．たとえば，$\{a_0\} * K(|a_1 a_2 \cdots a_n|) = K(|a_0 a_1 \cdots a_n|)$ である．また K が $\bar{a}$ を中心とする錐複体であるとき，K の単体で $\bar{a}$ を含まないもの全体のつくる部分複体を K' とすれば，$K = \{\bar{a}\} * K'$ である．

$K = K_1 * K_2$ であるとき，$|K_1|$ の点 y と $|K_2|$ の点 z とを結ぶ直線 $\overline{yz}$ は $|K|$ に含まれ，K の任意の単体は K_1 の単体 $|a_{i_0} a_{i_1} \cdots a_{i_r}|$ と K_2 の単体 $|a'_{j_0} a'_{j_1} \cdots a'_{j_s}|$ によって $|a_{i_0} a_{i_1} \cdots a_{i_r} a'_{j_0} a'_{j_1} \cdots a'_{j_s}|$ と書き表わされるから，$|K|$ 上の点は或る直線 $\overline{yz}$ 上にある．

例 6.3 $|K(\partial\sigma^1) * K(\partial\sigma^n)|$ は $\partial\sigma^{n+1}$ と同位相である．なぜなら，$\partial\sigma^1 = \{a'_0\} \cup \{a'_1\}$，$\sigma^{n+1} = |a_0 a_1 \cdots a_{n+1}|$ とするとき，$|\{a'_0\} * K(\partial\sigma^n)|$ は $|\{a_0\} * K(\partial(|a_1 a_2 \cdots a_{n+1}|)|$ と同位相であり，$|\{a'_1\} * K(\partial\sigma^n)|$ は $|a_1 a_2 \cdots a_{n+1}|$ と同位相だからである．

また容易にたしかめられるように

$$|(K_1 * K_2) * K_3| = |K_1 * (K_2 * K_3)|$$

が成り立つ． ▎

補助定理 6.4 (i) $K' = \{a'_1, a'_2, \cdots, a'_r\}$ を r 個の点 $a'_1, a'_2, \cdots, a'_r$ からなる 0 次元複体とするとき，$n \geqq 1$ に対して $H_n(K' * K(\partial\sigma^n))$ は $r-1$ 個の $\boldsymbol{Z}$ の直和である．

(ii) 複体 K が $H_q(K(\partial\sigma^1) * K) \cong H_q(S^n)$ $(q=0, 1, \cdots)$ であるとすると，$H_q(K) \cong H_q(S^{n-1})$ $(q=0, 1, \cdots)$.

証明 $K' * K(\partial\sigma^n) = \bigcup_{i=1}^{r} \{a'_i\} * K(\partial\sigma^n)$ である．$r=1$ のときは $\{a'_1\} * K(\partial\sigma^n)$ は錐複体だから $H_n(\{a'_1\} * K(\partial\sigma^n)) = 0$ である (定理 3.14)．K' が $r-1$ 個の点からなるとき，$H_n(K' * K(\partial\sigma^n))$ は $r-2$ 個の $\boldsymbol{Z}$ の直和であると仮定すれば，

$\left(\bigcup_{i=1}^{r}(\{a'_i\}*K(\partial\sigma^n));\ \bigcup_{i=1}^{r-1}(\{a'_i\}*K(\partial\sigma^n)),\ \{a'_r\}*K(\partial\sigma^n)\right)$ に関するマイヤー-ビートリス完全系列

$$\cdots\longrightarrow H_n(K(\partial\sigma^n))-$$
$$\xrightarrow{\phi_n} H_n\left(\bigcup_{i=1}^{r-1}(\{a'_i\}*K(\partial\sigma^n))\right)\oplus H_n(\{a'_r\}*K(\partial\sigma^n))-$$
$$\xrightarrow{\phi_n} H_n\left(\bigcup_{i=1}^{r}(\{a'_i\}*K(\partial\sigma_n))\right)\xrightarrow{\Delta_n} H_{n-1}(K(\partial\sigma^n))\xrightarrow{\phi_{n-1}}\cdots$$

において，

$$H_n(K(\partial\sigma^n))=0,\qquad H_n(\{a'_r\}*K(\partial\sigma^n))=0,$$
$$H_{n-1}(K(\partial\sigma^n))\cong\begin{cases}\boldsymbol{Z} & (n\geqq 2),\\ \boldsymbol{Z}\oplus\boldsymbol{Z} & (n=1),\end{cases}$$

さらに容易にわかるように $\phi_{n-1}(H_{n-1}(K(\partial\sigma^n)))=0\ (n\geqq 2)$, $\cong\boldsymbol{Z}\,(n=1)$だから，$H_n\left(\bigcup_{i=1}^{r}(\{a'_i\}*K(\partial\sigma^n))\right)$ は $r-1$ 個の $\boldsymbol{Z}$ の直和である．したがって，数学的帰納法により（i）が証明された．

$\sigma^1=|a_0a_1|$ とするとき，$K(\partial\sigma^1)*K=(\{a_0\}*K)\cup(\{a_1\}*K)$ だから，$(K(\partial\sigma^1)*K;\ \{a_0\}*K,\ \{a_1\}*K)$ に関するマイヤー-ビートリス完全系列によって（ii）は簡単に証明できる．∎

つぎの定理はホモロジー多様体の基本的な性質を示すものである．

定理 6.5 M を n 次元ホモロジー多様体，$\{K,\boldsymbol{t}\}$ を M の単体分割とするときつぎのことが成り立つ．

（i）$\dim K=n$ であって，K の任意の単体は K の或る n 単体の辺単体である．

（ii）K の任意の $(n-1)$ 単体 σ^{n-1} に対して，σ^{n-1} を辺単体にもつ K の n 単体はちょうど二つである．

証明 K の単体のうち次元がもっとも高いもの(の一つ)

を τ とすると，τ の重心 $[\tau]$ に対して，$L_K([\tau])=K(\partial\tau)$ であって，$H_q(L_K(p))\cong H_q(S^{n-1})$ から，$\dim\tau=n$ でなければならない．よって $\dim K=n$ である．σ' を K の任意の単体とする．もしも σ' が K の n 単体の辺単体になっていないとすると，σ' の重心 $[\sigma']$ に対して $\dim S_K([\sigma'])\leqq n-1$ だから，$\dim L_K([\sigma'])\leqq n-2$ となって $H_{n-1}(L_K([\sigma']))=0$ となってしまう．したがって σ' は K のある n 単体の辺単体である．よって（i）が証明された．

つぎに，$\sigma^{n-1}=|a_0a_1\cdots a_{n-1}|$ を K の $(n-1)$ 単体とし，σ^{n-1} を辺単体にもつ K の n 単体が r 個あるとしてそれを $|a'_ia_0a_1\cdots a_{n-1}|$ $(i=1,2,\cdots,r)$ とする．σ^{n-1} の重心 $[\sigma^{n-1}]$ に関して，$L_K([\sigma^{n-1}])$ は $n\geqq 2$ のときは $\bigcup_{i=1}^{r}(a'_i*K(\partial\sigma^{n-1}))$，$n=1$ のときは r 個の点であるから，補助定理6.4によって $H_{n-1}(L_K([\sigma^{n-1}]))$ は $n\geqq 2$ のときは $(r-1)$ 個の $\boldsymbol{Z}$ の直和であり，$n=1$ のときは r 個の $\boldsymbol{Z}$ の直和である．M は n 次元ホモロジー多様体だから，$H_q(L_K([\sigma^{n-1}]))\cong H_q(S^{n-1})$．したがって $r=2$ でなければならない．よって（ii）が証明された．∎

N 次元ユークリッド空間 $\boldsymbol{R}^N$ の q 単体 $\sigma=|a_0a_1\cdots a_q|$ に一つの向きをきめて，向きのついた q 単体 $\langle\sigma\rangle=\langle a_0,a_1,\cdots,a_q\rangle$ とするとき，向きのついた $(q-1)$ 辺単体 $(-1)^i\langle a_0,a_1,\cdots,\hat{a}_i,\cdots,a_q\rangle$ の向きを $\langle\sigma\rangle=\langle a_0,a_1,\cdots,a_q\rangle$ から**導かれる辺単体** $|a_0a_1\cdots\hat{a}_i\cdots a_q|$ **の向き**という．この定義が σ の向きを表わす頂点の順列のとり方によらないことは明らかである．

二つの q 単体 σ_1^q,σ_2^q の共通部分 $\sigma_1^q\cap\sigma_2^q$ が共通の $(q-1)$ 辺単体 σ^{q-1} $(\sigma^{q-1}\prec\sigma_1^q,\ \sigma^{q-1}\prec\sigma_2^q)$ であるとする．σ_1^q および σ_2^q にそれぞれ向き $\langle\sigma_1^q\rangle,\langle\sigma_2^q\rangle$ をきめて，$\langle\sigma_1^q\rangle$ から導かれる σ^{q-1} の

向きと，$\langle\sigma_2^q\rangle$ から導かれる σ^{q-1} の向きとが逆になっているとき，向き $\langle\sigma_1^q\rangle$ と向き $\langle\sigma_2^q\rangle$ とは**同調**しているという(図 6.3).

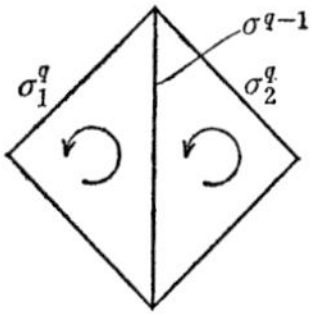

図 6.3

M を n 次元ホモロジー多様体, $\{K,\boldsymbol{t}\}$ をその単体分割とすると，定理 6.5 によって K の $(n-1)$ 単体はちょうど二つの n 単体の辺単体になっている．いま K の n 単体を $\sigma_1^n, \sigma_2^n, \cdots, \sigma_r^n$ であるとし，それらに向き $\langle\sigma_i^n\rangle$ $(i=1,2,\cdots,r)$ をきめて，共通の $(n-1)$ 辺単体をもつ任意の σ_j, σ_k に対して，$\langle\sigma_j\rangle$ と $\langle\sigma_k\rangle$ とが同調しているようにできるとき，ホモロジー多様体 M は**向きづけ可能である**という．M が向きづけ可能であるかどうかは，あとで定理 6.8 に示すように M の n 次元ホモロジー群 $H_n(M)=H_n(K)$ できまるから，この定義は M の単体分割 $\{K,\boldsymbol{t}\}$ のとり方に関係しない.

定理 6.6　M を n 次元ホモロジー多様体とすると，M の弧状連結成分はまた n 次元ホモロジー多様体である.

証明　$\{K,\boldsymbol{t}\}$ を M の単体分割とし，$K_1, K_2, \cdots, K_s$ を K の連結成分 (§ 13) とすると，例 4.4 によって $|K_i|$ $(i=1,2,\cdots,s)$ は $|K|$ の弧状連結成分である．$p\in|K_i|$ とすると，$S_K(p)$ は K_i の部分複体だから，$S_{K_i}(p)=S_K(p)$ であり，したがって

$$H_q(L_{K_i}(p))=H_q(L_K(p))\cong H_q(S^{n-1}) \qquad (q=0,1,\cdots)$$

である．よって，M の弧状連結成分 $\boldsymbol{t}(|K_i|)$ $(i=1,2,\cdots,s)$ は

ホモロジー多様体である．∎

この定理から，ホモロジー多様体は有限個の弧状連結成分からなり，その各々がまたホモロジー多様体である．したがって，ホモロジー多様体のホモロジー群をしらべるには，各弧状連結成分である弧状連結なホモロジー多様体についてそのホモロジー群をしらべればよいことになる(定理3.12)．

補助定理 6.7　M を弧状連結な n 次元ホモロジー多様体，$\{K, \boldsymbol{t}\}$ を M の単体分割とするとき，K の任意の二つの n 単体 σ, σ' に対して，n 単体の列 $\sigma_1, \sigma_2, \cdots, \sigma_r$ を，$\sigma_1=\sigma$, $\sigma_r=\sigma'$ であって σ_i と σ_{i+1} $(i=1,2,\cdots,r-1)$ とは共通の $(n-1)$ 単体を辺単体にもつようにとることができる．

証明　K の一つの n 単体を $\tilde{\sigma}$ とする．K の n 単体 σ で $\tilde{\sigma}$ と σ に対して上述のような n 単体の列が存在するようなもの全体およびそのすべての辺単体の集合を K' とすれば，K' は K の部分複体である．補助定理6.7を証明するには $K'=K$ をいえばよい．K' に属さない K の n 単体全体とそのすべての辺単体とからなる部分複体を K'' とする．定理6.5(i)から $K' \cup K''=K$ となっている．いま，$K'' \neq \phi$ であると仮定してみよう．部分複体 $K' \cap K''$ の次元を m とすると，K', K'' の定義から $m \leqq n-2$ である．一方，M が弧状連結だから K は連結で，したがって $K' \cap K'' \neq \phi$ である．$n=1$ の場合にはこの二つは矛盾するから，$n=1$ に対しては補助定理6.7は証明された．よって以下 $n \geqq 2$ とする．

σ^m を $K' \cap K''$ に属する m 単体とし，$[\sigma^m]$ を σ^m の重心とすれば，M が n 次元ホモロジー多様体であるから，$H_q(L_K([\sigma^m])) \cong H_q(S^{n-1})$ である．$L_K([\sigma^m]) \cap K'=\overline{K}'$, $L_K([\sigma^m])$

$\cap K''=\overline{K}''$ とすると，$\overline{K}'\cup\overline{K}''=L_K([\sigma^m])$ であり，σ^m が $K'\cap K''$ の最高次元の単体であることから $\overline{K}'\cap\overline{K}''=K(\partial\sigma^m)$ である．もしも $m=0$ であるとすると，$\overline{K}'\cap\overline{K}''=\phi$ であって，$\overline{K}'\cup\overline{K}''$ は二つの連結成分からなるから $H_0(L_K([\sigma^m]))\cong \boldsymbol{Z}\oplus\boldsymbol{Z}$ となって，$H_0(L_K([\sigma^m]))\cong H_0(S^{n-1})\cong\boldsymbol{Z}$ に反する．したがって以下 $m\geqq 1$ とする．

$(L_K([\sigma^m]);\ \overline{K}',\overline{K}'')$ に関するマイヤー-ビートリス完全系列

$$\cdots\longrightarrow H_m(L_K([\sigma^m]))\xrightarrow{\Delta_m} H_{m-1}(K(\partial\sigma^m))-$$
$$\xrightarrow{\psi_{m-1}} H_{m-1}(\overline{K}')\oplus H_{m-1}(\overline{K}'')\xrightarrow{\phi_{m-1}} H_{m-1}(L_K([\sigma^m]))\longrightarrow\cdots$$

において，$m\geqq 1$，$n\geqq 2$，$n-2\geqq m$ だから，$H_m(L_K([\sigma^m]))\cong H_m(S^{n-1})=0$ であって，ψ_{m-1} は単射準同型となる．ここで，$H_{m-1}(K(\partial\sigma^m))\cong\boldsymbol{Z}$ $(m\geqq 2)$，$\cong\boldsymbol{Z}\oplus\boldsymbol{Z}$ $(m=1)$ はそれぞれ $[\partial_m\langle\sigma^m\rangle]$ あるいは σ^1 の両端の点で生成される．ところが，$\bar{\sigma}_1^n$ を σ^m を辺単体にもつ K' の n 単体とし，$\bar{\sigma}_1^n$ の頂点で σ^m の頂点でないものを $\bar{a}$ とすると，$\bar{a}*(\partial_m\langle\sigma^m\rangle)\in C_m(\overline{K}')$ であって，$\partial_m(\bar{a}*(\partial_m\langle\sigma^m\rangle))=\partial_m\langle\sigma^m\rangle$ だから，自然な単射 i：$K(\partial\sigma^m)\to\overline{K}'$ に対して $i_*([\partial_m\langle\sigma^m\rangle])=0$ である．同様なことが $\overline{K}''$ についてもいえるから $\mathrm{Ker}\,\psi_{m-1}=\boldsymbol{Z}$．これは ψ_{m-1} が単射準同型であることに反する．よって $K''=\phi$ であり $K'=K$ である．∎

補助定理 6.7 から向きづけの可能性とホモロジー群との間の関係を定めるつぎの定理がえられる．

定理 6.8　M を弧状連結な n 次元ホモロジー多様体とするときつぎのことが成り立つ．(i) $H_n(M)$ は $\boldsymbol{Z}$ と同型あるいは 0 であり，(ii) M が向きづけ可能であるための必要か

つ十分な条件は $H_n(M)\cong \boldsymbol{Z}$ である.

証明　$\{K, \boldsymbol{t}\}$ を M の単体分割とする. K の n 単体すべてに向きをきめて $\langle\sigma_1\rangle$, $\langle\sigma_2\rangle$, $\cdots$, $\langle\sigma_r\rangle$ とすると, $C_n(K)$ の元 c は

$$c=\sum_{i=1}^{r}\gamma_i\langle\sigma_i\rangle \qquad (\gamma_i\in \boldsymbol{Z})$$

と書ける. つぎに, K の $(n-1)$ 単体すべてに向きをきめて $\langle\tau_1\rangle, \langle\tau_2\rangle, \cdots, \langle\tau_s\rangle$ とし,

$$\partial_n(c)=\sum_{i=1}^{s}\mu_i\langle\tau_i\rangle \qquad (\mu_i\in \boldsymbol{Z})$$

であるとする. τ_k を σ_i と σ_j との共通の辺単体とするとき(補助定理 6.3(ii)), $\langle\tau_k\rangle$ が $\langle\sigma_i\rangle$(あるいは $\langle\sigma_j\rangle$) から導かれる向きであるとき $\varepsilon=1$ (あるいは $\varepsilon'=1$), そうでないとき $\varepsilon=-1$ (あるいは $\varepsilon'=-1$) とおくと, $\mu_k=\varepsilon\gamma_i+\varepsilon'\gamma_j$ である. いま, $c\in Z_n(K)$ すなわち $\partial_n(c)=0$ で $c\neq 0$ であると仮定すると, 上述のことから $|\gamma_i|=|\gamma_j|$ でなければならない. ここで補助定理 6.7 を使えば $|\gamma_1|=|\gamma_2|=\cdots=|\gamma_r|$ をうる. よって $\varepsilon_i=\gamma_i/|\gamma_i|$ $(i=1, 2, \cdots, r)$ として, $\tilde{c}=\sum_{i=1}^{r}\varepsilon_i\langle\sigma_i\rangle$ と定義すると, 明らかに $\partial_n(\tilde{c})=0$ だから $\tilde{c}\in Z_n(K)$ である. 任意の $z\in Z_n(K)$ は上述のことから $z=\gamma\tilde{c}$ $(\gamma\in \boldsymbol{Z})$ と書けることになる. $B_n(K)=0$ だから, $H_n(K)=Z_n(K)\cong \boldsymbol{Z}$ で $[\tilde{c}]$ は $H_n(K)$ の生成元となる. よって(i)が証明された.

つぎに, $H_n(M)\cong \boldsymbol{Z}$ であるとしよう. $H_n(K)\cong \boldsymbol{Z}$ だから $Z_n(K)\neq 0$ で上述のように $H_n(K)$ の生成元 $[\tilde{c}]$ が存在する. $\tilde{c}=\sum_{i=1}^{r}\varepsilon_i\langle\sigma_i\rangle$ とし, K の n 単体 σ_i に向きを $\varepsilon_i\langle\sigma_i\rangle$ ときめれば, K の $(n-1)$ 単体 τ_k を共通の辺単体にもつ n 単体 σ_i, σ_j に対して $\varepsilon_i\langle\sigma_i\rangle$ と $\varepsilon_j\langle\sigma_j\rangle$ とが τ_k に導く向きは逆であるから, M は向きづけ可能である.

また，M が $\{K, \boldsymbol{t}\}$ に関して向きづけ可能であれば，K の n 単体 σ_i にその向き $\langle\sigma_i\rangle$ $(i=1, 2, \cdots, r)$ をきめると，$\sum_{i=1}^{r}\langle\sigma_i\rangle \in Z_n(K)$ であって，(i)から $H_n(K)\cong \boldsymbol{Z}$ となる．よって(ii)が証明された．▌

定理6.8から，M が向きづけ可能か否かは $H_n(M)$ によってきまるから，単体分割のとり方に無関係であることがわかった．

例 6.4　定理5.11によって，奇数次元の射影空間は向きづけ可能であり，偶数次元の射影空間は向きづけ可能ではない．▌

定理6.8の証明中に明らかなように，向きづけ可能で弧状連結なホモロジー多様体 M の単体分割 $\{K, \boldsymbol{t}\}$ に向きをつけることは，$H_n(K)\cong \boldsymbol{Z}$ の生成元(このきめ方は ± の二通りある)を一つきめることと同値である．この意味で，このような M に対し $H_n(M)\cong \boldsymbol{Z}$ の生成元をきめることを，M に**向きをつける**といい，この生成元を M の**基本ホモロジー類**という．

M を弧状連結な n 次元ホモロジー多様体とする．向きづけ可能か可能でないかは問わない．M の $\boldsymbol{Z}_2$ 係数のホモロジー群 $H_*(M; \boldsymbol{Z}_2)$ を考えよう．$\{K, \boldsymbol{t}\}$ を M の単体分割とし，K の n 単体すべてに向きをきめて $\langle\sigma_1\rangle, \langle\sigma_2\rangle, \cdots, \langle\sigma_r\rangle$ とし，$C_n(K; \boldsymbol{Z}_2)$ の元 $\tilde{c}=\sum_{i=1}^{r}[1]\langle\sigma_i\rangle$ を考えると，明らかに $\tilde{\partial}_n(\tilde{c})=0$ である．よって $\tilde{c}\in Z_n(K; \boldsymbol{Z}_2)=H_n(K; \boldsymbol{Z}_2)$ である．逆に $\tilde{z}\in Z_n(K; \boldsymbol{Z}_2)$，$\tilde{z}=\sum_{i=1}^{r}\tilde{\gamma}_i\langle\sigma_i\rangle\neq 0$ $(\tilde{\gamma}_i\in \boldsymbol{Z}_2)$ とすると，定理6.8の証明の前半と全く同じ論法によって $\tilde{\gamma}_i=[1]$ をうる．したがってつぎの定理が成り立つ．

定理6.9 M を弧状連結な n 次元ホモロジー多様体とすると，$H_n(M; \boldsymbol{Z}_2) \cong \boldsymbol{Z}_2$ である.

$H_n(M; \boldsymbol{Z}_2)$ の生成元(これは一意的にきまる)を M の $\boldsymbol{Z}_2$ **係数の基本ホモロジー類**という.

§26 閉 曲 面

M を弧状連結な1次元ホモロジー多様体とし，$\{K, \boldsymbol{t}\}$ を M の単体分割とする. M の一つの0単体を a_0 とすると，定理6.5(ii)により a_0 はちょうど二つの1単体に共通な辺単体である. その一つを $|a_0a_1|$ とすると，a_1 もちょうど二つの1単体に共通な辺単体だから $|a_0a_1|$ の他に a_1 を辺単体にもつ1単体が存在する. それを $|a_1a_2|$ であるとする. 以下この操作をつづけると，K は連結だから K の1単体すべてからなる列 $|a_0a_1|$, $|a_1a_2|$, …, $|a_{r-1}a_r|$ がえられるが，a_0 がちょうど二つの1単体の辺単体であることから $a_r = a_0$ でなければならない. したがって $|K|$ は S^1 と同位相である. よってつぎの定理をうる.

定理6.10 弧状連結な1次元ホモロジー多様体は1次元球面 S^1 (と同位相)である.

S^1 はホモロジー多様体であるだけでなく組合せ多様体になるから，1次元の場合にはホモロジー多様体と組合せ多様体とは同じ概念である.

つぎに2次元ホモロジー多様体について考えよう. M を弧状連結な2次元ホモロジー多様体とし，$\{K, \boldsymbol{t}\}$ を M の単体分割とする. K の2単体を $\sigma_1, \sigma_2, \cdots, \sigma_r$ として，これらの2単体を2次元ユークリッド空間 $\boldsymbol{R}^2$ 上につぎのように並べていく.

まず，K の一つの 2 単体たとえば $\sigma_1=|a_1a_2a_3|$ を $\boldsymbol{R}^2$ 上の 3 角形 $a_1a_2a_3$（これを Ω_1 とする）で表わすことにする（図 6.4 (i)）. 1 単体 $|a_2a_3|$ はちょうど二つの 2 単体の共通な辺単体であるから（定理 6.5 (ii)），$|a_2a_3|$ を辺単体にもつ $|a_1a_2a_3|$ 以外の 2 単体が一つある．それを $\sigma_2=|a_2a_3a_4|$ であるとする． $\boldsymbol{R}^2$ 上で線分 $\overline{a_2a_3}$ に関して a_1 と反対側に 3 角形 $a_2a_3a_4$ を適当にとると，a_1, a_2, a_3, a_4 を頂点とする凸 4 角形 Ω_2 ができる（図 6.4 (ii)）.

一般に，$\sigma_1, \sigma_2, \cdots, \sigma_q$ を $\boldsymbol{R}^2$ 上に並べて凸 $(q+2)$ 角形 Ω_q がえられたとし，Ω_q の一つの辺 $|a_ja_k|$ を辺単体とする 2 単体が $\sigma_{q+1}, \sigma_{q+2}, \cdots, \sigma_r$ の中にあるとき，それをたとえば $|a_ja_ka_l|$ とすると，$\boldsymbol{R}^2$ 上で線分 $\overline{a_ja_k}$ に関して Ω_q の反対側に a_l を $\overline{a_ja_k}$ の中点に十分近くとって，3 角形 $a_ja_ka_l$ をつくると，$\Omega_{q+1}=\Omega_q\cup|a_ja_ka_l|$ は凸 $(q+3)$ 角形になる（図 6.4 (iii)）. この操作をつづけると，K が連結であるから K のすべての 2 単体 $\sigma_1, \sigma_2, \cdots, \sigma_r$ を $\boldsymbol{R}^2$ 上に並べることができて，凸 $(r+2)$ 角形 Ω_r が構成される．Ω_r は正 $(r+2)$ 角形 Ω と同位相であるから，以下 Ω_r を Ω でおきかえて話をすすめるこ

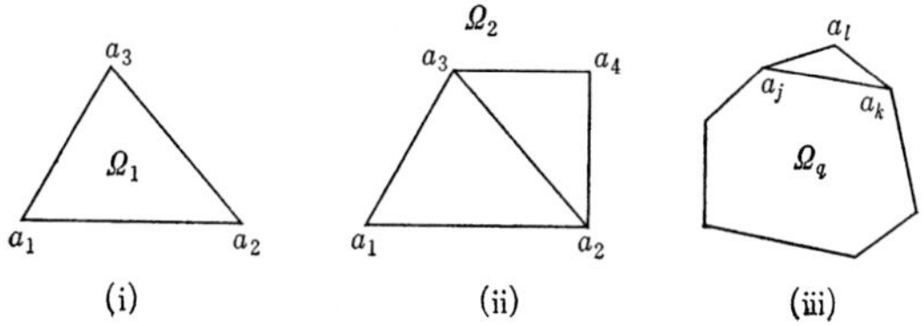

図 6.4

とにする.

Ω の辺は K の1単体であって, K の1単体はちょうど二つの2単体の共通の辺単体だから(定理6.5(ii)), Ω の辺には K の1単体として同じものが二つずつ対になって表われている. したがってとくに r は偶数である. Ω の周において対応する辺をそれぞれ同一視すれば $|K|$ がえられる.

逆に正 $2n$ 角形 Ω $(n\geqq 2)$ において, $2n$ 個の辺を任意に二つずつ対にし, 対になっている辺を同一視してできる図形を M とする. 図6.5に示すような Ω の単体分割を $\overline{K}$ とし, $\overline{K}$ から Ω の周における同一視をしてえられる複体を K とすると K は M の単体分割である.

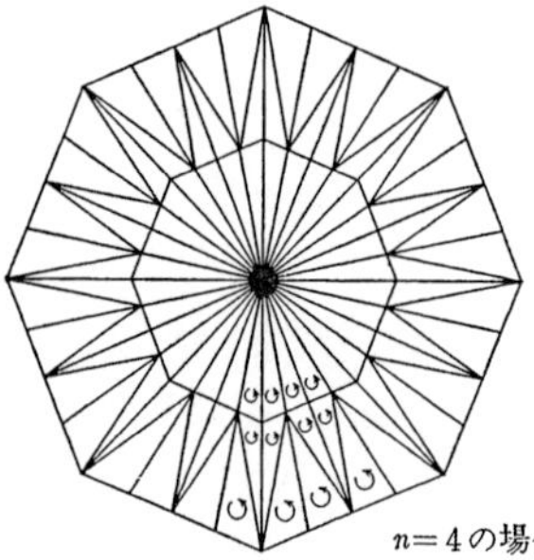

$n=4$ の場合

図 6.5

いま, p を $|K|$ の任意の点とし, K における p のまつわり複体 $L_K(p)$ を考えると $|L_K(p)|$ はつねに S^1 と同位相である. なぜなら, p が Ω の周上にない点で代表される場合は明らかであるし, p が Ω の周上の点であって頂点でない点で代表される場合は図6.6(i)に示すように, $|L_K(p)|$ は S^1 と同位相であるし, また p が Ω の頂点で代表される場合は

Ω のいくつかの頂点が同一視されるが，この場合も図6.6(ii)(これは4個の頂点が同一視される場合である)に示すように $|L_K(p)|$ は S^1 と同位相である．したがって M は弧状連結な2次元ホモロジー多様体である．

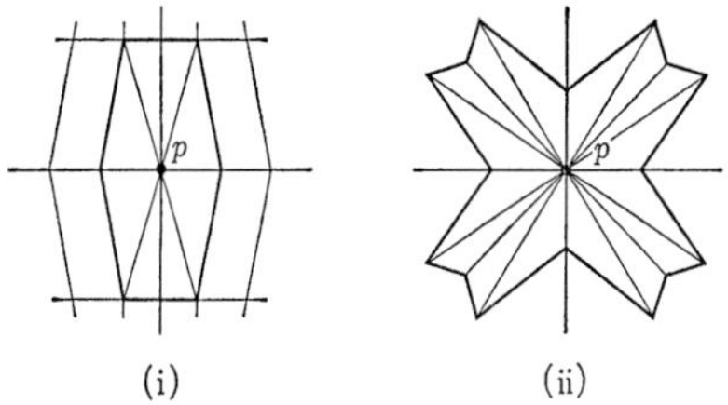

図 6.6

さらに，$|L_K(p)|$ は S^1 と同位相であるだけでなく，S^1 の(自然な)単体分割に対して共通の細分をもつから，M は組合せ多様体である．よってつぎの定理が成り立つ．

定理 6.11 (i) 正 $2n$ 角形 $(n\geqq 2)$ において $2n$ 個の辺を任意に二つずつ対にし，対になっている辺を同一視すれば，弧状連結な2次元ホモロジー多様体がえられる．逆に，弧状連結な2次元ホモロジー多様体はつねにこのような構成でえられる．

(ii) 2次元ホモロジー多様体は2次元組合せ多様体である．

2次元ホモロジー多様体は定理6.11のように構成されるから**閉曲面**とも呼ばれている．

正 $2n$ 角形 Ω の $2n$ 個の辺が二つずつ対になって重ね合されるとき，Ω の辺を x, y, z, u, w 等と書くこととし，重ね合される二つの辺を同一の文字で表わし，重ね合せる向きを示

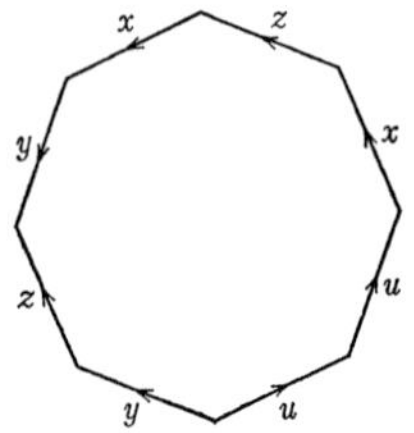

図 6.7

す矢印をつけておく(図 6.7).

Ω の周に一定の向きたとえば時計の針の回転と反対の向きをきめて，辺の矢印がその向きと一致すれば x, y, z, u, w 等と書き，反対ならば $x^{-1}, y^{-1}, z^{-1}, u^{-1}, w^{-1}$ 等と書くことにし，Ω の一つの頂点から始めて Ω の周の向きにしたがって辺を書き並べると，x, x^{-1}, y, y^{-1} 等からなる文字の列ができる．たとえば，図 6.7 では $xyz^{-1}y^{-1}uuxz$ となる．この列において辺の対 x が $\cdots x \cdots x^{-1} \cdots$ または $\cdots x^{-1} \cdots x \cdots$ と現われるとき x を第1種といい，$\cdots x \cdots x \cdots$ または $\cdots x^{-1} \cdots x^{-1} \cdots$ と現われるとき x を第2種ということにする．

補助定理 6.12 正 $2n$ 角形 Ω から対になっている辺を同一視してえられる2次元ホモロジー多様体(閉曲面) M が向きづけ可能であるためには，辺の対すべてが第1種であることが必要十分である．

証明 図 6.5 に示す Ω の単体分割 $\overline{K}$ から M の単体分割 K をつくる．K したがって $\overline{K}$ の各2単体 σ_i に向きをきめて $\langle\sigma_i\rangle$ とし，$\sum_i \langle\sigma_i\rangle$ が2次元輪体となるためには，図 6.5 に一部示したように $\overline{K}$ の2単体に同調している向きをきめたとき，Ω の辺上にある各1単体に対してその1単体を共通の辺単体にもつ二つの2単体の向きが同調していなければならない．そのためには辺の対すべてが第1種であることが必要十分である．▮

辺が二つずつ対になっている正 $2n$ 角形を Ω とし，Ω の対になっている辺を同一視してえられる2次元ホモロジー多様体を M とするとき，M を変えない範囲で Ω を変形して標準的な形にすることを考えよう．

まず，Ω の**基本変形**（Ⅰ),（Ⅱ),（Ⅲ),（Ⅳ),（Ⅴ）を定義する．P, Q, R, S, T 等は $x, x^{-1}, y, y^{-1}, z, z^{-1}$ 等からなるいくつかの文字の列を表わす．

（Ⅰ）周の文字の列を一定方向にずらす．たとえば $xyz^{-1}y^{-1}uuxz$ を $z^{-1}y^{-1}uuxzxy$ とする．どの頂点から列をつくるかは任意だから，この変形によって M は不変である．

（Ⅱ）周の文字の列において x の対が $Pxx^{-1}Q$ または $Px^{-1}xQ$ のように隣り合っているとき，これを PQ とする．したがって正 $2n$ 角形が正 $2(n-1)$ 角形になる．この変形によって M が変らないことは図6.8に示すとおりである．

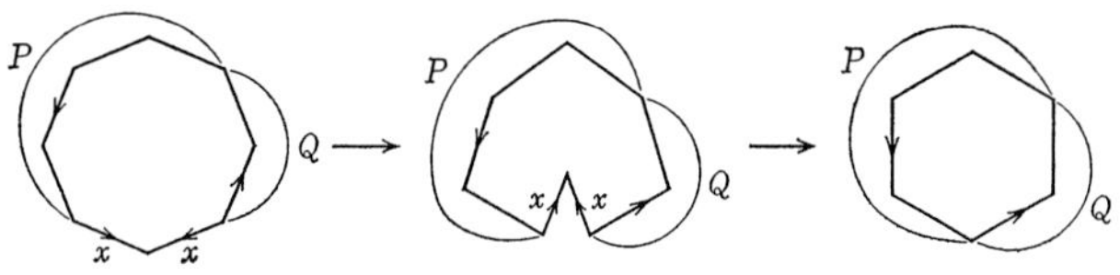

図 6.8

（Ⅲ）周の文字の列 $PxQRx^{-1}$ に対して x, x^{-1} をとり去って新たに w, w^{-1} を加え，$PwRQw^{-1}$ とする．すなわち xQ を w でおきかえ，x^{-1} を Qw^{-1} でおきかえる．この変形によって

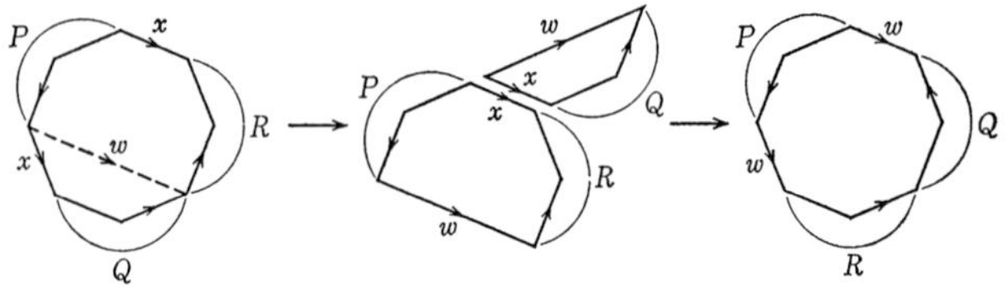

図 6.9

M が変らないことは図 6.9 に示すとおりである.

(IV) 周の文字の列 $PxQxR$ に対して, x をとり去って新たに w を加えて $PwwQ^{-1}R$ とする. すなわち xQ を w でおきかえ, x を wQ^{-1} でおきかえる. この変形によって M が変らないことは図 6.10 に示すとおりである.

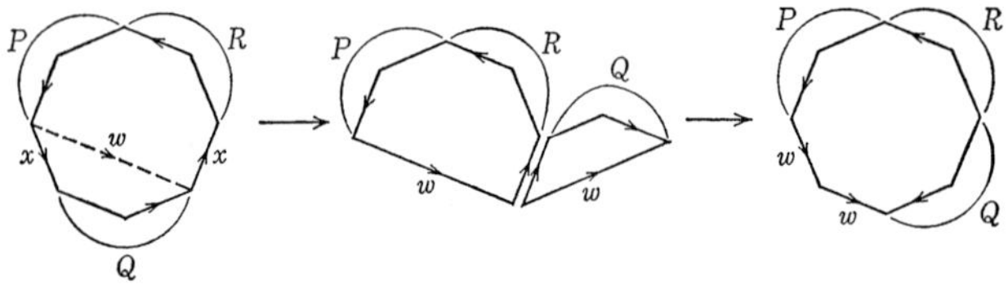

図 6.10

(V) 周の文字の列 $PQxxR$ に対して, x をとり去って新た

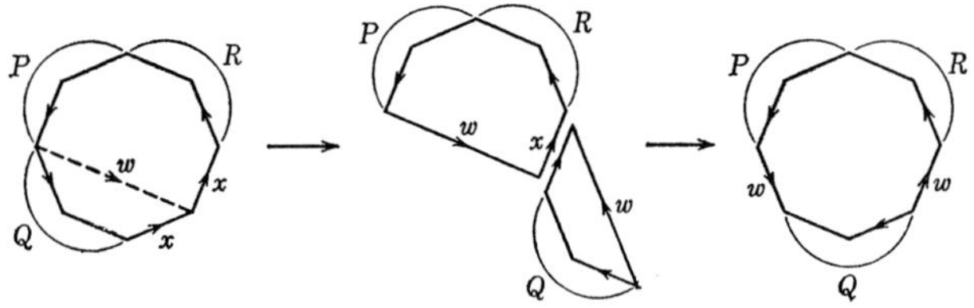

図 6.11

に w を加えて $PwQ^{-1}wR$ とする．すなわち Qx を w でおきかえ，x を $Q^{-1}w$ でおきかえる．この変形によって M が変らないことは図 6.11 に示すとおりである．

基本変形 (IV), (V) の逆の変形を (IV)′, (V)′ とする．

基本変形 (I), (II), (III), (IV), (IV)′, (V), (V)′ を使って Ω をつぎのように変形する．

はじめに 2 次元ホモロジー多様体 M が向きづけ可能であるとする．

Ω の周の文字の列が $xyy^{-1}x^{-1}$ であるときは，(II) によって変形しこれを xx^{-1} と書くことにする(図 6.14)．

正 $2n$ 角形 Ω の頂点を $b_1, b_2, \cdots, b_{2n}$ とすると，Ω の辺の同一視によってこれらの頂点の同一視が行われる．いま，$b_{i_1}, b_{i_2}, \cdots, b_{i_r}$ が同一視されて M の 1 点を表わし，それ以外の頂点は $b_{i_1}, b_{i_2}, \cdots, b_{i_r}$ と同一視されないとする．ここで $r<2n$ ならば，Ω の頂点 b_j で $j \neq i_1, i_2, \cdots, i_r$ であって，或る $1 \leqq q \leqq r$ に対して $\overline{b_j b_{i_q}}$ が Ω の辺になっているものが存在する．$\overline{b_j b_{i_q}}$ の隣りの辺を $\overline{b_l b_j}$ とし，$\overline{b_j b_{i_q}}$ を z，$\overline{b_l b_j}$ を u とすると (図 6.12(i))，b_j と b_{i_q} は同一視されないから $u \neq z$ である．

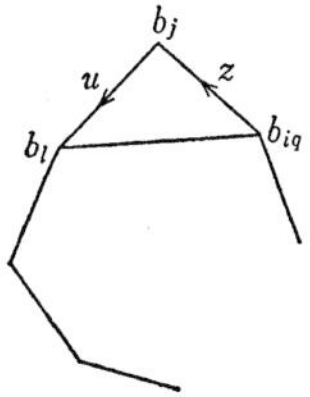

(i)

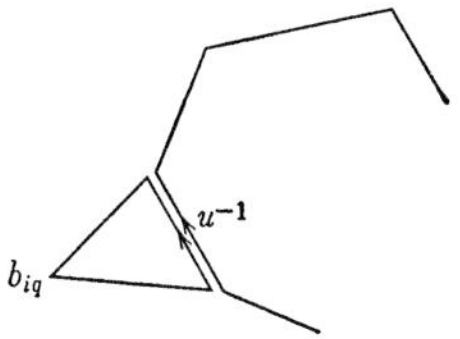

(ii)

図 6.12

いま，$u=z^{-1}$ ならば(II)によって Ω は正 $2(n-1)$ 角形に変形され，その $2(n-1)$ 個の頂点のうち $r-1$ 個が同一視される．また，$u\neq z^{-1}$ ならば，3角形 $b_j b_l b_{i_q}$ を Ω から切りはなして u^{-1} のところにもっていけば(図6.12(ii))，新らしくできる正 $2n$ 角形では $b_{i_1}, b_{i_2}, \cdots, b_{i_r}$ と同一視される頂点が一つふえる．したがって，必要があればこの操作をつづけて行なうことによって，以下 Ω のすべての頂点が同一視されて M の一点 p を表わしているとしてよい．

Ω の周の文字の列において，x と y とが $PxQyRx^{-1}Sy^{-1}$ のように，x と x^{-1} との間に y，あるいは y^{-1} のどちらか一つだけがある場合に，x, y は**互いに分離する**ということにする．

いま，u を Ω の周の一つの文字とすると，Ω の周の文字 v で u, v が互いに分離するものが必らず存在する．なぜなら，そのような v が存在しないとすると，Ω の周の文字の列を $uPu^{-1}Q$ とするとき(図6.13(i))，P に属する文字は P に属する文字と同一視され，Q に属する文字は Q に属する文字と同一視されるから，Ω のすべての頂点が M の1点 p を

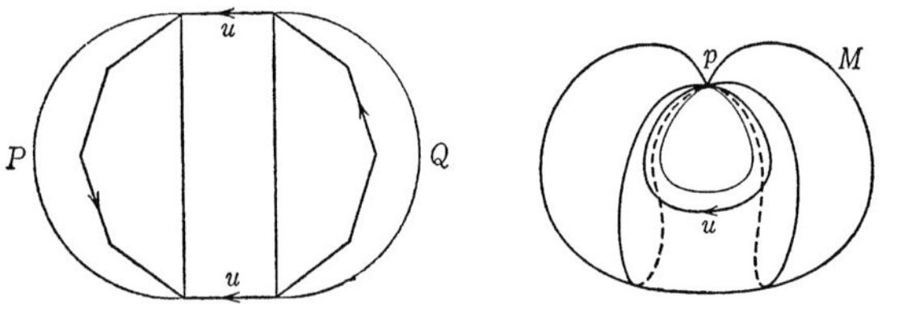

(i)　　(ii)

図6.13

表わすことに注意すれば M は図6.13(ii)のようになり，$H_0(L_M(p))\neq H_0(S^1)$ であって M がホモロジー多様体であることに反するからである．

x と y が互いに分離する辺で Ω の周が $PxQyRx^{-1}Sy^{-1}$ であるときは，(I),(III) をくりかえして

$$PxQyRx^{-1}Sy^{-1} \underset{(\mathrm{III})}{\Longrightarrow} PwyRQw^{-1}Sy^{-1}$$
$$\underset{(\mathrm{III})}{\Longrightarrow} Pwvw^{-1}SRQv^{-1} \underset{(\mathrm{I})}{\Longrightarrow} vw^{-1}SRQv^{-1}Pw$$
$$\underset{(\mathrm{III})}{\Longrightarrow} vu^{-1}v^{-1}PSRQu \underset{(\mathrm{I})}{\Longrightarrow} uvu^{-1}v^{-1}PSRQ$$

と変形することができる．

$PSRQ$ の中にさらに互いに分離する辺が存在すれば，Ω の周を $(uvu^{-1}v^{-1}\bar{P})x'\bar{Q}y'\bar{R}x'^{-1}\bar{S}y'^{-1}$ として，これに対して同様な変形をする．これをくりかえせば Ω の周の文字の列は M を変えることなしに

$$x_1y_1x_1^{-1}y_1^{-1}x_2y_2x_2^{-1}y_2^{-1}\cdots x_sy_sx_s^{-1}y_s^{-1}$$

と変形される．

つぎに2次元ホモロジー多様体 M が向きづけ可能でないとしよう．Ω の周の文字の列には第2種の辺 x が存在するから，Ω の周は $PxQxR$ と書ける．これを (IV),(V) によって変形すると

$$PxQxR \underset{(\mathrm{IV})}{\Longrightarrow} PwwQ^{-1}R \underset{(\mathrm{I})}{\Longrightarrow} RPwwQ^{-1}$$
$$\underset{(\mathrm{V})}{\Longrightarrow} RyP^{-1}yQ^{-1} \underset{(\mathrm{IV})}{\Longrightarrow} RzzPQ^{-1} \underset{(\mathrm{I})}{\Longrightarrow} zzPQ^{-1}R$$

となる．ここで $PQ^{-1}R$ の中に第2種の辺が存在すれば同様な変形をくりかえす．このようにして Ω の周は

$$x_1'x_1'x_2'x_2'\cdots x_t'x_t'P'$$

と変形され，P' は第2種の辺を含まないようにできる．P'

は第1種の辺のみからなるから M が向きづけ可能の場合の上述の方法がそのまま P' に適用できて，P' は $y_{t+1}z_{t+1}y_{t+1}^{-1}z_{t+1}^{-1}\cdots y_s z_s y_s^{-1}z_s^{-1}$ と変形される．さらにつぎのような変形

$$Q'x'x'y'z'y'^{-1}z'^{-1}P'' \underset{(\mathrm{IV})'}{\Longrightarrow} Q'wz'^{-1}y'^{-1}wy'^{-1}z'^{-1}P''$$

$$\underset{(\mathrm{I})}{\Longrightarrow} y'^{-1}z'^{-1}P''Q'wz'^{-1}y'^{-1}w \underset{(\mathrm{V})'}{\Longrightarrow} y'^{-1}w^{-1}Q'^{-1}P''^{-1}vvy'^{-1}w$$

$$\underset{(\mathrm{I})}{\Longrightarrow} vvy'^{-1}wy'^{-1}w^{-1}Q'^{-1}P''^{-1} \underset{(\mathrm{IV})}{\Longrightarrow} vvuuw^{-1}w^{-1}Q'^{-1}P''^{-1}$$

によって，結局はじめの Ω の周の文字の列は M を変えることなしに

$$x_1x_1x_2x_2\cdots x_sx_s$$

と変形される．よってつぎの定理が成り立つ．

定理 6.13 弧状連結な2次元ホモロジー多様体(閉曲面)は正 $2n$ 角形 Ω の辺をつぎの文字の列にしたがって同一視したもの(と同位相)である．

(i) xx^{-1},

(ii) $x_1y_1x_1^{-1}y_1^{-1}x_2y_2x_2^{-1}y_2^{-1}\cdots x_hy_hx_h^{-1}y_h^{-1}$,

(iii) $x_1x_1x_2x_2\cdots x_kx_k$.

(i), (ii) は向きづけ可能の場合，(iii) は向きづけ可能でない場合である．

定理 6.13 から弧状連結な2次元ホモロジー多様体(閉曲面)を構成してみよう．(i) は2次元球面 S^2 である(図 6.14)．

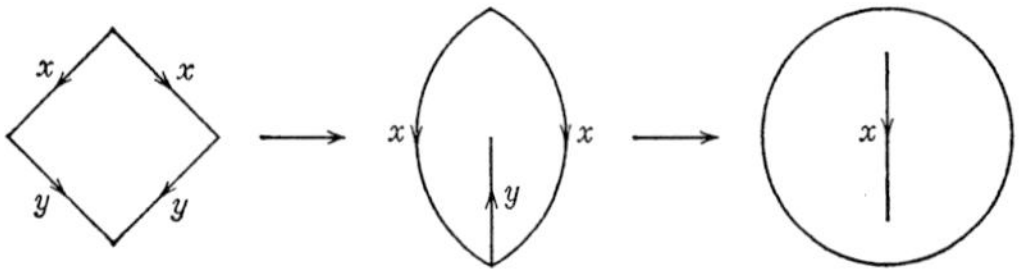

図 6.14

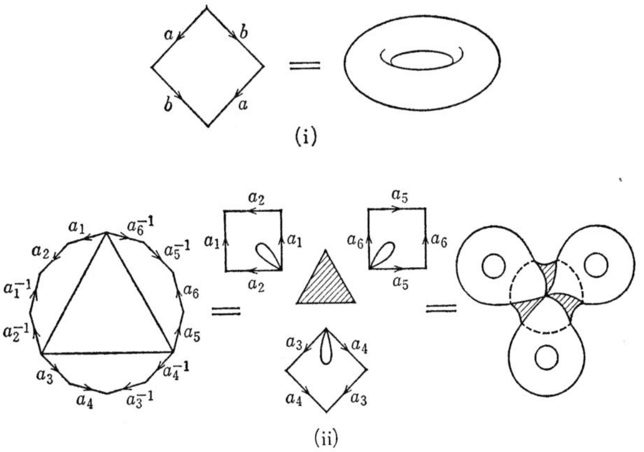

図 6.15

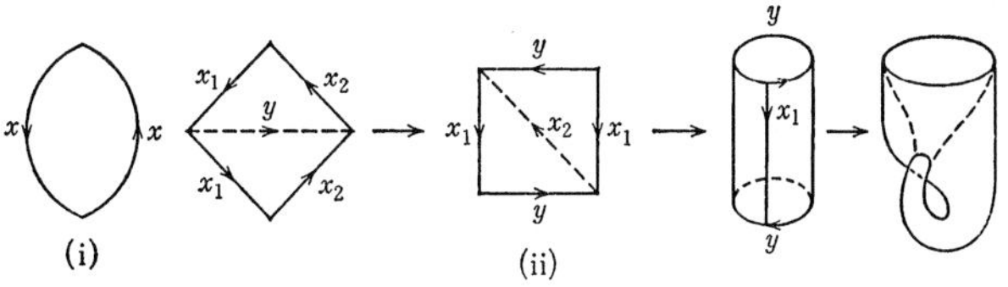

図 6.16

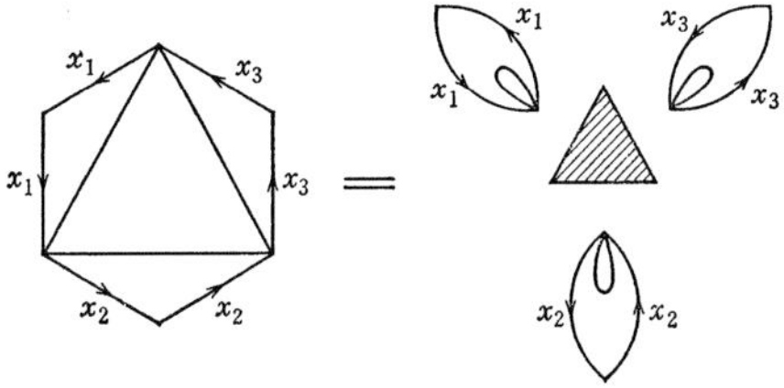

図 6.17

(ii) で $h=1$ の場合は円環面(§5)であり(図6.15(i)), 一般には図6.15(ii)に示すように h 個の円環面を束ねたものである.

(iii) で $k=1$ の場合は2次元射影空間 $P^2(\boldsymbol{R})$ であり(図6.16(i)), $k=2$ の場合はクラインの壺(図6.16(ii))であり(§5), 一般には k 個の射影平面を束ねたものである(図6.17).

定理 6.14　弧状連結な2次元ホモロジー多様体(閉曲面)で, 定理6.13の(i),(ii),(iii)で構成されるものをそれぞれ M_0, M_h, M'_k とすれば, それらのホモロジー群は

(i) $H_0(M_0)\cong H_2(M_0)\cong \boldsymbol{Z}$, $H_1(M_0)=0$,

(ii) $H_0(M_h)\cong H_2(M_h)\cong \boldsymbol{Z}$, $H_1(M_h)\cong \boldsymbol{Z}\oplus\boldsymbol{Z}\oplus\cdots\oplus\boldsymbol{Z}$ ($2h$ 個の $\boldsymbol{Z}$ の直和),

(iii) $H_0(M'_k)\cong \boldsymbol{Z}$, $H_2(M'_k)=0$, $H_1(M'_k)\cong \boldsymbol{Z}\oplus\boldsymbol{Z}\oplus\cdots\oplus\boldsymbol{Z}\oplus\boldsymbol{Z}_2$ ($k-1$ 個の $\boldsymbol{Z}$ と一つの $\boldsymbol{Z}_2$ との直和)

である.

証明　前述のように $M_0=S^2$ であるから(i)は明らかである. Ω の図6.5の単体分割を $\overline{K}$ とし, $\overline{K}$ からえられる M_h あるいは M'_k の単体分割を K とする. Ω の中心を $\bar{a}$, K における $\bar{a}$ の星状複体を $S_K(\bar{a})$ とし, $S_K(\bar{a})$ に属しない K の2単体全体とそのすべての辺単体からなる部分複体を K' とする. 明らかに $K=K'\cup S_K(\bar{a})$ で, $|K'\cap S_K(\bar{a})|$ は S^1 と同位相である.

M_h あるいは M'_k において Ω の周に対応する部分を A とすると, A は図6.18のように M_h の場合は $2h$ 個の S^1 を, M'_k の場合は k 個の S^1 を1点で束ねたものになる. $|K'|$ を Ω の辺に向って変形していけば, A が $|K'|$ の変形収縮に

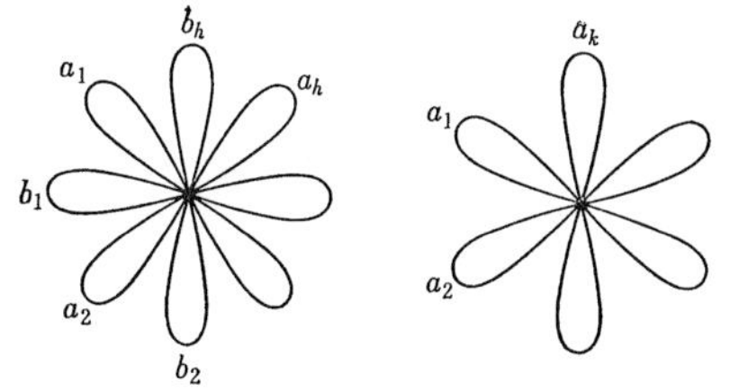

図 6.18

なるから，$A \simeq |K'|$ で $H_*(K') \cong H_*(A)$ である．したがって，$(K; K', S_K(\bar{a}))$ に関するマイヤー-ビートリス完全系列は

$$\cdots \longrightarrow H_2(A) \oplus H_2(S_K(\bar{a})) \xrightarrow{\phi_2} H_2(K) \xrightarrow{\varDelta_2} H_1(S^1) -$$
$$\xrightarrow{\phi_1} H_1(A) \oplus H_1(S_K(\bar{a})) \xrightarrow{\phi_1} H_1(K) \xrightarrow{\varDelta_1} H_0(S^1) \xrightarrow{\phi_0}$$

となる．明らかに $H_2(A)=0$，例 3.25 から $H_1(A) \cong \boldsymbol{Z} \oplus \boldsymbol{Z} \oplus \cdots \oplus \boldsymbol{Z}$ ($2h$ 個あるいは k 個の $\boldsymbol{Z}$ の直和) である．また，$S_K(\bar{a})$ は可縮だから $H_i(S_K(\bar{a}))=0$ $(i=1,2)$ であり，明らかに ψ_0 は単射準同型だから

$$H_1(K) \cong H_1(A)/\mathrm{Im}\,\psi_1$$

となる．$|K'|$ から A への収縮写像を $r: |K'| \to A$ とすると，$\mathrm{Im}\,\psi_1$ は $r(|K' \cap S_K(\bar{a})|)$ で代表されるものだから，M_h の場合は $\mathrm{Im}\,\psi_1=0$，M'_k の場合は $\mathrm{Im}\,\psi_1=2([x_1]+[x_2]+\cdots+[x_k])$ となる．ただし，$[x_1],[x_2],\cdots,[x_k]$ は $H_1(A)$ の生成元である．よって，M_h の場合は $H_1(K) \cong \boldsymbol{Z} \oplus \boldsymbol{Z} \oplus \cdots \oplus \boldsymbol{Z}$ ($2h$ 個の $\boldsymbol{Z}$ の直和)，M'_k の場合は $H_1(K) \cong \boldsymbol{Z} \oplus \boldsymbol{Z} \oplus \cdots \oplus \boldsymbol{Z} \oplus \boldsymbol{Z}_2$ ($k-1$ 個の $\boldsymbol{Z}$ と一つの $\boldsymbol{Z}_2$ との直和) となる．M_h の場合は $\mathrm{Im}\,\psi_1=0$ だから $\varDelta_2$ は全射準同型で $H_2(K) \cong \boldsymbol{Z}$，$M'_k$ の場合は ψ_1 は単射準同型だから $\mathrm{Im}\,\varDelta_2=0$ で $H_2(K)=0$ である． ∎

M_h $(h=0,1,2,\cdots)$，M'_k $(k=1,2,\cdots)$ は定理 6.14 によっ

てすべて異なるホモロジー群をもつことがわかった．よってつぎの定理が成り立つ．

定理6.15 二つの2次元ホモロジー多様体が同位相であるためには，そのホモロジー群が同型であることが必要十分である．いいかえれば，2次元ホモロジー多様体はホモロジー群によって分類できる．

弧状連結な2次元ホモロジー多様体(閉曲面)のオイラー数 χ を考えれば，

$$\chi(M_h) = 2-2h \qquad (h=0, 1, 2, \cdots),$$
$$\chi(M'_k) = 1-(k-1) = 2-k \qquad (k=1, 2, \cdots)$$

であるから，定理6.14によって‘弧状連結な2次元ホモロジー多様体(閉曲面)は向きづけ可能性とオイラー数によって分類できる’ことがわかる．

§27 双対分割

M を弧状連結な n 次元ホモロジー多様体 $(n \geqq 2)$，$\{K, \boldsymbol{t}\}$ を M の単体分割とする．K の重心細分 $Sd(K)$ に対して，$\{Sd(K), \boldsymbol{t}\}$ も M の単体分割である．σ^q を K の q 単体とすると，σ^q の重心 $[\sigma^q]$ は $Sd(K)$ の一つの頂点である．いま，σ^q を一つ定めておき，

$$\sigma^q \lneqq \sigma_1 \lneqq \sigma_2 \lneqq \cdots \lneqq \sigma_r$$

のような K の単体の列すべてに対して $Sd(K)$ の単体 $|[\sigma^q][\sigma_1][\sigma_2]\cdots[\sigma_r]|$ を考え，そのような単体全体とそのすべての辺単体からなる集合を

$$\nabla(\sigma^q) = \{\tau ;\ \tau \in Sd(K),\ \tau \prec |[\sigma^q][\sigma_1][\sigma_2]\cdots[\sigma_r]|,$$
$$\sigma^q \lneqq \sigma_1 \lneqq \sigma_2 \lneqq \cdots \lneqq \sigma_r\}$$

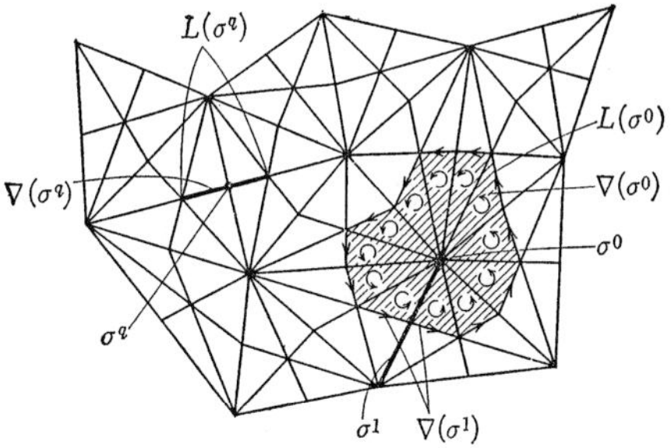

図 6.19

と書く．$\nabla(\sigma^q)$ は明らかに $Sd(K)$ の $n-q$ 次元部分複体である．とくに $q=n$ の場合は，$\nabla(\sigma^n)$ は 1 点 $[\sigma^n]$ である．$|\nabla(\sigma^q)|$ を K における σ^q の**双対胞体**という(図 6.19).

$|\nabla(\sigma^q)|$ の任意の点 x に対して線分 $\overline{[\sigma^q]x}$ はつねに $|\nabla(\sigma^q)|$ に含まれるから例 4.3 と同様にして $|\nabla(\sigma^q)|$ は可縮である．

$\nabla(\sigma^q)$ に属する単体で，$[\sigma^q]$ を含まないもの全体を

$$L(\sigma^q)=\{\tau;\ \tau\in\nabla(\sigma^q),\ [\sigma^q]\notin\tau\}$$

とすると，$L(\sigma^q)$ は $\nabla(\sigma^q)$ の $n-q-1$ 次元部分複体であって，明らかに $[\sigma^q]*L(\sigma^q)=\nabla(\sigma^q)$ が成り立つ．ただし，$q=n$ の場合は，$L(\sigma^n)=\phi$ とする．$\nabla(\sigma^q)$ はしたがって錐複体である．$q=n-1$ の場合は，定理 6.5 (ii) により $L(\sigma^{n-1})$ は 2 点であるから $|L(\sigma^{n-1})|=S^0$ である．

定理 6.16 $0\leqq q\leqq n-2$ とすると，$L(\sigma^q)$ はつぎの性質をもつ．

(i) τ を $L(\sigma^q)$ の任意の単体とすると，$L(\sigma^q)$ の $n-q-1$ 単体で τ を辺単体にもつものが存在する．

(ii) τ^{n-q-2} を $L(\sigma^q)$ の $n-q-2$ 単体とすると，τ^{n-q-2} を

共通の辺単体にもつ $L(\sigma^q)$ の $n-q-1$ 単体はちょうど二つである．

(iii) $H_i(L(\sigma^q))\cong H_i(S^{n-q-1})$ $(i=0,1,\cdots)$.

(iv) $L(\sigma^q)$ のすべての $n-q-1$ 単体 τ_1^{n-q-1}, τ_2^{n-q-1}, $\cdots$, τ_s^{n-q-1} に互いに同調する向き $\langle\tau_i^{n-q-1}\rangle$ $(i=1,2,\cdots,s)$ がとれて，

$$z^{n-q-1}=\langle\tau_1^{n-q-1}\rangle+\langle\tau_2^{n-q-1}\rangle+\cdots+\langle\tau_s^{n-q-1}\rangle$$

とするとき，$[z^{n-q-1}]$ は $H_{n-q-1}(L(\sigma^q))\cong H_{n-q-1}(S^{n-q-1})\cong \boldsymbol{Z}$ の生成元になる．

証明 $\tau\in L(\sigma^q)$ が $\tau\prec|[\sigma^q][\sigma_1]\cdots[\sigma_r]|$, $\sigma^q\precneqq\sigma_1\precneqq\cdots\precneqq\sigma_r$ であるとする．σ_r を辺単体にもつ K の n 単体 σ^n が存在するから(定理 6.5 (i)), K の単体の列 $\sigma^q\precneqq\sigma'_1\precneqq\sigma'_2\precneqq\cdots\precneqq\sigma'_{n-q}=\sigma^n$ で，σ_i $(i=1,2,\cdots,r)$ はこの中に含まれているようなものが存在する．したがって，τ は $L(\sigma^q)$ の $n-q-1$ 単体 $|[\sigma'_1][\sigma'_2]\cdots[\sigma'_{n-q}]|$ の辺単体であり，(i) が成り立つ．

$\tau^{n-q-2}=|[\sigma''_1][\sigma''_2]\cdots[\sigma''_{n-q-1}]|$ $(\sigma^q\precneqq\sigma''_1\precneqq\sigma''_2\precneqq\cdots\precneqq\sigma''_{n-q-1})$ であるとする．いま，$\sigma^0\prec\sigma^1\prec\cdots\prec\sigma^q$ を σ^q の1次元ちがいの辺単体の列とすれば，$\tau^{n-1}=|[\sigma^0][\sigma^1]\cdots[\sigma^q][\sigma''_1][\sigma''_2]\cdots[\sigma''_{n-q-1}]|$ は $Sd(K)$ の $n-1$ 単体である．(i) によって τ^{n-q-2} を辺単体にもつ $L(\sigma^q)$ の $n-q-1$ 単体は必ず存在するが，それを $|[\sigma''_1][\sigma''_2]\cdots[\bar\sigma]\cdots[\sigma''_{n-q-1}]|$ $(\sigma^q\precneqq\sigma''_1\precneqq\sigma''_2\precneqq\cdots\precneqq\bar\sigma\precneqq\cdots\precneqq\sigma''_{n-q-1})$ とすると，$\tau^n=|[\sigma^0][\sigma^1]\cdots[\sigma^q][\sigma''_1][\sigma''_2]\cdots[\bar\sigma]\cdots[\sigma''_{n-q-1}]|$ は τ^{n-1} を辺単体としてもつ．また逆に τ^{n-1} を辺単体としてもつ $Sd(K)$ の n 単体は必ずこのようにしてえられる．ところで定理 6.5 (ii) によって τ^{n-1} を辺単体とする $Sd(K)$ の n 単体はちょうど二つであるから，τ^{n-q-2} を辺単体にもつ $L(\sigma^q)$ の $n-q-1$ 単体もちょうど二つであり，(ii) が成り立つ．

つぎに(iii)を証明しよう．容易に確かめられるように，$Sd(K)$ における $[\sigma^q]$ のまつわり複体 $L_{Sd(K)}([\sigma^q])$ に対して

$$|L_{Sd(K)}([\sigma^q])| = |K(\partial\sigma^q) * L(\sigma^q)|$$

が成り立つ．例6.3によって $|K(\partial\sigma^q)|$ は $|K(\partial\sigma^1) * K(\partial\sigma^{q-1})|$ と同位相であるから，$L_{Sd(K)}([\sigma^q])$ は $|(K(\partial\sigma^1) * K(\partial\sigma^{q-1})) * L(\sigma^q)| = |K(\partial\sigma^1) * (K(\partial\sigma^{q-1}) * L(\sigma^q))|$ と同位相である．ところが $H_i(L_{Sd(K)}([\sigma^q])) \cong H_i(S^{n-1})$ $(i=0,1,\cdots)$ であるから，補助定理6.4(ii)をつかえば $H_i(|K(\partial\sigma^{q-1}) * L(\sigma^q)|) \cong H_i(S^{n-2})$ $(i=0,1,\cdots)$ をうる．$|K(\partial\sigma^{q-1})|$ は $|K(\partial\sigma^1) * K(\partial\sigma^{q-2})|$ と同位相だから(例6.3)，この論法をくりかえせば，結局

$$H_i(L(\sigma^q)) \cong H_i(S^{n-q-1}) \qquad (i=0,1,\cdots)$$

となり，(iii)が成り立つ．

τ_i^{n-q-1} と τ_j^{n-q-1} とに対して，補助定理6.7のように $\tau_i^{n-q-1} = \tau_{i_0}^{n-q-1}, \tau_{i_1}^{n-q-1}, \cdots, \tau_{i_r}^{n-q-1} = \tau_j^{n-q-1}$ で $\tau_{i_{v-1}}^{n-q-1}$ と $\tau_{i_v}^{n-q-1}$ $(v=1, 2, \cdots, r)$ が共通の $n-q-2$ 辺単体をもつようにとれるとき，τ_i^{n-q-1} と τ_j^{n-q-1} とは同値であると考えて，$\tau_1^{n-q-1}, \tau_2^{n-q-1}, \cdots, \tau_s^{n-q-1}$ を同値類に類別する．(iv)を証明するには同値類がただ一つであることをいえばよい．なぜなら，同値類がただ一つであればあとは定理6.8の証明の論法が使えて(iii)から求める結果がえられるからである．

いま，同値類が二つ以上あって，$\{\tau_{j_1}^{n-q-1}, \tau_{j_2}^{n-q-1}, \cdots, \tau_{j_l}^{n-q-1}\}$, $\{\tau_{k_1}^{n-q-1}, \tau_{k_2}^{n-q-1}, \cdots, \tau_{k_m}^{n-q-1}\}$ が異なる同値類であると仮定すると，$C_{n-q-1}(L(\sigma^q); \boldsymbol{Z}_2)$ の二つの元

$$\tilde{c} = [1]\langle\tau_{j_1}^{n-q-1}\rangle + [1]\langle\tau_{j_2}^{n-q-1}\rangle + \cdots + [1]\langle\tau_{j_l}^{n-q-1}\rangle,$$

$$\tilde{c}' = [1]\langle\tau_{k_1}^{n-q-1}\rangle + [1]\langle\tau_{k_2}^{n-q-1}\rangle + \cdots + [1]\langle\tau_{k_m}^{n-q-1}\rangle$$

は，(ii)から明らかなように $\tilde{c}, \tilde{c}' \in Z_{n-q-1}(L(\sigma^q); \boldsymbol{Z}_2)$ であ

って，$H_{n-q-1}(L(\sigma^q);\boldsymbol{Z}_2)$ は二つ以上の $\boldsymbol{Z}_2$ の直和になってしまう．しかるに，定理 4.18 によって $H_{n-q-1}(L(\sigma^q);\boldsymbol{Z}_2)\cong H_{n-q-1}(S^{n-q-1};\boldsymbol{Z}_2)\cong\boldsymbol{Z}_2$ であるからこれは矛盾．よって (iv) が証明された． ▌

実は $L(\sigma^q)$ が $n-q-1$ 次元ホモロジー多様体であることがいえるが，あとで必要がないのでここではそこまで証明しないことにする．しかし $L(\sigma^q)$ が $n-q-1$ 次元ホモロジー多様体であることがわかれば，定理 6.16 は定理 6.5 および定理 6.8 から直ちにえられる．

いま，定理 6.16 (iv) の z^{n-q-1} に対して $C_{n-q}(\nabla(\sigma^q))$ の元 $\langle\nabla(\sigma^q)\rangle$ を

$$\langle\nabla(\sigma^q)\rangle=[\sigma^q]*z^{n-q-1}=\sum_{i=1}^{s}[\sigma^q]*\langle\tau_i^{n-q-1}\rangle \qquad (q=0,1,\cdots,n-1)$$

と定義する (図 6.19 参照)．$\nabla(\sigma^q)=[\sigma^q]*L(\sigma^q)$ であるから，$\langle\nabla(\sigma^q)\rangle$ は $C_{n-q}(\nabla(\sigma^q))$ のすべての $n-q$ 単体 $[\sigma^q]*\tau_i^{n-q-1}$ ($i=1,2,\cdots,s$) に向きをきめて加えたものである．

$Sd(K)$ の境界準同型を ∂'_q ($q=0,1,\cdots$) と書くと

$$\partial'_{n-q}(\langle\nabla(\sigma^q)\rangle)=z^{n-q-1}\in C_{n-q-1}(L(\sigma^q))$$

だから，$\nabla(\sigma^q)$ の $n-q-1$ 単体 $[\sigma^q]*\tau^{n-q-2}$ (τ^{n-q-2} は $L(\sigma^q)$ の $n-q-2$ 単体) を共通の辺単体としてもつ $\nabla(\sigma^q)$ の $n-q$ 単体は二つあるが (定理 6.16 (ii))，それを $[\sigma^q]*\tau_{i_1}^{n-q-1}$，$[\sigma^q]*\tau_{i_2}^{n-q-1}$ とすると，$[\sigma^q]*\langle\tau_{i_1}^{n-q-1}\rangle$ および $[\sigma^q]*\langle\tau_{i_2}^{n-q-1}\rangle$ から導かれる $[\sigma^q]*\tau^{n-q-2}$ の向きは互いに逆である．

σ^q を辺単体としてもつ K の $q+1$ 単体を $\bar{\sigma}_1^{q+1}$，$\bar{\sigma}_2^{q+1}$，$\cdots$，$\bar{\sigma}_u^{q+1}$ とする．$L(\sigma^q)$ の $n-q-1$ 単体 τ^{n-q-1} は，$\bar{\sigma}_j^{q+1}$ ($1\leqq j\leqq u$) からはじまる或る列 $\bar{\sigma}_j^{q+1}\subsetneqq\sigma_1\subsetneqq\cdots\subsetneqq\sigma_{n-q-1}$ によって $\tau^{n-q-1}=$

$|[\bar{\sigma}_j^{q+1}][\sigma_1]\cdots[\sigma_{n-q-1}]|$ と書ける．すなわち τ^{n-q-1} は $\nabla(\bar{\sigma}_j^{q+1})$ の $n-q-1$ 単体である．よって

$$C_{n-q-1}(L(\sigma^q)) = C_{n-q-1}(\nabla(\bar{\sigma}_1^{q+1}))\oplus C_{n-q-1}(\nabla(\bar{\sigma}_2^{q+1}))\oplus \cdots\oplus C_{n-q-1}(\nabla(\bar{\sigma}_u^{q+1}))$$

である．ここで $z^{n-q-1}=\sum_i \langle\tau_i^{n-q-1}\rangle$ を右辺の和で表わすとき，$\langle\tau_i^{n-q-1}\rangle$ $(i=1,2,\cdots,s)$ が同調する向きをもっていることから $\varepsilon_j=\pm 1$ $(j=1,2,\cdots,u)$ を適当にとることによって

$$z^{n-q-1} = \varepsilon_1\langle\nabla(\bar{\sigma}_1^{q+1})\rangle+\varepsilon_2\langle\nabla(\bar{\sigma}_2^{q+1})\rangle+\cdots+\varepsilon_u\langle\nabla(\bar{\sigma}_u^{q+1})\rangle$$

と書き表わせる．$\partial'_{n-q}(\langle\nabla(\sigma^q)\rangle)=z^{n-q-1}$ であったから

$$\partial'_{n-q}(\langle\nabla(\sigma^q)\rangle) = \varepsilon_1\langle\nabla(\bar{\sigma}_1^{q+1})\rangle+\varepsilon_2\langle\nabla(\bar{\sigma}_2^{q+1})\rangle+\cdots+\varepsilon_u\langle\nabla(\bar{\sigma}_u^{q+1})\rangle$$

である．たとえば，図 6.19 において $\partial'_2(\langle\nabla(\sigma^0)\rangle)$ は矢印で示す向きをもつ $\nabla(\sigma^1)$ の和である．

K の q 単体を $\sigma_1^q, \sigma_2^q, \cdots, \sigma_l^q$ とするとき，$\langle\nabla(\sigma_i^q)\rangle$ $(i=1,2,\cdots,l)$ によって生成される $C_{n-q}(Sd(K))$ の部分加群を $C_{n-q}^{\nabla}(K)$ と書く $(q=0,1,\cdots)$：

$$C_{n-q}^{\nabla}(K)\ni\gamma_1\langle\nabla(\sigma_1^q)\rangle+\gamma_2\langle\nabla(\sigma_2^q)\rangle+\cdots+\gamma_l\langle\nabla(\sigma_l^q)\rangle \qquad (\gamma_i\in\boldsymbol{Z}).$$

8 行上の式から，

$$\partial'_{n-q}(C_{n-q}^{\nabla}(K))\subset C_{n-q-1}^{\nabla}(K)$$

であるから，∂'_{n-q} を $C_{n-q}^{\nabla}(K)$ に制限した写像を $\partial_{n-q}^{\nabla}=\partial'_{n-q}|C_{n-q}^{\nabla}(K)$ とすると，加群の系列

$$C_n^{\nabla}(K)\xrightarrow{\partial_n^{\nabla}}C_{n-1}^{\nabla}(K)\xrightarrow{\partial_{n-1}^{\nabla}}\cdots\xrightarrow{\partial_{q+1}^{\nabla}}C_q^{\nabla}(K)\xrightarrow{\partial_q^{\nabla}}C_{q-1}^{\nabla}(K)\to\cdots\xrightarrow{\partial_1^{\nabla}}C_0^{\nabla}(K)\xrightarrow{\partial_0^{\nabla}}0$$

をうる．$\partial'_{q-1}\partial'_q=0$ から $\partial_{q-1}^{\nabla}\partial_q^{\nabla}=0$ が成り立つから

$$\mathrm{Im}\,\partial_{q+1}^{\nabla}\subset\mathrm{Ker}\,\partial_q^{\nabla}$$

である．これから加群 $H_q^{\nabla}(K)$ $(q=0,1,\cdots,n)$ を

$$H_q^{\nabla}(K) \cong \mathrm{Ker}\,\partial_q^{\nabla}/\mathrm{Im}\,\partial_{q-1}^{\nabla}$$

によって定義する．$C_q^{\nabla}(K)$ は $C_q(Sd(K))$ の部分加群であったが，$H_q(Sd(K))$ $(q=0, 1, \cdots, n)$ はつぎの定理に示されるように，$C_q^{\nabla}(K)$ $(q=0, 1, \cdots, n)$ に関する系列から求めた $H_q^{\nabla}(K)$ と一致するのである．

定理 6.17 $H_q^{\nabla}(K) \cong H_q(Sd(K))$ $\quad (q=0, 1, \cdots, n)$.

証明 K の単体 σ で次元が $\dim\sigma \geqq n-q$ のもの全体に関する部分複体 $\nabla(\sigma)$ の和集合を

$$K_q = \bigcup_{\sigma\in K,\ \dim\sigma\geqq n-q} \nabla(\sigma)$$

とする $(q=0, 1, \cdots, n)$. K_q は $Sd(K)$ の q 次元部分複体であり，$K_n=Sd(K)$ である．また $i=0, 1, \cdots, q$ に対して，$C_i^{\nabla}(K)$ は $C_i(K_q)$ の部分加群である．

次元 q に関する数学的帰納法によって

$$(*) \qquad \begin{cases} H_i(K_q) \cong H_i^{\nabla}(K) & (i=0, 1, \cdots, q-1), \\ H_q(K_q) \cong \mathrm{Ker}\,\partial_q^{\nabla} \end{cases}$$

を証明しよう．

K_0 は有限個の点で $C_0(K_0)=C_0^{\nabla}(K)$ であるから $H_0(K_0)=\mathrm{Ker}\,\partial_0^{\nabla}$ となって，$q=0$ に対しては $(*)$ が成り立っている．

つぎに $q=p-1$ $(p\geqq 1)$ の場合すなわち K_{p-1} に対して $(*)$ が成り立つと仮定する．K の $n-p$ 単体を $\sigma_1^{n-p}, \sigma_2^{n-p}, \cdots, \sigma_v^{n-p}$ として，

$$K_{p-1,0} = K_{p-1},$$
$$K_{p-1,j} = K_{p-1} \cup \nabla(\sigma_1^{n-p}) \cup \nabla(\sigma_2^{n-p}) \cup \cdots \cup \nabla(\sigma_j^{n-p}) \qquad (j=1, 2, \cdots, v)$$

と定義すると，$K_{p-1,j}$ $(j=0, 1, \cdots, v)$ は $Sd(K)$ の部分複体であって，$K_{p-1,v}=K_p$ となる．

ここで j に関する数学的帰納法によって

$$(**)\quad \begin{cases} H_i(K_{p-1,j}) \cong H_i^{\nabla}(K) \qquad (i=0,1,\cdots,p-2), \\ H_{p-1}(K_{p-1,j}) \cong (\mathrm{Ker}\,\partial_{p-1}^{\nabla})/\partial_p^{\nabla}(C_p(\nabla(\sigma_1^{n-p})\cup \\ \qquad \nabla(\sigma_2^{n-p})\cup\cdots\cup\nabla(\sigma_j^{n-p}))) \\ H_p(K_{p-1,j}) \cong (\mathrm{Ker}\,\partial_p^{\nabla})\cap(C_p(\nabla(\sigma_1^{n-p})\cup\nabla(\sigma_2^{n-p})\cup \\ \qquad \cdots\cup\nabla(\sigma_j^{n-p})) \end{cases}$$

が成り立つことを証明する.

仮定(*)から $K_{p-1,0}=K_{p-1}$ に対しては(**)は成り立つから, $K_{p-1,k-1}$ に対して(**)が成り立つと仮定して $j=k$ の場合の(**)を証明しよう. 定義から

$$K_{p-1,k}=K_{p-1,k-1}\cup\nabla(\sigma_k^{n-p}), \qquad K_{p-1,k}\cap\nabla(\sigma_k^{n-q})=L(\sigma_k^{n-q})$$

であるから, $(K_{p-1,k};\ K_{p-1,k-1},\nabla(\sigma_k^{n-p}))$ に関するマイヤー-ビートリス完全系列は

$$\cdots\xrightarrow{\Delta_{i+1}} H_i(L(\sigma_k^{n-p}))\xrightarrow{\phi_i} H_i(K_{p-1,k-1})\oplus H_i(\nabla(\sigma_k^{n-p}))- \\ \xrightarrow{\phi_i} H_i(K_{p-1,k})\xrightarrow{\Delta_i} H_{i-1}(L(\sigma_k^{n-p}))\xrightarrow{\phi_{i-1}}\cdots$$

となる. $|\nabla(\sigma_k^{n-p})|$ は可縮だから, $H_i(\nabla(\sigma_k^{n-p}))=0\ (i\geqq 1)$, $H_0(\nabla(\sigma_k^{n-p}))\cong \boldsymbol{Z}$ であり, 定理6.16(iii)から $H_i(L(\sigma_k^{n-p}))=0$ $(i\neq 0,\ p-1)$, $H_0(L(\sigma_k^{n-p}))=\boldsymbol{Z}\ (p\geqq 2)$, $H_0(L(\sigma_k^{n-1}))\cong\boldsymbol{Z}\oplus\boldsymbol{Z}$ であるから,

$$H_i(K_{p-1,k})\cong H_i(K_{p-1,k-1}), \qquad (i=0,1,\cdots,p-2)$$

となって, 仮定から $j=k$ の場合の(**)の第一式 $H_i(K_{p-1,k})\cong H_i^{\nabla}(K)\ (i=0,1,\cdots,p-2)$ が成り立つ.

さらに $p\geqq 2$ の場合はマイヤー-ビートリス完全系列が

$$0\longrightarrow H_p(K_{p-1,k-1})\xrightarrow{\phi_p} H_p(K_{p-1,k})\xrightarrow{\Delta_p} H_{p-1}(L(\sigma_k^{n-p}))- \\ \xrightarrow{\phi_{p-1}} H_{p-1}(K_{p-1,k-1})\xrightarrow{\phi_{p-1}} H_{p-1}(K_{p-1,k})\longrightarrow 0$$

となるから, $H_{p-1}(L(\sigma_k^{n-p}))\cong\boldsymbol{Z}$ の生成元が $[\partial_p^{\nabla}\langle\nabla(\sigma_k^{n-p})\rangle]$ で

あることに注意すれば帰納法の仮定から

$$H_{p-1}(K_{p-1,k})\cong H_{p-1}(K_{p-1,k-1})/\mathrm{Im}\,\psi_{p-1}$$
$$\cong(\mathrm{Ker}\,\partial^{\nabla}_{p-1})/\partial^{\nabla}_{p}(C_p\nabla((\sigma^{n-p}_1)\cup\cdots\cup\nabla(\sigma^{n-p}_k)))$$

となって $j=k$ の場合の (**) の第二式をうる.

また，もし $\mathrm{Ker}\,\psi_{p-1}\neq 0$ であれば，$\psi_{p-1}(m[\partial^{\nabla}_p\langle\nabla(\sigma^{n-p}_k)\rangle])=0$ となる自然数 m のうち最小のものを $\overline{m}$ とするとき，$c\in C_p(\nabla(\sigma^{n-p}_1)\cup\nabla(\sigma^{n-p}_2)\cup\cdots\cup\nabla(\sigma^{n-p}_{k-1}))$ で $\partial'_p c=\overline{m}[\partial^{\nabla}_p\langle\nabla(\sigma^{n-p}_k)\rangle]$ となるものが存在するから $\bar{z}=\overline{m}\langle\nabla(\sigma^{n-p}_k)\rangle-c$ は $Z_p(K_{p-1,k})\cong H_p(K_{p-1,k})$ の元で，マイヤー-ビートリス完全系列の定義から $H_p(K_{p-1,k})$ は $H_p(K_{p-1,k-1})$ と $[\bar{z}]$ とによって生成されて，

$$H_p(K_{p-1,k})\cong(\mathrm{Ker}\,\partial^{\nabla}_p)\cap(C_p(\nabla(\sigma^{n-p}_1)\cup\cdots\cup\nabla(\sigma^{n-p}_k)))$$

となり $j=k$ の場合の (**) の第三式をうる.

$\mathrm{Ker}\,\psi_{p-1}=0$ であれば，$H_p(K_{p-1,k})\cong H_p(K_{p-1,k-1})$ が成り立つが，同様な考察によりこのときは

$$(\mathrm{Ker}\,\partial^{\nabla}_p)\cap(C_p(\nabla(\sigma^{n-p}_1)\cup\cdots\cup\nabla(\sigma^{n-p}_k)))$$
$$=(\mathrm{Ker}\,\partial^{\nabla}_p)\cap(C_p(\nabla(\sigma^{n-p}_1)\cap\cdots\cap\nabla(\sigma^{n-p}_{k-1})))$$

となるから，やはり $j=k$ の場合の (**) の第三式がえられる.

$p=1$ の場合はマイヤー-ビートリス完全系列が

$$0\longrightarrow H_1(K_{p-1,k-1})\xrightarrow{\phi_1}H_1(K_{p-1,k})\xrightarrow{\Delta_1}H_0(S^0)-$$
$$\xrightarrow{\psi_0}H_0(K_{p-1,k-1})\oplus\boldsymbol{Z}\xrightarrow{\phi_0}H_0(K_{p-1,k})\longrightarrow 0$$

となるが，これから $p=1$ の場合にも $j=k$ の場合の (**) の第二，第三式が成り立つことが容易にわかる.

このように j に関する数学的帰納法によって $j=v$ すなわち $K_{p-1,v}=K_p$ に対して (**) が成り立つが，それは $q=p$ の場合の (*) に他ならない. したがって q に関する (*) が成り立って，数学的帰納法によって $q=n$ に対して (*) が成り立

つ．よって定理が証明された．▮

複体 $Sd(K)$ において，K の各単体 σ に対して，$Sd(\sigma)=Sd(K(\sigma))$ を一つのブロックと考えれば，$Sd(K)$ をいくつかの部分複体のブロックに分割できる．$\{C_q(K)\}$ はこの分割からつくった鎖群と見ることができるが，定理 3.19 によって $H_*(Sd(K))$ はこの鎖群のホモロジー群 $H_*(K)$ に等しい．上述の $\nabla(\sigma)$ もまた $Sd(K)$ における一つのブロックで，$Sd(K)$ を部分複体 $\nabla(\sigma)$ からなるブロックに分割して，この分割からつくった鎖群が $\{C_q^\nabla(K)\}$ である．定理 6.17 はこの分割からも $H_*(Sd(K))$ が求められることを示している．

ここで $Sd(\sigma)$ をブロックと考えたときは $(|Sd(\sigma)|=|\sigma|$ であって),

$$\partial_q(\langle\sigma^q\rangle)=\sum_{\sigma'<\sigma}\pm\langle\sigma'\rangle$$

であるのに対して，$\nabla(\sigma)$ をブロックと考えたときは

$$\partial_{n-q}^\nabla(\langle\nabla(\sigma^q)\rangle)=\sum_{\sigma<\sigma''}\pm\langle\nabla(\sigma'')\rangle$$

であって，右辺の和における辺単体である関係がちょうど逆になっている．この意味でブロックによるこの二つの分割を**双対的な分割**といい，$|\nabla(\sigma)|$ による $|K|$ の分割を K の**双対分割**という．

$|\nabla(\sigma)|$ による分割は $|K|$ の単体分割ではないが，単体分割と似た性質をもっていて，これから $H_*(Sd(K))$ すなわち $H_*(K)$ を求めることができることがわかった．上記の境界準同型 $\partial_{n-q}(\langle\nabla(\sigma)\rangle)$ の形をはっきりとらえるためには K の双対鎖群 $\{C^q(K)\}$ を考えるのが便利であって，これから $H_*^\nabla(K)$ と K のコホモロジー群 $H^*(K)$ との間の関係がえられるのである．このため次節で複体の双対鎖群とコホモロジー群に

ついて述べることにする．

§28 複体と図形のコホモロジー

K を複体，$C_q(K)$ $(q=0, 1, 2, \cdots)$ を K の鎖群とする．$C_q(K)$ から無限巡回群 $\boldsymbol{Z}$ への準同型 $C_q(K) \to \boldsymbol{Z}$ 全体の集合を

$$C^q(K)=\{f;\ f: C_q(K) \to \boldsymbol{Z}\} \qquad (q=0, 1, 2, \cdots)$$

と書く．$C^q(K)$ の元 $f: C_q(K) \to \boldsymbol{Z}$ に対し，対応

$$(-f): C_q(K) \to \boldsymbol{Z}$$

を $(-f)(c)=-f(c)$ $(c \in C_q(K))$ と定義すると，明らかに $(-f)$ は準同型で，$(-f) \in C^q(K)$ である．

また，$f, g \in C^q(K)$ に対し，対応

$$f+g: C_q(K) \to \boldsymbol{Z}$$

を $(f+g)(c)=f(c)+g(c)$ $(c \in C_q(K))$ と定義すると，これも明らかに準同型であるから $f+g \in C^q(K)$ である．

さらに，準同型 $C_q(K) \to \boldsymbol{Z}$ で $C_q(K)$ の像が $\{0\}$ であるものを 0 と書くことにすれば，$f+0=0+f=f$，$f+(-f)=0$ である．したがって，和 $f+g$ によって $C^q(K)$ は加群となり 0 が単位元，f の逆元が $-f$ である．$\gamma \in \boldsymbol{Z}$，$f \in C^q(K)$ に対し，$(\gamma f)(c)=\gamma(f(c))$ と定めると，$\gamma f \in C^q(K)$ である．

$C^q(K)$ を K の **q 次元双対鎖群** といい $(q=0, 1, 2, \cdots)$，$C^q(K)$ の元 $f: C_q(K) \to \boldsymbol{Z}$ を **q 双対鎖** という．

$c_1, c_2, \cdots, c_r$ が自由加群 $C_q(K)$ の基であるとき，準同型

$$c_i^*: C_q(K) \to \boldsymbol{Z} \qquad (i=1, 2, \cdots, r)$$

を $c_i^*(c_j)=\delta_{ij}$（ただし δ_{ij} は $\delta_{ii}=1$，$\delta_{ij}=0$ $(i \neq j)$）によって定義すると，明らかに $c_1^*, c_2^*, \cdots, c_r^*$ は $C^q(K)$ の基で，$C^q(K)$

の元 f は一意的に

$$f=\gamma_1 c_1^*+\gamma_2 c_2^*+\cdots+\gamma_r c_r^* \qquad (\gamma_i\in \boldsymbol{Z})$$

と書ける．よって $C^q(K)$ は自由加群でその階数は $C_q(K)$ の階数に等しい．たとえば，K の q 単体を $\sigma_1^q, \sigma_2^q, \cdots, \sigma_r^q$ とすれば，$\langle\sigma_1^q\rangle^*, \langle\sigma_2^q\rangle^*, \cdots, \langle\sigma_r^q\rangle^*$ は $C^q(K)$ の基である．

$f\in C^q(K)$ に対して $\delta^q(f)\in C^{q+1}(K)$ を

$$(\delta^q(f))(c)=f(\partial_{q+1}(c)) \qquad (c\in C_{q+1}(K))$$

によって定義する．$f, g\in C^q(K)$ に対し，

$$\begin{aligned}(\delta^q(f+g))(c)&=(f+g)(\partial_{q+1}(c))=f(\partial_{q+1}(c))+g(\partial_{q+1}(c))\\&=(\delta^q(f))(c)+(\delta^q(g))(c)\end{aligned}$$

だから，

$$\delta^q(f+g)=\delta^q(f)+\delta^q(g)$$

が成り立ち，

$$\delta^q: C^q(K)\to C^{q+1}(K) \qquad (q=0, 1, \cdots)$$

は準同型である．準同型 $\{\delta^q\}$ $(q=0, 1, \cdots)$ を**双対境界準同型**という．

例 6.5 K の q 単体，$q+1$ 単体に向きをきめて，$\langle\sigma_i^q\rangle$ $(i=1, 2, \cdots, l)$，$\langle\sigma_j^{q+1}\rangle$ $(j=1, 2, \cdots, l')$ とし，

$$\partial_{q+1}(\langle\sigma_j^{q+1}\rangle)=\sum_i \varepsilon_{ij}\langle\sigma_i^q\rangle \qquad (j=1, 2, \cdots, l')$$

とするとき (ただし $\varepsilon_{ij}=\pm 1$ あるいは 0)

$$\delta^q(\langle\sigma_i^q\rangle^*)=\sum_j \varepsilon_{ij}\langle\sigma_j^{q+1}\rangle^* \qquad (i=1, 2, \cdots, l)$$

である．なぜなら，$(\delta^q(\langle\sigma_i^q\rangle^*))(\langle\sigma_j^{q+1}\rangle)=\langle\sigma_i^q\rangle^*(\partial_{q+1}\langle\sigma_j^{q+1}\rangle)=\langle\sigma_i^q\rangle^*(\sum_i \varepsilon_{ij}\langle\sigma_i^q\rangle)=\varepsilon_{ij}$ だからである．∎

双対鎖群と双対境界準同型とから，図式

$$C^0(K)\xrightarrow{\delta^0}C^1(K)\xrightarrow{\delta^1}C^2(K)\xrightarrow{\delta^2}\cdots\xrightarrow{\delta^{q-1}}C^q(K)\xrightarrow{\delta^q}C^{q+1}(K)\xrightarrow{\delta^{q+1}}\cdots$$

ができる．ここで

$$\delta^{q+1}\delta^{q}=0 \qquad (q=0,1,2,\cdots)$$

である．なぜなら，$f\in C^{q}(K)$ とするとき $c'\in C_{q+2}(K)$ に対して

$$(\delta^{q+1}(\delta^{q}(f)))(c')=(\delta^{q}(f))(\partial_{q+2}(c'))=f(\partial_{q+1}\partial_{q+2}(c'))$$
$$=f(0)=0$$

だからである．

$Z^{q}(K)=\mathrm{Ker}\,\delta^{q}$ を K の **q 次元双対輪体群**といい ($q=0,1,2,\cdots$)，$B^{q}(K)$ を $q=1,2,\cdots$ のとき $B^{q}(K)=\mathrm{Im}\,\delta^{q-1}$ ($q=1,2,\cdots$)，$q=0$ のとき $B^{0}(K)=0$ と定めてこれを K の **q 次元双対境界輪体群**という．$Z^{q}(K)$ の元を **q 双対輪体**，$B^{q}(K)$ の元を **q 双対境界輪体**という．$\delta^{q+1}\delta^{q}=0$ から $\mathrm{Im}\,\delta^{q-1}\subset \mathrm{Ker}\,\delta^{q}$ だから

$$Z^{q}(K)\supset B^{q}(K) \qquad (q=0,1,2,\cdots)$$

が成り立つ．商群 $Z^{q}(K)/B^{q}(K)$ を $H^{q}(K)$ ($q=0,1,2,\cdots$) と書き，K の **q 次元コホモロジー群**といい，$H^{*}(K)=H^{0}(K)\oplus H^{1}(K)\oplus\cdots\oplus H^{q}(K)\oplus\cdots$ を K の**コホモロジー群**という．

定理 6.18　$H^{q}(K)$ を複体 K の q 次元コホモロジー群とすると，

$$H^{q}(K)\cong \boldsymbol{Z}\oplus\boldsymbol{Z}\oplus\cdots\oplus\boldsymbol{Z}\oplus\boldsymbol{Z}_{\theta_{1}^{q-1}}\oplus\boldsymbol{Z}_{\theta_{2}^{q-1}}\oplus\cdots\oplus\boldsymbol{Z}_{\theta_{\tau_{q-1}}^{q-1}}$$

となる．ここに，右辺の $\boldsymbol{Z}$ の個数は K の q 次元ベッチ数であり，$\theta_{1}^{q-1},\theta_{2}^{q-1},\cdots,\theta_{\tau_{q-1}}^{q-1}$ は K の $q-1$ 次元ねじれ係数である．

証明　$C_{q}(K)$ の標準基 (定理 4.17) を a_{i}^{q} ($i=1,2,\cdots,\beta_{q}-\tau_{q}$)，$b_{j}^{q}$ ($j=1,2,\cdots,\tau_{q}$)，c_{k}^{q} ($k=1,2,\cdots,R_{q}$)，d_{l}^{q} ($l=1,2,\cdots,\tau_{q-1}$)，e_{m}^{q} ($m=1,2,\cdots,\beta_{q-1}-\tau_{q-1}$) とすると，$(a_{i}^{q})^{*},(b_{j}^{q})^{*},(c_{k}^{q})^{*},(d_{l}^{q})^{*},(e_{m}^{q})^{*}$ は $C^{q}(K)$ の基である．ここで例 6.5 を使って

$$\delta^q((a_i^q)^*)=(e_i^{q+1})^*, \qquad \delta^q((b_j^q)^*)=\theta_j^q(d_j^{q+1})^*$$

$$\delta^q((c_k^q)^*)=0, \qquad \delta^q((d_l^q)^*)=0, \qquad \delta^q((e_m^q)^*)=0$$

であるから，$Z^q(K)$ は $(c_k^q)^*$ $(k=1,2,\cdots,R_q)$，$(d_l^q)^*$ $(l=1,2,\cdots,\tau_{q-1})$，$(e_m^q)^*$ $(m=1,2,\cdots,\beta_{q-1}-\tau_{q-1})$ で生成される自由加群であり，$B^q(K)$ は $(e_i^q)^*$ $(i=1,2,\cdots,\beta_{q-1}-\tau_{q-1})$，$\theta_j^{q-1}(d_j^q)^*$ $(j=1,2,\cdots,\tau_{q-1})$ で生成される自由加群である．したがって $H^q(K)=Z^q(K)/B^q(K)$ は上記のようになる．∎

この定理の系として定理 4.12 から次の定理がえられる．

定理 6.19　複体 K, K' があって，多面体 $|K|$，$|K'|$ がホモトピー同型ならば，

$$H^q(K)\cong H^q(K') \qquad (q=0,1,2,\cdots)$$

である．

定理 6.19 から X を単体分割可能な図形(あるいは位相空間)，$\{K,\boldsymbol{t}\}$ を X の単体分割とするとき，X の **q 次元コホモロジー群** $H^q(X)$ を $H^q(K)$ によって定義すると $(q=0,1,\cdots)$，$H^q(X)$ は単体分割のとり方によらないできまり，X の q 次元コホモロジー群 $H^q(X)$ $(q=0,1,\cdots)$ はホモトピー型不変量したがってとくに位相不変量である．

コホモロジーはホモロジーと双対的な概念であって，ホモロジーと類似あるいは双対的な関係が成り立つが，本書ではそれには立ち入らないことにする．

つぎに $\boldsymbol{Z}_2$ を係数とするコホモロジー群を定義しよう．

$C_q(K)$ から $\boldsymbol{Z}_2$ への準同型 $C_q(K)\to\boldsymbol{Z}_2$ 全体の集合を

$$C^q(K;\boldsymbol{Z}_2)=\{f;\ f:C_q(K)\to\boldsymbol{Z}_2\} \qquad (q=0,1,2,\cdots)$$

と書くと，$C^q(K)$ の場合と同様にして $C^q(K;\boldsymbol{Z}_2)$ は加群である．$C^q(K;\boldsymbol{Z}_2)$ を K の $\boldsymbol{Z}_2$ **を係数とする q 次元双対鎖群**

という．**双対境界準同型**

$$\tilde{\delta}^q : C^q(K;\boldsymbol{Z}_2) \to C^{q+1}(K;\boldsymbol{Z}_2) \qquad (q=0,1,2,\cdots)$$

を前述の $\tilde{\delta}^q : C^q(K) \to C^{q+1}(K)$ と全く同様に定義するとこの場合も $\tilde{\delta}^{q+1}\tilde{\delta}^q=0$ が成り立つ．図式

$$C^0(K;\boldsymbol{Z}_2) \xrightarrow{\tilde{\delta}^0} C^1(K;\boldsymbol{Z}_2) \xrightarrow{\tilde{\delta}^1} \cdots \xrightarrow{\tilde{\delta}^{q-1}} C^q(K;\boldsymbol{Z}_2) \xrightarrow{\tilde{\delta}^q} C^{q+1}(K;\boldsymbol{Z}_2) \xrightarrow{\tilde{\delta}^{q+1}} \cdots$$

において，$Z^q(K;\boldsymbol{Z}_2)=\mathrm{Ker}\,\tilde{\delta}^q$ $(q=0,1,2,\cdots)$，$B^q(K;\boldsymbol{Z}_2)=\mathrm{Im}\,\tilde{\delta}^{q-1}$ $(q=1,2,\cdots)$，$B^0(K;\boldsymbol{Z}_2)=0$ と定め，K の $\boldsymbol{Z}_2$ を係数とする **q 次元コホモロジー群** $H^q(K;\boldsymbol{Z}_2)$ $(q=0,1,2,\cdots)$ を $H^q(K;\boldsymbol{Z}_2)=Z^q(K;\boldsymbol{Z}_2)/B^q(K;\boldsymbol{Z}_2)$ と定義する．

$C_q(K)$ の標準基 a_i^q $(i=1,2,\cdots,\beta_q-\tau_q)$，$b_j^q$ $(j=1,2,\cdots,\tau_q)$，c_k^q $(k=1,2,\cdots,R_q)$，d_l^q $(l=1,2,\cdots,\tau_{q-1})$，$e_m^q$ $(m=1,2,\cdots,\beta_{q-1}-\tau_{q-1})$ に対して，$\boldsymbol{p}:\boldsymbol{Z}\to\boldsymbol{Z}_2=\boldsymbol{Z}/2\boldsymbol{Z}$ を射影（§11）として，$C^q(K;\boldsymbol{Z}_2)$ の元 $\boldsymbol{p}(a_i^q)^*$，$\boldsymbol{p}(b_j^q)^*$，$\boldsymbol{p}(c_k^q)^*$，$\boldsymbol{p}(d_l^q)^*$，$\boldsymbol{p}(e_m^q)^*$ を考えれば，これは $C^q(K;\boldsymbol{Z}_2)$ の生成元であって，

$$\tilde{\delta}^q(\boldsymbol{p}(a_i^q)^*)=\boldsymbol{p}(e_i^{q+1})^*, \qquad \tilde{\delta}^q(\boldsymbol{p}(c_k^q)^*)=0,$$
$$\tilde{\delta}^q(\boldsymbol{p}(d_l^q)^*)=0, \qquad \tilde{\delta}^q(\boldsymbol{p}(e_m^q)^*)=0$$

であり，さらに θ_j^q が偶数であるときにかぎって

$$\tilde{\delta}^q(\boldsymbol{p}(b_j^q)^*)=0$$

である．したがって θ_l^q のうち奇数のものを θ_l^q $(l=1,2,\cdots,\tau_q{}')$ とすると，つぎの定理が成り立つ．

定理 6.20　$H^q(K;\boldsymbol{Z}_2)$ を複体 K の $\boldsymbol{Z}_2$ を係数とする q 次元コホモロジー群とすると，$H^q(K;\boldsymbol{Z}_2)$ は $R_q+(\tau_q-\tau_q{}')+(\tau_{q-1}-\tau_{q-1}')$ 個の $\boldsymbol{Z}_2$ の直和である．したがって $H^q(K;\boldsymbol{Z}_2)$ は $H_q(K;\boldsymbol{Z}_2)$ と同型である（定理 4.18 参照）．

この定理から K の $\boldsymbol{Z}_2$ を係数とする q 次元コホモロジー群

$H^q(K;\boldsymbol{Z}_2)$ $(q=0,1,\cdots)$ は $|K|$ のホモトピー型不変量であることがわかる.

§29 ポアンカレの双対定理

M を弧状連結で向きづけ可能な n 次元ホモロジー多様体 $(n\geqq 2)$, $\{K,\boldsymbol{t}\}$ を M の単体分割とし, M の向きをきめ, M の向きからきまる $Sd(K)$ の基本ホモロジー類を μ とする.

K の各単体 σ に向きを(任意に)きめて, それを $\langle\sigma\rangle$ とする. $\sigma^q\in K$ に対して, 鎖準同型 $\{Sd_q\}:\{C_q(K)\}\to\{C_q(Sd(K))\}$ (§15) に関する $\langle\sigma^q\rangle$ の像 $Sd_q(\langle\sigma^q\rangle)$ を

$$Sd_q(\langle\sigma^q\rangle)=\sum\varepsilon_{\sigma_0,\sigma_1,\cdots,\sigma_{q-1}}\langle[\sigma_0],[\sigma_1],\cdots,[\sigma_{q-1}],[\sigma^q]\rangle$$
$$(\varepsilon_{\sigma_0,\sigma_1,\cdots,\sigma_{q-1}}=\pm 1,\ \ \sigma_0\lneqq\sigma_1\lneqq\cdots\lneqq\sigma_{q-1}\lneqq\sigma^q)$$

とする. 右辺の和の中の二つの q 単体 $\varepsilon_{\sigma_0,\sigma_1,\cdots,\sigma_{q-1}}\langle[\sigma_0],[\sigma_1],\cdots,[\sigma_{q-1}],[\sigma^q]\rangle$, $\varepsilon_{\sigma'_0,\sigma'_1,\cdots,\sigma'_{q-1}}\langle[\sigma'_0],[\sigma'_1],\cdots,[\sigma'_{q-1}],[\sigma^q]\rangle$ が共通の $(q-1)$ 辺単体をもっているとすると, $\partial'_q(Sd_q(\langle\sigma^q\rangle))=Sd_{q-1}(\partial_q(\langle\sigma^q\rangle))$ (§15) からわかるように, この二つの q 単体の向きは同調している(図 2.7 (iii) 参照). したがって, $\sigma^q\lneqq\sigma_{q+1}\lneqq\cdots\lneqq\sigma_n$ を K の1次元違いの辺単体の列とするとき, 共通の $n-1$ 辺単体をもつ二つの n 単体

$$\varepsilon_{\sigma_0,\sigma_1,\cdots,\sigma_{q-1}}\langle[\sigma_0],[\sigma_1],\cdots,[\sigma_{q-1}],[\sigma^q],[\sigma_{q+1}],\cdots,[\sigma_n]\rangle,$$
$$\varepsilon_{\sigma'_0,\sigma'_1,\cdots,\sigma'_{q-1}}\langle[\sigma'_0],[\sigma'_1],\cdots,[\sigma'_{q-1}],[\sigma^q],[\sigma_{q+1}],\cdots,[\sigma_n]\rangle$$

は同調する向きをもっている. いま, $\varepsilon_{\sigma_0,\sigma_1,\cdots,\sigma_{q-1}}\langle[\sigma_0],[\sigma_1],\cdots,[\sigma_{q-1}],[\sigma^q],[\sigma_{q+1}],\cdots,[\sigma_n]\rangle$ が基本ホモロジー類 μ に出てくる向きと一致するとき $\varepsilon_{\sigma_{q+1},\cdots,\sigma_n}=1$, 反対のとき $\varepsilon_{\sigma_{q+1},\cdots,\sigma_n}=-1$ とし, $Sd(K)$ の $n-q$ 単体 $|[\sigma^q][\sigma_{q+1}]\cdots[\sigma_n]|$ の向きを $\varepsilon_{\sigma_{q+1},\cdots,\sigma_n}\langle[\sigma^q],[\sigma_{q+1}],\cdots,[\sigma_n]\rangle$ ときめる. 基本ホモロジー類

μ に出てくる n 単体は同調する向きをもっていることに注意すれば，前述のことから $\varepsilon_{\sigma_{q+1},\cdots,\sigma_n}\langle[\sigma^q],[\sigma_{q+1}],\cdots,[\sigma_n]\rangle$ は $\sigma_0 \lneqq \sigma_1 \lneqq \cdots \lneqq \sigma_{q-1} \lneqq \sigma^q$ のえらび方に無関係にきまる．

$\nabla(\sigma^q)$ の各 $n-q$ 単体 $\tau=|[\sigma^q][\sigma_{q+1}]\cdots[\sigma_n]|$ $(\sigma^q \lneqq \sigma_{q+1} \lneqq \cdots \lneqq \sigma_n)$ に対し，向きを $\langle\tau\rangle=\varepsilon_{\sigma_{q+1},\cdots,\sigma_n}\langle[\sigma^q],[\sigma_{q+1}],\cdots,[\sigma_n]\rangle$ ときめると，$\nabla(\sigma^q)$ の二つの $n-q$ 単体で共通の $n-q-1$ 辺単体をもつものを

$$\langle\tau\rangle=\varepsilon_{\sigma_{q+1},\cdots,\sigma_n}\langle[\sigma^q],[\sigma_{q+1}],\cdots,[\sigma_n]\rangle,$$
$$\langle\tau'\rangle=\varepsilon_{\sigma'_{q+1},\cdots,\sigma'_n}\langle[\sigma^q],[\sigma'_{q+1}],\cdots,[\sigma'_n]\rangle$$

とすると，$\varepsilon_{\sigma_{q+1},\cdots,\sigma_n}\varepsilon_{\sigma_0,\sigma_1,\cdots,\sigma_{q-1}}\langle[\sigma_0],[\sigma_1],\cdots,[\sigma_{q-1}],[\sigma^q],[\sigma_{q+1}],\cdots,[\sigma_n]\rangle$ と $\varepsilon_{\sigma'_{q+1},\cdots,\sigma'_n}\varepsilon_{\sigma_0,\sigma_1,\cdots,\sigma_{q-1}}\langle[\sigma_0],[\sigma_1],\cdots,[\sigma_{q-1}],[\sigma^q],[\sigma'_{q+1}],\cdots,[\sigma'_n]\rangle$ とが基本ホモロジー類 μ に出てくる n 単体であって同調する向きをもっているから，$\langle\tau\rangle$ と $\langle\tau'\rangle$ とは同調する向きをもっている．よって，$\nabla(\sigma^q)$ のすべての $n-q$ 単体についての和を

$$\langle\nabla\langle\sigma^q\rangle\rangle=\sum\varepsilon_{\sigma_{q+1},\cdots,\sigma_n}\langle[\sigma^q],[\sigma_{q+1}],\cdots,[\sigma_n]\rangle$$

と書くことにすると，$\langle\nabla\langle\sigma^q\rangle\rangle$ は $\pm\langle\nabla(\sigma^q)\rangle$ (§27 参照) であって，$\partial'_{n-q}(\langle\nabla\langle\sigma^q\rangle\rangle)$ は $H_{n-q-1}(L(\sigma^q))\cong\boldsymbol{Z}$ の生成元である．$\langle\nabla\langle\sigma^q\rangle\rangle$ は σ^q の向き $\langle\sigma^q\rangle$ によってきまり．明らかに $\langle\nabla\langle-\sigma^q\rangle\rangle=-\langle\nabla\langle\sigma^q\rangle\rangle$ である．

補助定理 6.21　K の q 単体，$q+1$ 単体に向きをきめ $\langle\sigma_i^q\rangle$ $(i=1,2,\cdots,l)$，$\langle\sigma_j^{q+1}\rangle$ $(j=1,2,\cdots,l')$ とするとき，

$$\partial_{q+1}(\langle\sigma_j^{q+1}\rangle)=\sum_i\varepsilon_{ij}\langle\sigma_i^q\rangle \qquad (\varepsilon_{ij}=\pm1 \text{ あるいは } 0)$$

であれば，

$$\partial_{n-q}^{\nabla}(\langle\nabla\langle\sigma_i^q\rangle\rangle)=(-1)^{q+1}\sum_j\varepsilon_{ij}\langle\nabla\langle\sigma_j^{q+1}\rangle\rangle$$

である．

証明　σ_i^q が σ_j^{q+1} の辺単体でないときは，どちらに対しても $\varepsilon_{ij}=0$ であることは明らかである．$\sigma_i^q=|a_0a_1\cdots a_q|$，$\langle\sigma_i^q\rangle=\langle a_0, a_1, \cdots, a_q\rangle$，$\sigma_j^{q+1}=|a_0a_1\cdots a_qa_{q+1}|$，$\langle\sigma_j^{q+1}\rangle=\varepsilon\langle a_0, a_1, \cdots, a_q, a_{q+1}\rangle$ $(\varepsilon=\pm1)$ であるとする．σ_j^{q+1} を辺単体にもつ n 単体を $|a_0a_1\cdots a_n|$ とし，$\hat{\varepsilon}\langle[a_0], [|a_0a_1|], \cdots, [|a_0a_1\cdots a_q|], \cdots, [|a_0a_1\cdots a_n|]\rangle$ $(\hat{\varepsilon}=\pm1)$ が基本輪体 μ に出てくる向きとすると，$\hat{\varepsilon}\langle[|a_0a_1\cdots a_q|], \cdots, [|a_0a_1\cdots a_n|]\rangle$ が $\langle\nabla\langle\sigma_i^q\rangle\rangle$ に出てくる向きである．また，$\varepsilon\hat{\varepsilon}\langle[|a_0a_1\cdots a_{q+1}|], \cdots, [|a_0a_1\cdots a_n|]\rangle$ が $\langle\nabla\langle\sigma_j^{q+1}\rangle\rangle$ に出てくる向きである．ここで

$$\begin{aligned}\partial'_{n-q+1}(\hat{\varepsilon}\langle[|a_0a_1\cdots a_{q-1}|], \cdots, [|a_0a_1\cdots a_n|]\rangle\\ = \hat{\varepsilon}\langle[|a_0a_1\cdots a_q|], \cdots, [|a_0a_1\cdots a_n|]\rangle+\cdots\end{aligned}$$

だから，$\partial'_{n-q}(\langle\nabla\langle\sigma_i^q\rangle\rangle)$ に出てくるのは $\varepsilon\langle\nabla\langle\sigma_j^{q+1}\rangle\rangle$ である．一方，$\partial_{q+1}(\varepsilon\langle a_0, a_1, \cdots, a_{q+1}\rangle)=\cdots+(-1)^{q+1}(\varepsilon\langle a_0, a_1, \cdots, a_q\rangle)$．よって補助定理が成り立つ．∎

$C^{\nabla}_{n-q}(K)$ の元 $\langle\nabla\langle\sigma^q\rangle\rangle$ に K の q 次元双対鎖群 $C^q(K)$ の元 $\langle\sigma^q\rangle^*$ を対応させると，同型対応

$$\eta_q : C^{\nabla}_{n-q}(K)\to C^q(K)$$

をうる．図式

$$\begin{array}{ccccccc}\cdots\xrightarrow{\partial^{\nabla}_{n-q+1}} & C^{\nabla}_{n-q}(K) & \xrightarrow{\partial^{\nabla}_{n-q}} & C^{\nabla}_{n-q-1}(K) & \to\cdots\\ & \downarrow\eta_q & & \downarrow\eta_{q+1} & \\ \cdots\xrightarrow{\partial^{q-1}} & C^q(K) & \xrightarrow{\partial^q} & C^{q+1}(K) & \to\cdots\end{array}$$

において，補助定理 6.21 と例 6.5 から

$$\partial^{\nabla}_{n-q}(\langle\nabla\langle\sigma_i^q\rangle\rangle) = (-1)^{q+1}\sum_j\varepsilon_{ij}\langle\nabla\langle\sigma_j^{q+1}\rangle\rangle,$$

$$\partial^q(\langle\sigma_i^q\rangle^*) = \sum_j\varepsilon_{ij}\langle\sigma_j^{q+1}\rangle^*$$

が成り立つから，η_q によって $\mathrm{Ker}\,\partial^{\nabla}_{n-q}$ と $\mathrm{Ker}\,\partial^q=Z^q(K)$

は同型となり，$\operatorname{Im}\partial^{\triangledown}_{n-q+1}$ と $\operatorname{Im}\delta^{q-1}=B^q(K)$ とが同型となる．これから

$$H^{\triangledown}_{n-q}(K)\cong H^q(K)\qquad(q=0,1,2,\cdots,n)$$

がえられる．よって定理6.17からつぎの**ポアンカレの双対定理**が成り立つ．

定理6.22（**ポアンカレの双対定理**） M を弧状連結で向きづけ可能な n 次元ホモロジー多様体とすると

$$H_q(M)\cong H^{n-q}(M)\qquad(q=0,1,2,\cdots,n).$$

定理6.18によって上の定理の系としてポアンカレの双対定理のもう一つの表現がえられる．すなわち

定理6.23（**ポアンカレの双対定理**） M を弧状連結で向きづけ可能な n 次元ホモロジー多様体とすると，M のベッチ数 R_q とねじれ係数 $\theta_1^q,\theta_2^q,\cdots,\theta_{\tau_q}^q$ $(q=0,1,\cdots,n)$ に関して

$$R_q=R_{n-q},\qquad\tau_q=\tau_{n-q-1}\qquad(q=0,1,2,\cdots,n),$$
$$\theta_1^q=\theta_1^{n-q-1},\qquad\theta_2^q=\theta_2^{n-q-1},\qquad\cdots,\qquad\theta_{\tau_q}^q=\theta_{\tau_q}^{n-q-1},$$

が成り立つ．

向きづけ可能という条件をとりさっても，$\boldsymbol{Z}_2$ 係数のホモロジー群と $\boldsymbol{Z}_2$ 係数のコホモロジー群を考えれば，上述の論法と全く同様にしてつぎの定理が成り立つ．

定理6.24（**ポアンカレの双対定理**） M を n 次元ホモロジー多様体とすると

$$H_q(M;\boldsymbol{Z}_2)\cong H^{n-q}(M;\boldsymbol{Z}_2).$$

問　題 VI

1. トーラス $T=S^1\times S^1$ を §5 のように $T=\boldsymbol{I}\times\boldsymbol{I}/\sim$ と考え，$\boldsymbol{p}:\boldsymbol{I}\times\boldsymbol{I}\to T$ を射影とする．T において，すべての $(x,y)\in\boldsymbol{I}\times\boldsymbol{I}$ に

ついて，$\boldsymbol{p}(x,y)$ と $\boldsymbol{p}(1-x,1-y)$ を同一視すればどのような図形ができるか．

2. 正 $2n$ 角形 Ω の辺を $x_1x_2\cdots x_nx_1^{-1}x_2^{-1}\cdots x_n^{-1}$ にしたがって同一視してえられる 2 次元ホモロジー多様体のホモロジー群を求めよ．

3. 弧状連結で向きづけ可能な 3 次元ホモロジー多様体で，1 次元ベッチ数が m のものを構成せよ．

4. 奇数次元ホモロジー多様体のオイラー数は 0 であることを証明せよ．

5. M を向きづけ可能でない 3 次元ホモロジー多様体とすると，$H_1(M)$ は無限群であることを示せ．

6. $H^*(S^m\times S^n)$, $H^*(S^m\times S^n;\boldsymbol{Z}_2)$, $H^*(P^n)$, $H^*(P^n;\boldsymbol{Z}_2)$ を求めよ．

7. K を複体とするとき，$|K(\partial\sigma')*K|$ がホモロジー多様体であるためには $|K|$ がホモロジー多様体であって K のホモロジー群が球面のホモロジー群と同型であることが必要十分であることを証明せよ．

8. 3 次元ホモロジー多様体は局所ユークリッド的であることを証明せよ．さらに組合せ多様体であることを証明せよ．

第7章　基　本　群

図形の位相不変な性質をとらえるものとして，これまでホモロジー群について述べてきた．この章では同様な性質をもつ基本群が任意の弧状連結な図形に対して定義される．ホモロジー群が単体分割可能な図形に対し定義され加群であったのに対して，基本群は一般には可換ではない．ここにホモロジー群と基本群の本質的なちがいの一つがある．

基本群を実際に求めるには，ホモロジー群に対してマイヤー-ビートリス完全系列があったように，ファン・カンペンの定理が有効で，それによっていくつかの例について基本群が計算される．

§30　基本群の定義と不変性

Xを弧状連結な図形(あるいはもっと一般に位相空間)とする．閉区間$\boldsymbol{I}=[0,1]$からXへの連続写像

$$w:\boldsymbol{I}\to X$$

が，$w(0)=x_0$，$w(1)=x_1$であるとき，wをx_0**から**x_1**への道**といい，x_0をwの**始点**，x_1をwの**終点**という．

wがx_0からx_1への道で，w'がx_1からx_2への道であるとき，連続写像

$$\hat{w}:\boldsymbol{I}\to X$$

を

$$\hat{w}(s)=\begin{cases} w(2s) & 0\leqq s\leqq 1/2, \\ w'(2s-1) & 1/2\leqq s\leqq 1 \end{cases}$$

と定義すれば，$\hat{w}$ は x_0 を始点とし，x_2 を終点とする道である(図 7.1)．この $\hat{w}$ を $w\cdot w'$ と書くことにする．

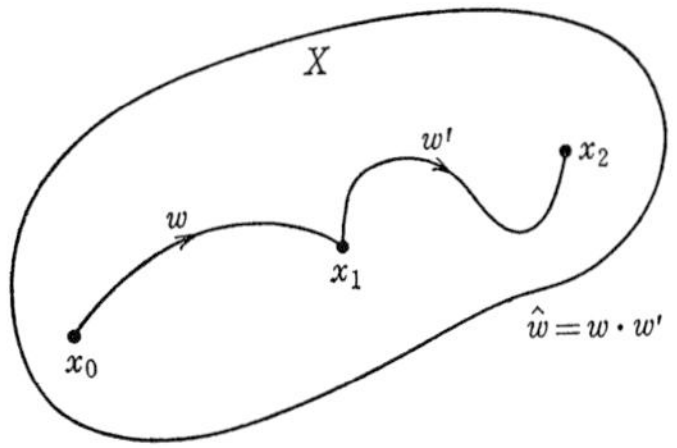

図 7.1

X の道で，とくに始点と終点とが同じ点 x_0 であるとき，すなわち連続写像 $w: \boldsymbol{I}\to X$ が $w(0)=w(1)=x_0$ であるとき，w を **x_0 を基点とする閉じた道**という．

x_0 を基点とする二つの閉じた道

$$w, \overline{w}: \boldsymbol{I}\to X$$

に対して，w と $\overline{w}$ との間のホモトピー

$$w_t: \boldsymbol{I}\to X \qquad (0\leqq t\leqq 1),\ \ w_0=w,\ \ w_1=\overline{w}$$

で (§16)，w_t が x_0 を基点とする閉じた道になっているものが存在するとき $(0\leqq t\leqq 1)$，w と $\overline{w}$ とは **x_0 を固定してホモトープ**であるという(図 7.2)．以下，閉じた道に対してはつね

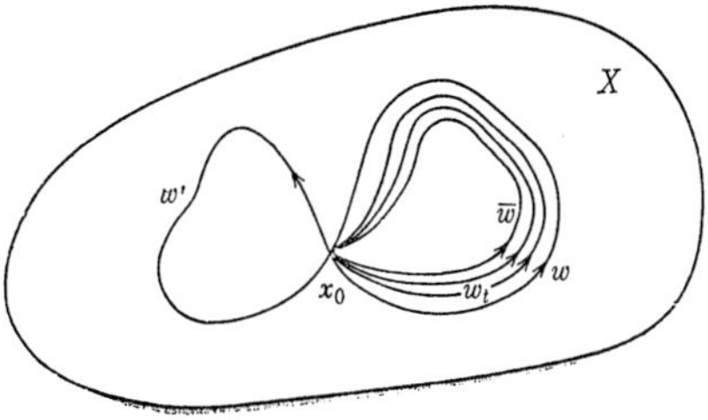

図 7.2

に基点を固定したホモトピーを考えることにし，基点を固定したホモトピーを単に $w \simeq \overline{w}$ と書く．

§16の場合と全く同様に，(i) $w \simeq w$, (ii) $w \simeq \overline{w}$ なら $\overline{w} \simeq w$, (iii) $w \simeq \overline{w}$, $\overline{w} \simeq \overline{\overline{w}}$ なら $w \simeq \overline{\overline{w}}$ が成り立つから，この関係 $\simeq$ は同値関係である．

X の1点 x_0 を基点とする X の道全体の集合

$$\{w;\ w: \boldsymbol{I} \to X,\ w(0)=w(1)=x_0\}$$

をホモトープであるという関係 $\simeq$ で類別したものを，x_0 **を基点とする閉じた道のホモトピー類**といい，その集合を $\pi_1(X, x_0)$ と書く．$\pi_1(X, x_0)$ の元は w の同値類 $[w]$ である．

$\pi_1(X, x_0)$ につぎのように積を定義して群の構造を入れることができる．

$\pi_1(X, x_0)$ の任意の二つの元を $[w], [w']$ とすると，$w \cdot w'$ は x_0 を基点とする閉じた道である．

補助定理 7.1 $[w], [w'] \in \pi_1(X, x_0)$, $\overline{w} \in [w]$, $\overline{w}' \in [w']$ とすれば，$w \cdot w' \simeq \overline{w} \cdot \overline{w}'$ である．

証明 w と $\overline{w}$ との間の(x_0 を固定した)ホモトピーを w_t とすると，$w_t \cdot w'$ $(0 \leqq t \leqq 1)$ は $w \cdot w'$ と $\overline{w} \cdot w'$ との間の(x_0 を固定した)ホモトピーだから $w \cdot w' \simeq \overline{w} \cdot w'$ である．同様にして $\overline{w} \cdot w' \simeq \overline{w} \cdot \overline{w}'$ だから，この二つを組合せて $w \cdot w' \simeq \overline{w} \cdot \overline{w}'$ となる． ▍

補助定理 7.1 によって，$[w]$ と $[w']$ との積 $[w] \cdot [w']$ を

$$[w] \cdot [w'] = [w \cdot w']$$

と定義すれば，これは $[w], [w']$ の代表元 w, w' のえらび方に無関係にきまる．

補助定理 7.2 x_0, x_1 を X の2点とし，w を x_0 から x_1 への

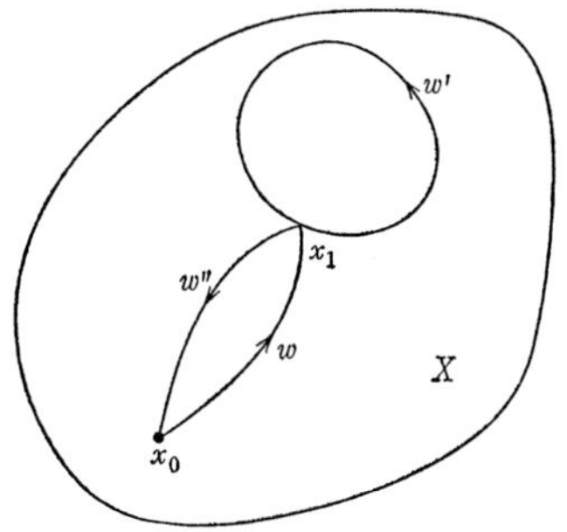

図 7.3

道，w' を x_1 を基点とする閉じた道，w'' を x_1 から x_0 への道とする (図 7.3)．このとき，x_0 を基点とする二つの閉じた道 $(w\cdot w')\cdot w''$，$w\cdot(w'\cdot w'')$ は (x_0 を固定して) ホモトープであり，

$$[(w\cdot w')\cdot w''] = [w\cdot(w'\cdot w'')]$$

となる．

証明　$0\leqq t\leqq 1$ として，連続写像

$$w_t : \boldsymbol{I} \to X$$

を，$s\in\boldsymbol{I}$ として

$$w_t(s) = \begin{cases} w\left(\dfrac{4s}{1+t}\right) & 0\leqq s\leqq \dfrac{t+1}{4}, \\ w'(4s-1-t) & \dfrac{t+1}{4}\leqq s\leqq \dfrac{t+2}{4}, \\ w''\left(1-\dfrac{4(1-s)}{2-t}\right) & \dfrac{t+2}{4}\leqq s\leqq 1 \end{cases}$$

と定義すると (図 7.4)，$w_0=(w\cdot w')\cdot w''$，$w_1=w\cdot(w'\cdot w'')$ であって w_t はこの二つの道の間の (x_0 を固定した) ホモトピーである．∎

補助定理 7.2 の中のホモトピー類 $[(w\cdot w')\cdot w'']=[w\cdot(w'\cdot w'')]$ を単に $[w\cdot w'\cdot w'']$ と書くことにする．

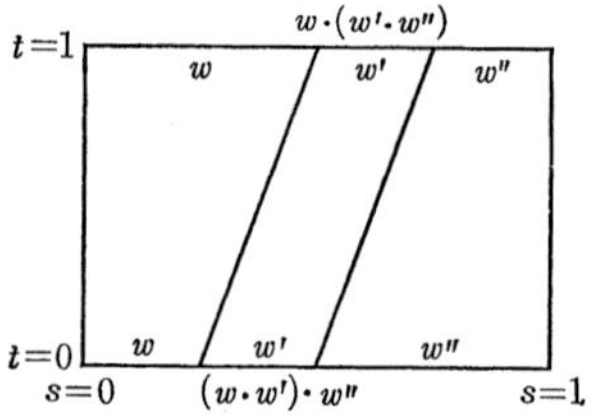

図 7.4

連続写像

$$e_{x_0} : \boldsymbol{I} \to X$$

を $e_{x_0}(s)=x_0$ $(s \in \boldsymbol{I})$，すなわち $e_{x_0}(\boldsymbol{I})=\{x_0\}$ と定義する．

補助定理 7.3 $[w]$ を $\pi_1(X, x_0)$ の任意の元とするとき，$e_{x_0}\cdot w \simeq w$，$w\cdot e_{x_0} \simeq w$ であり，$[e_{x_0}\cdot w]=[w\cdot e_{x_0}]=[w]$ となる．

証明 $0 \leqq t \leqq 1$ に対して，連続写像

$$w_t : \boldsymbol{I} \to X$$

を，$s \in \boldsymbol{I}$ として

$$w_t(s) = \begin{cases} x_0 & 0 \leqq s \leqq t/2 \\ w\left(\dfrac{2s-t}{2-t}\right) & t/2 \leqq s \leqq 1 \end{cases}$$

と定義すると，$w_0=w$，$w_1=e_{x_0}\cdot w$ であって，w_t はこの二つの道の間のホモトピーであり，$e_{x_0}\cdot w \simeq w$ をうる．全く同様にして $w\cdot e_{x_0} \simeq w$ が成り立つ． ∎

w を x_0 から x_1 への道とするとき，連続写像

$$w^{-1} : \boldsymbol{I} \to X$$

を $w^{-1}(s)=w(1-s)$ $(s \in \boldsymbol{I})$ と定義すれば，w^{-1} は x_1 から x_0 への道である．

補助定理 7.4 x_0 を基点とする閉じた道 $w\cdot w^{-1}$ は (x_0 を固定して) e_{x_0} にホモトープで，$[w\cdot w^{-1}]=[e_{x_0}]$ である．

証明　$0\leqq t\leqq 1$ に対して，連続写像 $w_t: \boldsymbol{I}\to X$ を $s\in\boldsymbol{I}$ として

$$w_t(s)=\begin{cases} w(2s) & 0\leqq s\leqq t/2, \\ w(t) & t/2\leqq s\leqq 1-t/2, \\ w(2-2s) & 1-t/2\leqq s\leqq 1 \end{cases}$$

と定義すると，$w_0=e_{x_0}$，$w_1=w\cdot w^{-1}$ であって，w_t はこの二つの道の間のホモトピーである．∎

$[w],[w']\in\pi_1(X,x_0)$ に対して定義された積 $[w]\cdot[w']$ は，補助定理 7.2 で $x_0=x_1$ の場合を考えれば，結合律を満たし，補助定理 7.3 によって $[e_{x_0}]$ が単位元 e となり，補助定理 7.4 によって $[w^{-1}]$ が $[w]$ の逆元 $[w]^{-1}$ である．したがって，この積に関して $\pi_1(X,x_0)$ は群となる．この群を **x_0 を基点とする X の基本群**（あるいは **1 次元ホモトピー群**あるいは**ポアンカレ群**）といい，それをあらためて $\pi_1(X,x_0)$ と書く．

例 7.1　D^n を n 次元球体，x_0 を D^n の任意の点とすると，x_0 を基点とする D^n の閉じた道は x_0 を固定してつねに e_{x_0} とホモトープだから（例 4.1），$\pi_1(D^n,x_0)$ は単位元のみからなる群 $\{e\}$ である．∎

例 7.2　S^n を n 次元球面 $(n\geqq 2)$，x_0 を S^n の任意の点とすると，x_0 を基点とする S^n の閉じた道は定理 4.8 の証明と全く同様にして x_0 を固定して e_{x_0} とホモトープである．したがって $\pi_1(S^n,x_0)\,(n\geqq 2)$ は単位元のみからなる群 $\{e\}$ である．∎

つぎに，x_0, x_1 を X の 2 点とするとき，x_0 を基点とする X の基本群 $\pi_1(X,x_0)$ と，x_1 を基点とする X の基本群 $\pi_1(X,x_1)$ との間の関係について考えよう．

x_0 から x_1 への道 u を一つきめる．x_0 を基点とする閉じた

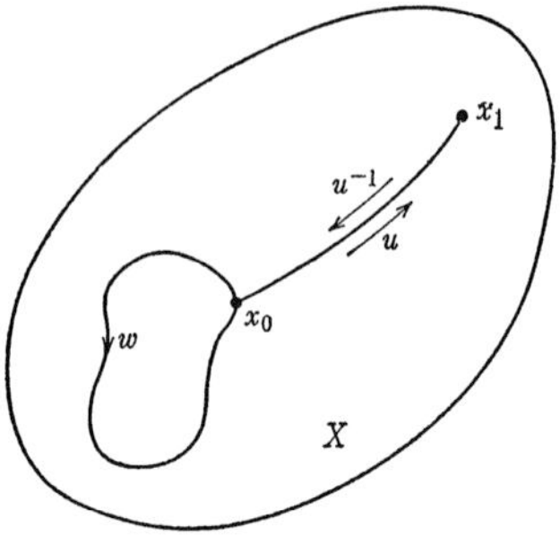

図 7.5

道 w に対して $(u^{-1}\cdot w)\cdot u$ および $u^{-1}\cdot(w\cdot u)$ は x_1 を基点とする閉じた道であって(図 7.5), 補助定理 7.2 によって $(u^{-1}\cdot w)\cdot u \simeq u^{-1}\cdot(w\cdot u)$ である. また, $\overline{w}\in[w]\in\pi_1(X, x_0)$ とすると, 補助定理 7.1 から $(u^{-1}\cdot w)\cdot u \simeq (u^{-1}\cdot\overline{w})\cdot u$ となる. したがって, $\pi_1(X, x_0)$ の元 $[w]$ に対して $\pi_1(X, x_1)$ の元 $[u^{-1}\cdot w\cdot u]$ を対応させ, これを $u_*([w])$ とすると, 対応

$$u_* : \pi_1(X, x_0) \to \pi_1(X, x_1)$$

がえられるが, u_* は $[w]$ の代表元 w のえらび方に無関係にきまる. つぎに u_* が準同型であることを示そう.

$[w], [w']\in\pi_1(X, x_0)$ に対して, $u_*([w])=[u^{-1}\cdot w\cdot u]$, $u_*([w'])=[u^{-1}\cdot w'\cdot u]$ だから,

$$u_*([w])\cdot u_*([w'])=[(u^{-1}\cdot w\cdot u)\cdot(u^{-1}\cdot w'\cdot u)]$$

となるが, 補助定理 7.1, 7.2, 7.3 から

$$(u^{-1}\cdot w\cdot u)\cdot(u^{-1}\cdot w'\cdot u) \simeq (u^{-1}\cdot w)\cdot(u\cdot u^{-1})\cdot(w'\cdot u)$$

$$\simeq (u^{-1}\cdot w)\cdot e_{x_0}\cdot)w'\cdot u) \simeq (u^{-1}\cdot w)\cdot(w'\cdot u) \simeq u^{-1}\cdot(w\cdot w')\cdot u$$

が成り立つ. したがって

$$u_*([w]\cdot[w']) = u_*([w\cdot w'])$$
$$= [u^{-1}\cdot(w\cdot w')\cdot u] = u_*[w]\cdot u_*[w']$$

となって，u_* は準同型である．

x_1 から x_0 への道 u^{-1} に対して同様に準同型

$$(u^{-1})_* : \pi_1(X, x_1) \to \pi_1(X, x_0)$$

が定義される．ここで

$$(u^{-1})_* u_* : \pi_1(X, x_0) \to \pi_1(X, x_0),$$
$$u_*(u^{-1})_* : \pi_1(X, x_1) \to \pi_1(X, x_1)$$

を考えると，

$$\begin{aligned}(u^{-1})_* u_*([w]) &= [u \cdot (u^{-1} \cdot w \cdot u) \cdot u^{-1}] \\ &= [(u \cdot u^{-1}) \cdot w \cdot (u \cdot u^{-1})] = [w]\end{aligned}$$

であるから，$(u^{-1})_* u_*$ は $\pi_1(X, x_0)$ の恒等写像である．同様に $u_*(u^{-1})_*$ は $\pi_1(X, x_1)$ の恒等写像であるから，定理 3.1 によってつぎの定理が成り立つ．

定理 7.5　x_0, x_1 を(弧状連結な) X の任意の 2 点とすると，

$$\pi_1(X, x_0) \cong \pi_1(X, x_1).$$

この定理の同型は x_0 から x_1 への道 u によって与えられる．u とちがう道 u' をとれば，u'_* も同型 $\pi_1(X, x_0) \cong \pi_1(X, x_1)$ を与えるが，$u_* = u'_*$ とはかぎらない．

同型の群をすべて同一視して考えれば，定理 7.5 によって X の基本群は群として基点のとり方に無関係にきまる．これを X の**基本群**とよび，$\pi_1(X)$ と書く．

$\pi_1(X)$ が単位元のみからなる群であるとき，X を**単連結**という．たとえば $D^n, S^n\ (n \geqq 2)$ は単連結である(例 7.1，例 7.2)．

定理 7.6　1 次元球面 S^1 の基本群は $\pi_1(S^1) \cong \boldsymbol{Z}$ である．

証明　§22 のときのように，$S^1 = \{\cos\theta + i \sin\theta ; 0 \leqq \theta < 2\pi\}$ と考えて，$1 \in S^1$ を基点とする基本群 $\pi_1(S^1, 1)$ を考える．$\pi_1(S^1, 1) \ni [w]$ に対して $\gamma_*([w]) = \gamma(w)$ と定義すれば，定理 5.4

と全く同様に，$\gamma_*:\pi_1(S^1,1)\to \boldsymbol{Z}$ は全単射である．さらに1を基点とする S^1 の閉じた道 h_n を補助定理5.3と同じに定義すれば，$\pi_1(S^1,1)$ の元は $[h_n]$ $(n=0,\pm1,\pm2,\cdots)$ と書き表わされ，$\gamma_*([h_n\cdot h_m])=\gamma_*([h_n])+\gamma_*([h_m])$ であるから（補助定理5.3参照），$[h_n]\cdot[h_m]=[h_{n+m}]$ であって，γ_* は準同型，したがって同型である．∎

X,Y を弧状連結な図形(あるいは位相空間)とし，

$$h:X\to Y$$

を連続写像とする．X の1点 x_0 の h による像 $h(x_0)$ を y_0 と書くことにする．x_0 を基点とする X の閉じた道 w に対して，$hw:\boldsymbol{I}\to Y$ は y_0 を基点とする Y の閉じた道になる．$w\simeq\overline{w}$ ならば $hw\simeq h\overline{w}$ だから（§16参照），$[w]\in\pi_1(X,x_0)$ に対して $[hw]\in\pi_1(Y,y_0)$ が一意的にきまる．対応

$$h_*:\pi_1(X,x_0)\to\pi_1(Y,y_0)$$

を $h_*([w])=[hw]$ によって定義すると，$[w],[w']\in\pi_1(X,x_0)$ に対して

$$\begin{aligned}h_*([w]\cdot[w'])&=h_*([w\cdot w'])=[h(w\cdot w')]=[hw\cdot hw']\\&=[hw]\cdot[hw']=h_*([w])\cdot h_*([w'])\end{aligned}$$

だから，h_* は準同型である．

明らかに $1_X:X\to X$ に対して $(1_X)_*:\pi_1(X,x_0)\to\pi_1(X,x_0)$ は恒等写像である．

Z を弧状連結な図形(あるいは位相空間)とし，

$$h':Y\to Z$$

を連続写像とするとき，$h'(y_0)=z_0$ とすれば，準同型

$$h'_*:\pi_1(Y,y_0)\to\pi_1(Z,z_0)$$

がきまり，さらに $h'h:X\to Z$ に対して準同型

$$(h'h)_* : \pi_1(X, x_0) \to \pi_1(Z, z_0)$$

がきまるが，定義から明らかなように

$$(h'h)_* = h'_* h_*$$

が成り立つ．

二つの連続写像

$$h, \bar{h} : X \to Y$$

がホモトープ $h \simeq \bar{h}$ であるとし，$h_t : X \to Y\ (0 \leqq t \leqq 1)$，$h_0 = h$，$h_1 = \bar{h}$ を h と $\bar{h}$ との間のホモトピーとする．

$x_0 \in X$，$h(x_0) = y_0$，$\bar{h}(x_0) = \bar{y}_0$ とすると，$h, \bar{h}$ から準同型

$$h_* : \pi_1(X, x_0) \to \pi_1(Y, y_0), \qquad \bar{h}_* : \pi_1(X, x_0) \to \pi_1(Y, \bar{y}_0)$$

がきまる．連続写像

$$u : \boldsymbol{I} \to Y$$

を $u(s) = h_s(x_0)\,(s \in \boldsymbol{I})$ と定義すれば，$u(0) = y_0$，$u(1) = \bar{y}_0$ であり，u は y_0 から $\bar{y}_0$ への道である(図 7.6)．定理 7.5 のように u は同型 $u_* : \pi_1(Y, y_0) \to \pi_1(Y, \bar{y}_0)$ をきめる．

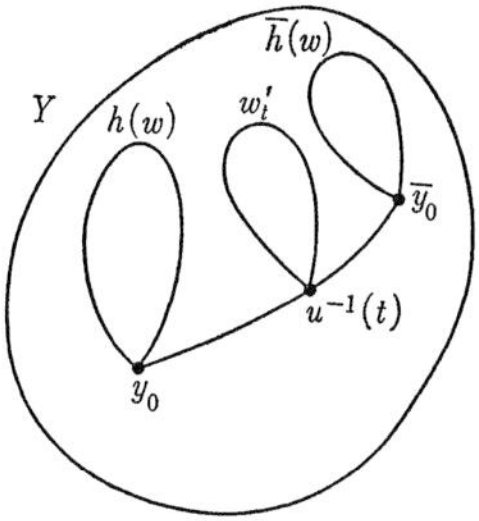

図 7.6

補助定理 7.7 準同型 $u_* h_*, \bar{h}_* : \pi_1(X, x_0) \to \pi_1(Y, \bar{y}_0)$ に対して $u_* h_* = \bar{h}_*$ が成り立つ．

証明 $\pi_1(X, x_0) \ni [w]$ に対して，$\bar{y}_0$ を基点とする Y の閉じ

た道 $w'_t : \boldsymbol{I} \to Y\ (0 \leqq t \leqq 1)$ を $s \in \boldsymbol{I}$ として

$$w'_t(s) = \begin{cases} u^{-1}(4ts) & 0 \leqq s \leqq 1/4, \\ h_{1-t}w(4s-1) & 1/4 \leqq s \leqq 1/2, \\ u(1+2ts-2t) & 1/2 \leqq s \leqq 1 \end{cases}$$

と定義すると(図 7.6), $w'_0 = (e_{\bar{y}_0} \cdot \bar{h}w) \cdot e_{\bar{y}_0} \simeq \bar{h}w$, $w'_1 = (u^{-1} \cdot hw) \cdot u$ であって, $w'_t\ (0 \leqq t \leqq 1)$ はこの二つの閉じた道の間の $\bar{y}_0$ を固定したホモトピーであるから $[\bar{h}(w)] = [u^{-1} \cdot (hw) \cdot u] = u_*([hw])$ である. ∎

この補助定理から基本群のホモトピー型不変性を示すつぎの定理が証明できる.

定理 7.8(**基本群のホモトピー型不変性**) X と Y とがホモトピー同型ならば, $\pi_1(X)$ と $\pi_1(Y)$ とは同型である.

証明 $f: X \to Y$, $g: Y \to X$ を連続写像で, $gf \simeq 1_X$, $fg \simeq 1_Y$ であるとする. gf と 1_X との間のホモトピーを $h_t : X \to X$ $(0 \leqq t \leqq 1)$, $h_0 = gf$, $h_1 = 1_X$ とし, $\bar{u} : \boldsymbol{I} \to X$ を $\bar{u}(s) = h_s(x_0)$ $(s \in \boldsymbol{I})$ で定義する. $\bar{u}$ は $gf(x_0)$ から x_0 への道である. 補助定理 7.7 により,

$$\bar{u}_*(gf)_* = \bar{u}_* g_* f_* : \pi_1(X, x_0) \to \pi_1(X, x_0)$$

は恒等写像であるから, $\pi_1(X, gf(x_0)) \ni [w]$ とすると

$$\bar{u}_* g_* f_* \bar{u}_*([w]) = \bar{u}_*([w])$$

であり, $\bar{u}_* : \pi_1(X, gf(x_0)) \to \pi_1(X, x_0)$ は同型だから(定理 7.5),

$$g_* f_* \bar{u}_*([w]) = [w]$$

となる. よって

$$g_* : \pi_1(Y, f(x_0)) \to (X, gf(x_0))$$

は全射準同型である. 一方, $fg \simeq 1_Y$ から,

$$(fg)_* = f_* g_* : \pi_1(Y, f(x_0)) \to \pi_1(Y, fgf(x_0))$$

は同型である(補助定理 7.7, 定理 7.5). いま, $\pi_1(Y, f(x_0))$ $\ni [w']$ が $g_*([w'])=e$ であるとすると, $f_*g_*([w'])=e$ で $[w']$ $\in \mathrm{Ker}(f_*g_*)$ であるが, f_*g_* が同型だから $[w']=e$. すなわち g_* は同型である. ∎

例 7.3 定理 7.8 から $X \supset A$ で A が X の変形収縮なら $\pi_1(A) \cong \pi_1(X)$ である. とくに X が可縮ならば $\pi_1(X)=\{e\}$ である. ∎

§31 複体の基本群

前節で弧状連結な図形に対して基本群を定義したが, 一般の図形では道や道のホモトピー類を実際に考察することや計算することは簡単ではない. しかしその図形が多面体であるときには, その組合せ的構造を使って基本群を表示することができる.

K を複体とし, K の頂点を $a_0, a_1, a_2, \cdots, a_r$ であるとする. K の頂点の列

$$l=(a_{i_0}, a_{i_1}, \cdots, a_{i_q}) \qquad (q \geqq 0)$$

で, $k=0, 1, \cdots, q-1$ について

(i) $|a_{i_k}a_{i_{k+1}}|$ が K の 1 単体である,

(ii) $a_{i_k}=a_{i_{k+1}}$

のいずれかが満たされているとき, l を K の**折線**といい, a_{i_0} を l の**始点**, a_{i_q} を l の**終点**という. l を折線とよぶのは l に出てくる頂点を順々に結べば $|K|$ の折線がえられるからである. ただし一つの頂点からなる列 (a_{i_0}) も折線と考える.

$l'=(a_{i_q}, a_{i_{q+1}}, \cdots, a_{i_{q+s}})$ を l の終点を始点とする K の折線とするとき, 折線 $(a_{i_0}, a_{i_1}, \cdots, a_{i_q}, a_{i_{q+1}}, \cdots, a_{i_{q+s}})$ を $l \cdot l'$ と書

く．また，折線 l に対して $(a_{i_q}, a_{i_{q-1}}, \cdots, a_{i_1}, a_{i_0})$ も K の折線であって，この折線を l^{-1} と書く．K の折線でとくに始点と終点とが一致するものを**閉折線**といい，その始点(終点)を**基点**という．

K に一つの頂点 a_0 を定める．a_0 を基点とする K の閉折線 $l=(a_0, a_{i_1}, \cdots, a_{i_k}, a_{i_{k+1}}, a_{i_{k+2}}, \cdots, a_{i_{q-1}}, a_0)$ がつぎの三つの条件

(Ⅰ) $a_{i_k}=a_{i_{k+1}}$,

(Ⅱ) $a_{i_k}=a_{i_{k+2}}$,

(Ⅲ) $|a_{i_k}a_{i_{k+1}}a_{i_{k+2}}|$ が K に属する2単体,

のうちのいずれか一つを満たすとき，l から $a_{i_{k+1}}$ をはぶいて $\bar{l}=(a_0, a_{i_1}, \cdots, a_{i_k}, a_{i_{k+2}}, \cdots, a_{i_{q-1}}, a_0)$ とすれば，$\bar{l}$ はまた a_0 を基点とする K の閉折線である(図7.7)．l を $\bar{l}$ と変形することおよび逆に $\bar{l}$ を l に変形することを折線の**基本変形**という．

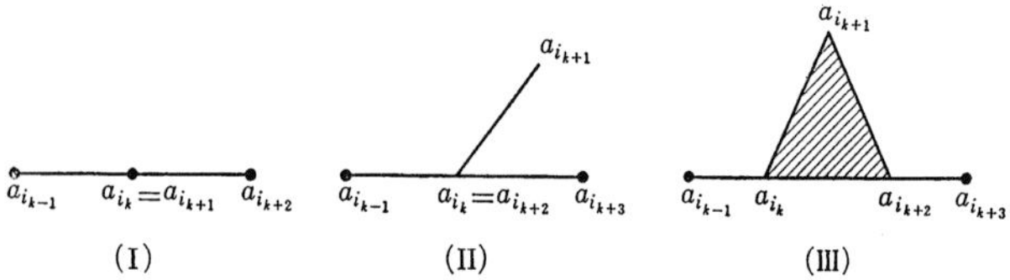

図7.7

a_0 を基点とする K の閉折線 l に有限回の基本変形を行なって折線 $\bar{l}$ がえられたとき，$\bar{l}$ は l に**組合せ的にホモトープ**といい，$l\simeq\bar{l}$ と書くことにする．明らかにこの関係 $\simeq$ は同値関係である．

a_0 を基点とする K の閉折線全体を組合せ的にホモトープな類に類別し，その類からなる集合を $\pi(K, a_0)$，l が属する

類を $[l]$ と書く.

$\pi(K, a_0)$ の二つの元 $[l], [l']$ に対して, 積を $[l]\cdot[l']=[l\cdot l']$ と定義すれば, $l\simeq\bar{l}$, $l'\simeq\bar{l}'$ ならば, 明らかに $l\cdot l'\simeq\bar{l}\cdot\bar{l}'$ となるから, この積の定義は代表元のとり方に無関係にきまる.

また, $[a_0][l]=[a_0\cdot l]=[l]$, $[l][a_0]=[l\cdot a_0]=[l]$. さらに

$$l\cdot l^{-1} = (a_0, a_{i_1}, \cdots, a_{i_{q-1}}, a_0, a_0, a_{i_{q-1}}, \cdots, a_{i_1}, a_0)$$
$$\simeq (a_0, a_{i_1}, \cdots, a_{i_{q-1}}, a_{i_{q-1}}, \cdots, a_{i_1}, a_0) \simeq (a_0)$$

だから, $[l][l^{-1}]=[l\cdot l^{-1}]=[a_0]$ が成り立つ. したがって $\pi(K, a_0)$ はこの積に関して群をなす. $\pi(K,a_0)$ の単位元は $[a_0]$ であり, $[l]$ の逆元 $[l]^{-1}$ は $[l^{-1}]$ である.

a_0 を基点とする K の閉折線 $l=(a_0, a_{i_1}, \cdots, a_{i_{q-1}}, a_0)$ に対して, 閉区間 $\boldsymbol{I}$ を q 等分してえられる複体を $\boldsymbol{I}_{(q)}$ とし, 単体写像

$$w_{\{l\}} : \boldsymbol{I}_{(q)} \to K$$

を, $w_{\{l\}}(0)=w_{\{l\}}(1)=a_0$, $w_{\{l\}}(k/q)=a_{i_k}$ $(k=1, 2, \cdots, q-1)$ と定義する. $\overline{w}_{\{l\}}$ は a_0 を基点とする $|K|$ の閉じた道で, 定義から明らかなように, $l\simeq\bar{l}$ すなわち l と $\bar{l}$ とが組合せ的にホモトープなら $\overline{w}_{\{l\}}\simeq\overline{w}_{\{\bar{l}\}}$ であり, $\pi(K, a_0)$ の元 $[l]$ に対し $\pi_1(|K|, a_0)$ の元 $[\overline{w}_{\{l\}}]$ が一意的にきまる. また, 定義から明らかなように $\overline{w}_{\{l\cdot l'\}}\simeq\overline{w}_{\{l\}}\cdot\overline{w}_{\{l'\}}$ であるから, $[\overline{w}_{\{l\}}]$ を $\rho([l])$ と書くことにすれば準同型

$$\rho : \pi(K, a_0) \to \pi_1(|K|, a_0)$$

をうる.

定理 7.9 準同型 ρ は同型である. したがって

$$\pi(K, a_0) \cong \pi_1(|K|, a_0).$$

証明 $[w]\in\pi_1(|K|, a_0)$ とする. 単体近似定理(定理 4.7)に

より，十分大きい整数 m によって $\boldsymbol{I}$ を m 等分してえられる複体を $\boldsymbol{I}_{(m)}$ とするとき，$k=0,1,\cdots,m$ に対して開星状体 $O_{\boldsymbol{I}_{(m)}}(k/m)$ の $w:\boldsymbol{I}\to|K|$ による像が

$$w(O_{\boldsymbol{I}_{(m)}}(k/m))\subset O_K(a_{i_k})\qquad(k=0,1,\cdots,m)$$

であるように a_{i_k} をえらべる $(k=0,1,\cdots,m)$．ここで $a_{i_0}=a_{i_m}=a_0$ としてよい．単体写像 $g:\boldsymbol{I}_{(m)}\to K$ を $g(0)=g(1)=a_0$, $g(k/m)=a_{i_k}\,(k=1,2,\cdots,m-1)$ と定義すると，$\bar{g}:\boldsymbol{I}\to|K|$ は a_0 を基点とする閉じた道で $w\simeq\bar{g}$ である (定理4.3)．いま，a_0 を基点とする K の閉折線 $l=(a_0,a_{i_1},a_{i_2},\cdots,a_{i_m},a_0)$ を考えると，$\overline{w}_{\{l\}}=\bar{g}$ から $\overline{w}_{\{l\}}\simeq w$．よって ρ は全射準同型である．

つぎに ρ が単射準同型であることを示そう．それには $[l']\in\pi(K,a_0)$, $l'=(a_0,a_{j_1},a_{j_2},\cdots,a_{j_{q'-1}},a_0)$ が $\rho([l'])=[w_{\{a_1\}}]=e$, すなわち $\overline{w}_{\{l'\}}\simeq e_{a_0}$ であるとき，l' が (a_0) に組合せ的にホモトープであることをいえばよい．ホモトピーを $w_t:\boldsymbol{I}\to|K|\,(0\leqq t\leqq1)$, $w_0=e_{a_0}$, $w_1=\overline{w}_{\{l'\}}$ とし，連続写像

$$F:\boldsymbol{I}\times\boldsymbol{I}\to K$$

を $F(s,t)=w_t(s)$ で定義すれば F はホモトピーの別の表わし方である (§16)．$\boldsymbol{I}\times\boldsymbol{I}$ に対して第1成分の $\boldsymbol{I}$ を mq' 等分，第2成分の $\boldsymbol{I}$ を n 等分し，さらにこのようにしてできた mnq' 個の小長方形を図7.8のように対角線で2分してえられる複体を $\boldsymbol{I}^2_{\{mq',n\}}$ とする．単体近似定理により，m,n を十分大にとれば，$\boldsymbol{I}^2_{\{mq',n\}}$ の任意の頂点 a に対して $F(O_{\boldsymbol{I}^2_{\{mq',n\}}}(a))$ は K のある頂点 a' の開星状体に含まれる．

$F((0\times\boldsymbol{I})\cup(\boldsymbol{I}\times0)\cup(1\times\boldsymbol{I}))=a_0$ だから，$(0\times\boldsymbol{I})\cup(\boldsymbol{I}\times0)\cup(1\times\boldsymbol{I})$ に属する頂点 a に対しては a' として a_0 をとることができる．また，$a=((mk+s)/mq,1)\,(k=1,2,\cdots,q'-1;\ s=0,1,$

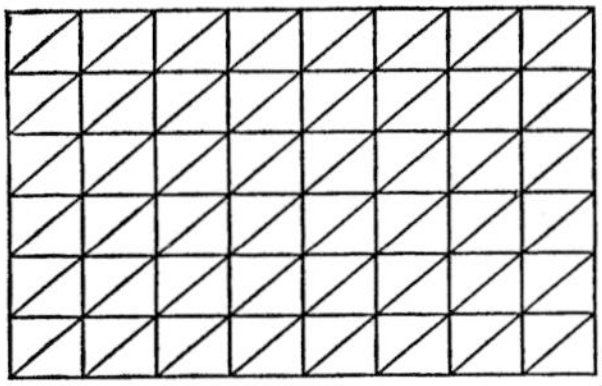

図 7.8

$\cdots, m-1)$ のときは a' として a_{j_k}, $a=(s/mq', 1)$ $(s=0, 1, \cdots, m-1)$ のときは a' として a_0 をとる.

ここで定理 4.7 のように単体写像

$$G : \boldsymbol{I}^2_{\{mq', n\}} \to K$$

をつくる. $l''=(G(0,1), G(1/mq',1), G(2/mq',1), \cdots, G(mq'/mq',1))=(a_0, a_0, \cdots, a_0, a_{j_1}, \cdots, a_{j_1}, \cdots, a_{j_{q'-1}}, \cdots, a_{j_{q'-1}}, a_0, \cdots, a_0)$ は a_0 を基点とする K の閉折線で, 明らかに l' と組合せ的にホモトープである. $l'''=(G(0,(n-1)/n), G(1/mq',1), G(2/mq',1), \cdots, G(mq'/mq',1))$ は l'' から基本変形によってえられるから $l'''\simeq l''\simeq l'$ である. このようにして $\boldsymbol{I}^2_{\{mq',n\}}$ の各2単体について左上から右下へ順次基本変形を考えれば, 結局 l' は $(G(0,0), G(1/mq',0), G(2/mq',0), \cdots, G(mq'/mq',0))=(a_0, a_0, \cdots, a_0)\simeq(a_0)$ と組合せ的にホモトープになる. ▌

$\pi(K, a_0)$ は定義から明らかなように K の2次元切片 $K^{(2)}$ できまる. したがって定理 7.9 の系としてつぎの定理をうる.

定理 7.10 $K^{(2)}$ を K の2次元切片とすると, $\pi_1(|K|)\cong\pi_1(|K^{(2)}|)$.

$\pi(K, a_0)$ の構造をさらにしらべるために, 群を生成元と基本関係で表わすことが必要となるので, それに関することをつぎの節にまとめておく.

§32 自由群, 群の表示

$\varLambda$を集合とし, $\varLambda$の各元$\lambda\in\varLambda$に対して群G_λが対応しているとする. 単位元eはすべての群$G_\lambda\ (\lambda\in\varLambda)$に共通であるとし, どの二つの群$G_\lambda, G_\mu\ (\lambda, \mu\in\varLambda,\ \lambda\neq\mu)$も単位元以外に共通な元をもたない, すなわち$G_\lambda\cap G_\mu=\{e\}$とする.

$G_\lambda\ (\lambda\in\varLambda)$を集合と考えて, それらの和集合$\bigcup_{\lambda\in\varLambda}G_\lambda$をつくる. $\bigcup_{\lambda\in\varLambda}G_\lambda$から任意に有限個の元$\alpha_1, \alpha_2, \cdots, \alpha_r$をとれば, 列$A=(\alpha_1, \alpha_2, \cdots, \alpha_r)$ができる. このような列全体の集合を$S=\{(\alpha_1, \alpha_2, \cdots, \alpha_r);\ \alpha_i\in\bigcup_{\lambda\in\varLambda}G_\lambda\}$とする.

Sの元$A=(\alpha_1, \alpha_2, \cdots, \alpha_i, \alpha_{i+1}, \cdots, \alpha_r)$において, α_iとα_{i+1}とが同じ群G_λに属するとき, Aからα_iとα_{i+1}とをとりさって, その代りにG_λにおけるα_iとα_{i+1}との積$\alpha_i\alpha_{i+1}$を入れて, $\bigcup_{\lambda\in\varLambda}G_\lambda$の$r-1$個の元の列からなる$S$の元

$$(\alpha_1, \alpha_2, \cdots, \alpha_{i-1}, \alpha_i\alpha_{i+1}, \alpha_{i+2}, \cdots, \alpha_r)$$

をつくることをAを**簡約する**という. とくにα_iが単位元eならばα_iをとり除くのは簡約である. Aに対し簡約ができるときは簡約をつづけると, ついには簡約のできない列がえられる. このとき最後にえられた列は明らかに途中の簡約の順序に無関係にきまる.

Sの元でもうこれ以上簡約できないもの全体の集合を$\hat{G}$とする. $\hat{G}$の二つの元$A=(\alpha_1, \alpha_2, \cdots, \alpha_r)$, $B=(\beta_1, \beta_2, \cdots, \beta_s)$に対して, $(\alpha_1, \alpha_2, \cdots, \alpha_r, \beta_1, \beta_2, \cdots, \beta_s)$を簡約してえられる$\hat{G}$の元を$A$と$B$との積と定義し$A\circ B$と書くことにすれば, $\hat{G}$はこの積によって群をつくる. なぜなら, $(A\circ B)\circ C=A\circ(B\circ C)$

は簡約が途中の順序によらないことから明らかであるし，$\hat{G}$ の単位元は (e) で，A の逆元は $A^{-1}=(\alpha_r^{-1}, \alpha_{r-1}^{-1}, \cdots, \alpha_2^{-1}, \alpha_1^{-1})$ である．この群 $\hat{G}$ を $G_\lambda(\lambda \in \Lambda)$ の**自由積**という．

いま，G_λ の元 α と $\hat{G}$ の元 (α) とを同一視すれば，$A=(\alpha_1, \alpha_2, \cdots, \alpha_r)=(\alpha_1)\circ(\alpha_2)\circ\cdots\circ(\alpha_r)$ であるから $A=\alpha_1\circ\alpha_2\circ\cdots\circ\alpha_r$ となる．したがって $\hat{G}$ の元は $\alpha_1\circ\alpha_2\circ\cdots\circ\alpha_r$ で隣り合った元 α_i と α_{i+1} とは $G_\lambda(\lambda \in \Lambda)$ の異なる群に属するものとして一意的に表わされる．

とくに，Λ が二つの元からなる集合 $\{1, 2\}$ のとき，$\hat{G}$ を G_1, G_2 の**自由積**といい，$G_1 * G_2$ と書く．定義から明らかなように $G_1 * G_2 \cong G_2 * G_1$，$(G_1 * G_2) * G_3 \cong G_1 * (G_2 * G_3)$ 等が成り立つ．

また，自然に G_1, G_2 は $G_1 * G_2$ の部分群である．

$\{x_\lambda\}$ $(\lambda \in \Lambda)$ を文字 x_λ の集合とする．各 $\lambda \in \Lambda$ に対して，集合 $\bar{G}_\lambda=\{x_\lambda^j;\ j \in \boldsymbol{Z}\}$（ただし $x_\lambda^0=e$）を対応させ，積を $x_\lambda^j \circ x_\lambda^{j'}=x_\lambda^{j+j'}$ と定めれば $\bar{G}_\lambda$ は $\boldsymbol{Z}$ と同型な群である．$\bar{G}_\lambda$ $(\lambda \in \Lambda)$ の自由積を F と書き，これを文字の集合 $\{x_\lambda\}$ $(\lambda \in \Lambda)$ から**生成される自由群**という．したがって，F の単位元は e であり，単位元以外の元は $x_{\lambda_1}^{j_1} \circ x_{\lambda_2}^{j_2} \circ \cdots \circ x_{\lambda_r}^{j_r}$ $(j_i \neq 0,\ \lambda_i \neq \lambda_{i+1})$ と一意的に表わされる．

一つの文字 x_1 から生成される自由群は $\boldsymbol{Z}$ と同型で可換群であるが，二つ以上の文字から生成される自由群は可換群ではない．

つぎに群の表示について述べよう．G を群とする．文字の集合 $\{x_\lambda\}$ $(\lambda \in \Lambda)$ から生成される自由群を F とし，全射準同型

$$f : F \to G$$

が定められたとする．（準同型 f が全射準同型であるために

はGが$\{f(x_\lambda)\}(\lambda\in\Lambda)$によって生成されることが必要十分である.) fの核$\mathrm{Ker}\, f$をNとすれば，準同型定理(定理3.3)から

$$F/N \cong G$$

である．このことをいいかえれば，Fに

$$(*)\qquad \boldsymbol{r}_\mu = e \qquad (\boldsymbol{r}_\mu \in N)$$

という関係を入れたものがGである．いま，N'をNの部分集合とし，N'から生成される(Fの)正規部分群がNであるとすると，すなわち，Nの任意の元yは適当にえらんだN'の元$y'_1, y'_2, \cdots, y'_s$とFの元$x_1, x_2, \cdots, x_s$によって

$$y = (x_1^{-1}y'_1x_1)(x_2^{-1}y'_2x_2)\cdots(x_s^{-1}y'_sx_s)$$

と書けるとすると，関係

$$(**)\qquad \boldsymbol{r}'_\mu = e \qquad (\boldsymbol{r}'_\mu \in N')$$

を考えれば，この関係(**)から関係(*)がえられる．したがって$\{x_\lambda\}(\lambda\in\Lambda)$から生成される$F$に関係(**)を入れたものが$G$となる．このような関係(**)を$G$の**基本関係**という．

群Gの生成元と基本関係をまとめて，

$$G = \{x_\lambda(\lambda\in\Lambda);\ \boldsymbol{r}_\mu = e\,(\boldsymbol{r}_\mu \in N')\}$$

と書き，これを群Gの**表示**という．とくにΛおよびN'が有限集合にとれるとき，群Gは**有限表示**できるという．

$G=\{g\}$とし，文字の集合$\{x_g\}(g\in G)$を考え，$\{x_g\}(g\in G)$の自由積をFとし，$f: F\to G$を$f(x_g)=g$で定義すればfは全射準同型である．よって任意の群Gを生成元と基本関係で表わすことができる．

例 7.4 $G=\{x_1, x_2, \cdots, x_u;\ \boldsymbol{r}_1=\boldsymbol{r}_2=\cdots=\boldsymbol{r}_v=e\}$, $G'=\{x'_1, x'_2, \cdots, x'_{u'};\ \boldsymbol{r}'_1=\boldsymbol{r}'_2=\cdots=\boldsymbol{r}'_{v'}=e\}$とすれば，$G*G'=\{x_1, x_2, \cdots, x_u, x'_1, x'_2, \cdots, x'_{u'};\ \boldsymbol{r}_1=\boldsymbol{r}_2=\cdots=\boldsymbol{r}_v=\boldsymbol{r}'_1=\boldsymbol{r}'_2=\cdots=\boldsymbol{r}'_{v'}=$

$e\}$である. ▮

§33 複体の基本群の表示

連結な複体Kの基本群$\pi(K, a_0)\cong\pi_1(|K|, a_0)$の表示を考察しよう. §31のように, Kの頂点を$a_0, a_1, \cdots, a_r$とし, 各頂点$a_i\ (i=0, 1, \cdots, r)$に対しa_0を始点としa_iを終点とする折線を一つ定め, それを$l[a_i]\,(i=0, 1, \cdots, r)$と書く(図7.9). ここで$a_0$に対してはとくに$l[a_0]=(a_0)$と定めておく.

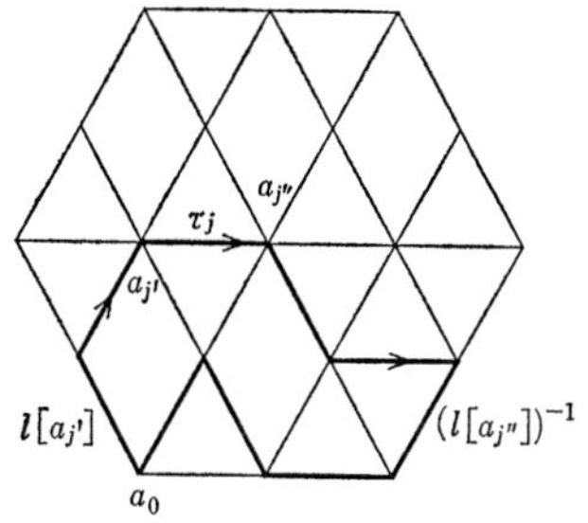

図7.9

Kの1単体全体に番号をつけて$\tau_1, \tau_2, \cdots, \tau_s$とする. 各$\tau_j$に向きをきめて$\langle\tau_j\rangle\,(j=1, 2, \cdots, s)$とし, $\langle\tau_j\rangle=\langle a_{j'}, a_{j''}\rangle$であるとする. a_0を基点とする閉じた折線$l(\langle\tau_j\rangle)$, $l(-\langle\tau_j\rangle)$ $(j=1, 2, \cdots, s)$を

$$l(\langle\tau_j\rangle) = l[a_{j'}]\cdot(a_{j'}, a_{j''})\cdot(l[a_{j''}])^{-1},$$
$$l(-\langle\tau_j\rangle) = l[a_{j''}]\cdot(a_{j''}, a_{j'})\cdot(l[a_{j'}])^{-1}$$

と定義する(図7.9). $l(-\langle\tau_j\rangle)=l(\langle\tau_j\rangle)^{-1}$である. いま,

$$l = (a_0, a_{i_1}, a_{i_2}, \cdots, a_{i_{q-1}}, a_0)$$

をa_0を基点とする閉じた折線で, $a_0\neq a_{i_1}$, $a_{i_k}\neq a_{i_{k+1}}\,(k=1, 2, \cdots, q-2)$, $a_{i_{q-1}}\neq a_0$であるとするとき, a_0を基点とする閉じ

た折線

$$l(\langle a_0, a_{i_1}\rangle)\cdot l(\langle a_{i_1}, a_{i_2}\rangle)\cdot\cdots\cdot l(\langle a_{i_{q-1}}, a_0\rangle)$$
$$=(a_0)\cdot(a_0, a_{i_1})\cdot(l[a_{i_1}])^{-1}\cdot(l[a_{i_1}])\cdot(a_{i_1}\cdot a_{i_2})\cdot$$
$$(l[a_{i_2}])^{-1}\cdot\cdots\cdot l[a_{i_{q-1}}]\cdot(a_{i_{q-1}}, a_0)\cdot(a_0)$$

を考えると，$(l[a_{i_k}])^{-1}\cdot(l[a_{i_k}])\simeq(a_{i_k})$ $(k=1, 2, \cdots, q-1)$ であるから，

$$l(\langle a_0, a_{i_1}\rangle)\cdot l(\langle a_{i_1}, a_{i_2}\rangle)\cdot\cdots\cdot l(\langle a_{i_{q-1}}, a_0\rangle)\simeq l$$

となる．このように $\pi(K, a_0)$ の任意の元 $[l]$ は $[l(\pm\langle\tau_j\rangle)]$ の積で表わされるから，$[l(\langle\tau_j\rangle)]$ $(j=1, 2, \cdots, s)$ は $\pi(K, a_0)$ の生成元である．

いま，s 個の文字 $x_1, x_2, \cdots, x_s$ から生成される自由群を F とし，準同型

$$f: F\to\pi(K, a_0)$$

を，$(l(\langle\tau_j\rangle))^{\varepsilon}$ を $l^{\varepsilon}(\langle\tau_j\rangle)$ $(\varepsilon=\pm1)$ と書くことにして，

$$f(x_{j_1}{}^{\varepsilon_1}\circ x_{j_2}{}^{\varepsilon_2}\circ\cdots\circ x_{j_u}{}^{\varepsilon_u})=[l^{\varepsilon_1}(\langle\tau_{j_1}\rangle)\cdot l^{\varepsilon_2}(\langle\tau_{j_2}\rangle)\cdot\cdots\cdot l^{\varepsilon_u}(\langle\tau_{j_u}\rangle)]$$

によって定義すると，上述のことから f は全射準同型であって，$N=\mathrm{Ker}\, f$ とすれば $F/N\cong\pi(K, a_0)$ である．

いま，$l(\langle\tau_j\rangle)$ $(j=1, 2, \cdots, s)$ が

$$l(\langle\tau_j\rangle)=(a_0, a_{j'_1}, a_{j'_2}, \cdots, a_{j'_{q'(j)-1}}, a_0)$$

で与えられているとする．このとき $(a_0, a_{j'_1}, \cdots, a_{j'_{q'(j)-1}}, a_0)$ に同じ頂点が並んで出てくるときは§31の基本変形(I)を適用して $l(\langle\tau_j\rangle)\simeq(a_0, a_{j''_1}, a_{j''_2}, \cdots, a_{j''_{q''(j)-1}}, a_0)$ と変形し，この右辺には同じ頂点が並んでいないようにする．$\langle a_0, a_{j''_1}\rangle=\varepsilon_0\langle\tau_{j''_0}\rangle$，$\langle a_{j''_k}, a_{j''_{k+1}}\rangle=\varepsilon_k\langle\tau_{j''_k}\rangle$ $(k=1, 2, \cdots, q''(j)-2)$，$\langle a_{j''_{q''(j)-1}}, a_0\rangle=\varepsilon_{q''(j)-1}\langle\tau_{j''_{q''(j)-1}}\rangle$ とするとき，上述の場合と全く同様にして

$$l(\langle\tau_j\rangle) \simeq l^{\varepsilon_0}(\langle\tau_{j''_0}\rangle)\cdot l^{\varepsilon_1}(\langle\tau_{j''_1}\rangle)\cdot\cdots\cdot l^{\varepsilon_{q''(j)-1}}(\langle\tau_{j''_{q''(j)-1}}\rangle)$$

が成り立つ．このことから

$$\boldsymbol{r}_j = x_j\circ(x_{j''_0}{}^{\varepsilon_0}\circ x_{j''_1}{}^{\varepsilon_1}\circ\cdots\circ x_{j''_{q''(j)-1}}{}^{\varepsilon_{q''(j)-1}})^{-1}$$

とすると

$$(*) \qquad \boldsymbol{r}_j \in N \qquad (j=1, 2, \cdots, s)$$

をうる．

K の 2 単体を $\sigma_1, \sigma_2, \cdots, \sigma_t$ とする．$\sigma_k=|a_{k_1}a_{k_2}a_{k_3}|$ $(k=1, 2, \cdots, t)$ に対して，a_0 を基点とする閉じた折線 $l(\langle a_{k_1}, a_{k_2}\rangle)\cdot l(\langle a_{k_2}, a_{k_3}\rangle)\cdot l(\langle a_{k_3}, a_{k_1}\rangle)$ を考えると

$$\begin{aligned}
&l(\langle a_{k_1}, a_{k_2}\rangle)\cdot l(\langle a_{k_2}, a_{k_3}\rangle)\cdot l(\langle a_{k_3}, a_{k_1}\rangle)\\
&\quad = l[a_{k_1}]\cdot(a_{k_1}, a_{k_2})\cdot(l[a_{k_2}])^{-1}\cdot l[a_{k_2}]\cdot(a_{k_2}, a_{k_3})\cdot(l[a_{k_3}])^{-1}\\
&\qquad\cdot l[a_{k_3}]\cdot(a_{k_3}, a_{k_1})\cdot(l[a_{k_1}])^{-1}\\
&\quad \simeq l[a_{k_1}]\cdot(a_{k_1}, a_{k_2})\cdot(a_{k_2}, a_{k_3})\cdot(a_{k_3}, a_{k_1})\cdot(l[a_{k_1}])^{-1}\\
&\quad \simeq l[a_{k_1}]\cdot(a_{k_1}, a_{k_2}, a_{k_3}, a_{k_1})\cdot(l[a_{k_1}])^{-1}\\
&\quad \simeq l[a_{k_1}]\cdot(a_{k_1}, a_{k_3}, a_{k_1})\cdot(l[a_{k_1}])^{-1}\\
&\quad \simeq l[a_{k_1}]\cdot(a_{k_1})\cdot(l[a_{k_1}])^{-1} \simeq (a_0)
\end{aligned}$$

である．したがって，$\langle a_{k_1}, a_{k_2}\rangle=\varepsilon_{k'}\langle\tau_{k'}\rangle$, $\langle a_{k_2}, a_{k_3}\rangle=\varepsilon_{k''}\langle\tau_{k''}\rangle$, $\langle a_{k_3}, a_{k_1}\rangle=\varepsilon_{k'''}\langle\tau_{k'''}\rangle$ $(\varepsilon_{k'}, \varepsilon_{k''}, \varepsilon_{k'''}=\pm 1)$ とし，F の元 $\boldsymbol{r}_k'$ を

$$\boldsymbol{r}'_k = x_{k'}{}^{\varepsilon_{k'}}\circ x_{k''}{}^{\varepsilon_{k''}}\circ x_{k'''}{}^{\varepsilon_{k'''}} \qquad (k=1, 2, \cdots, t)$$

と定めると，

$$(**) \qquad \boldsymbol{r}'_k \in N \qquad (k=1, 2, \cdots, t)$$

をうる．

つぎの定理に示すように，(*), (**) の N の元が $\pi(K, a_0)$ の基本関係になるのである．

定理 7.11 $\pi(K, a_0)\cong\{x_1, x_2, \cdots, x_s;\ \boldsymbol{r}_1=\boldsymbol{r}_2=\cdots=\boldsymbol{r}_s=\boldsymbol{r}'_1=\boldsymbol{r}'_2=\cdots=\boldsymbol{r}'_t=e\}$.

証明　$\boldsymbol{r}_1, \boldsymbol{r}_2, \cdots, \boldsymbol{r}_s, \boldsymbol{r}'_1, \boldsymbol{r}'_2, \cdots, \boldsymbol{r}'_t$ から生成される F の正規部分群を $\hat{N}$ とする．$\hat{N} \subset N$ である．$\boldsymbol{p}: F \to F/\hat{N}$ を射影とし，$\boldsymbol{p}(x_{j_1}{}^{\varepsilon_1} \circ x_{j_2}{}^{\varepsilon_2} \circ \cdots \circ x_{j_u}{}^{\varepsilon_u}) = \bar{x}_{j_1}{}^{\varepsilon_1} \circ \bar{x}_{j_2}{}^{\varepsilon_2} \circ \cdots \circ \bar{x}_{j_u}{}^{\varepsilon_u}$ と書くことにする．いま，準同型

$$\hat{f}: F/\hat{N} \to \pi(K, a_0)$$

を $\hat{f}(\bar{x}_{j_1}{}^{\varepsilon_1} \circ \bar{x}_{j_2}{}^{\varepsilon_2} \circ \cdots \circ \bar{x}_{j_u}{}^{\varepsilon_u}) = f(x_{j_1}{}^{\varepsilon_1} \circ x_{j_2}{}^{\varepsilon_2} \circ \cdots \circ x_{j_u}{}^{\varepsilon_u})$ で定義すれば，$\hat{f}\boldsymbol{p} = f$ であって，$\hat{f}$ は全射準同型である．

つぎに $\hat{f}$ が単射準同型であることを示そう．a_0 を基点とする閉じた折線を $l = (a_0, a_{i_1}, a_{i_2}, \cdots, a_{i_{q-1}}, a_0)$ とする．l に同じ頂点が並んでいなければ，$\langle a_0, a_{i_1} \rangle = \varepsilon_0 \langle \tau_{i_0} \rangle$，$\langle a_{i_k}, a_{i_{k+1}} \rangle = \varepsilon_k \langle \tau_{i_k} \rangle$ $(k = 1, 2, \cdots, q-2)$，$\langle a_{i_{q-1}}, a_0 \rangle = \varepsilon_{q-1} \langle \tau_{i_{q-1}} \rangle$ と書いておいて，$F/\hat{N}$ の元 $g(l)$ を

$$g(l) = \bar{x}_{i_0}{}^{\varepsilon_0}\, \bar{x}_{i_1}{}^{\varepsilon_1} \cdots \bar{x}_{i_{q-1}}{}^{\varepsilon_{q-1}}$$

と定義する．もし l に同じ頂点が並んで出てくれば§31の基本変形（I）によって同じ頂点が並んでいない形 $\bar{l}$ に変形して，$F/\hat{N}$ の元 $g(l)$ を $g(l) = g(\bar{l})$ によって定義する．

いま l に§31の基本変形（I）(あるいはその逆)をほどこして l_1 がえられたとすると，定義から明らかに $g(l) = g(l_1)$ である．また l に§31の基本変形（II）(あるいはその逆)をほどこして l_2 がえられたとすると，$\langle a_{i_k}, a_{i_{k+1}} \rangle = \varepsilon \langle \tau_{i_k} \rangle$，$\langle a_{i_{k+1}}, a_{i_{k+2}} \rangle = -\varepsilon \langle \tau_{i_k} \rangle$ とするとき，$g(l_2)$ は $g(l)$ から $\bar{x}_{i_k}{}^{\varepsilon}\, \bar{x}_{i_k}{}^{-\varepsilon}$ を取り除いたもの(あるいはその逆)となるから $g(l) = g(l_2)$ である．

さらに，l に§31の基本変形（III）(あるいはその逆)をほどこして l_3 がえられたとすると，$\langle a_{i_k}, a_{i_{k+1}} \rangle = \varepsilon \langle \tau_{i_k} \rangle$，$\langle a_{i_{k+1}}, a_{i_{k+2}} \rangle = \varepsilon' \langle \tau_{i_k'} \rangle$，$\langle a_{i_{k+2}}, a_{i_k} \rangle = \varepsilon'' \langle \tau_{i_k''} \rangle$ とするとき，$g(l_3)$ は

$g(l)$ から $\bar{x}_{i_k}{}^{\varepsilon}\bar{x}_{i_{k'}}{}^{\varepsilon'}$ を取り去ってそこに $\bar{x}_{i_{k''}}{}^{-\varepsilon''}$ を入れたもの（あるいはその逆）となるが，$\bar{x}_{i_k}{}^{\varepsilon}\bar{x}_{i_{k'}}{}^{\varepsilon'}\bar{x}_{i_{k''}}{}^{\varepsilon''}\in\hat{N}$ であるから $g(l)=g(l_3)$ が成り立つ．これらのことから準同型

$$\hat{g}:\pi(K,a_0)\to F/\hat{N}$$

を $\hat{g}([l])=g(l)$ で定義することが出来る．

$F/\hat{N}$ の元 $\bar{x}_j$ に対して $\hat{f}(\bar{x}_j)=[l(\langle\tau_j\rangle)]$ であるから，(*)によって

$$\hat{g}\hat{f}(\bar{x}_j)=\bar{x}_j$$

となる．したがって

$$\hat{g}\hat{f}:F/\hat{N}\to F/\hat{N}$$

は恒等写像で，$\hat{f}$ は単射準同型である（定理 3.1 の証明の後半参照）．よって $\hat{f}$ は同型で，$\hat{N}=N$ である． ▌

定理 7.9 および定理 7.11 からつぎの定理がえられる．

定理 7.12 $|K|$ を多面体とすると，$\pi_1(|K|)$ は有限表示できる．

例 7.5 定理 7.11 によって S^1 の基本群 $\pi_1(S^1)$ を計算してみよう．$K=\{a_0, a_1, a_2, |a_0a_1|, |a_1a_2|, |a_2a_0|\}$ を S^1 の単体分割とする．a_0 を基点とし，$l[a_0]=(a_0)$，$l[a_1]=(a_0, a_1)$，$l[a_2]=(a_0, a_2)$ とする．$l(\langle a_0, a_1\rangle)=(a_0, a_0, a_1, a_1, a_0)\simeq(a_0, a_1, a_0)$，$l(\langle a_1, a_2\rangle)=(a_0, a_1, a_1, a_2, a_2, a_0)\simeq(a_0, a_1, a_2, a_0)$，$l(\langle a_2, a_0\rangle)=(a_0, a_2, a_0, a_0)\simeq(a_0, a_2, a_0)$ である．

したがってこの場合は F は x_1, x_2, x_3 から生成される自由群であって，(*)における $\boldsymbol{r}_j$ $(j=1,2,3)$ は $\boldsymbol{r}_1=x_1\circ(x_1\circ x_1{}^{-1})^{-1}$，$\boldsymbol{r}_2=x_2\circ(x_1\circ x_2\circ x_3{}^{-1})^{-1}$，$\boldsymbol{r}_3=x_3\circ(x_3\circ x_3{}^{-1})^{-1}$ となるから，$\pi_1(S^1)$ は定理 7.9 によって $\pi(K,a_0)=\{x_1, x_2, x_3;\ x_1=e,\ x_2\circ x_3\circ x_2{}^{-1}\circ x_1{}^{-1}=e,\ x_3=e\}=\{x_2;\ e=e\}\cong\boldsymbol{Z}$ と同型になる． ▌

§34 ファン・カンペンの定理

つぎのファン・カンペンの定理は複体の基本群を実際に計算するのに極めて有効である．

定理 7.13 K を連結な複体とし，K_1, K_2, K' を K の連結な部分複体で $K=K_1\cup K_2$，$K'=K_1\cap K_2$ であるとする．K' の一つの頂点 a_0 を定め，$i'_*:\pi_1(|K'|,a_0)\to\pi_1(|K_1|,a_0)$，$i''_*:\pi_1(|K'|,a_0)\to\pi_1(|K_2|,a_0)$ を自然な単射 $i':|K'|\to|K_1|$，$i'':|K'|\to|K_2|$ からきまる準同型とする(§30)．このとき，自由積 $\pi_1(|K_1|,a_0)*\pi_1(|K_2|,a_0)$ において，$\{(i'_*(\alpha))\circ(i''_*(\alpha))^{-1};\ \alpha\in\pi_1(|K'|,a_0)\}$ から生成される正規部分群を N とすると，

$$\pi_1(|K|,a_0)\cong(\pi_1(|K_1|,a_0)*\pi_1(|K_2|,a_0))/N$$

である．この定理を**ファン・カンペンの定理**という．

証明 §33 に述べたように，K の各頂点 a_i $(i=1,2,\cdots,r)$ に対し，a_0 を始点とし a_i を終点とする折線 $l[a_i]$ を一つ定める．このとき，$a_i\in K'$ ならば $l[a_i]$ として K' の折線(すなわち $l[a_i]$ に出てくる頂点はすべて K' の頂点)をとる．これは K' が連結だから可能である．同様に $a_i\in K_1$ あるいは $a_i\in K_2$ のときは $l[a_i]$ としてそれぞれ K_1 の折線あるいは K_2 の折線をとる．

定理 7.11 により，$\pi(K,a_0)\cong\pi_1(|K|,a_0)$ は a_0 を基点とする閉じた折線 $l(\langle\tau_j\rangle)$ $(j=1,2,\cdots,s)$ に対応する文字 x_j $(j=1,2,\cdots,s)$ と基本関係 $\boldsymbol{r}_1=\boldsymbol{r}_2=\cdots=\boldsymbol{r}_s=\boldsymbol{r}'_1=\boldsymbol{r}'_2=\cdots=\boldsymbol{r}'_t=e$ によって表示されるが，ここで生成元 x_j および基本関係 $\boldsymbol{r}_j$ $(j=1,2,\cdots,s)$，$\boldsymbol{r}'_k$ $(k=1,2,\cdots,t)$ を次のように三つの部分に分ける．

(i) K' に属するような τ_j について $l(\langle\tau_j\rangle)$ に対応する x_j 全体の集合．これを $x_{j_1}, x_{j_2}, \cdots, x_{j_m}$ とする．

(ii) K_1-K' に属するような τ_j について $l(\langle\tau_j\rangle)$ に対応する x_j 全体の集合．これを $x_{j'_1}, x_{j'_2}, \cdots, x_{j'_{m'}}$ とする．

(iii) K_2-K' に属するような τ_j について $l(\langle\tau_j\rangle)$ に対応する x_j 全体の集合．これを $x_{j''_1}, x_{j''_2}, \cdots, x_{j''_{m''}}$ とする．

(i)′ K' に属するような σ_k^2 について σ_k^2 に対応する $\boldsymbol{r}'_k$ 全体の集合．これを $\boldsymbol{r}'_1, \boldsymbol{r}'_2, \cdots, \boldsymbol{r}'_n$ とする．

(ii)′ K_1-K' に属するような σ_k^2 について σ_k^2 に対応する $\boldsymbol{r}'_k$ 全体の集合．これを $'\boldsymbol{r}'_1, '\boldsymbol{r}'_2, \cdots, '\boldsymbol{r}'_{n'}$ とする．

(iii)′ K_2-K' に属するような σ_k^2 について σ_k^2 に対応する $\boldsymbol{r}'_k$ 全体の集合．これを $''\boldsymbol{r}'_1, ''\boldsymbol{r}'_2, \cdots, ''\boldsymbol{r}'_{n''}$ とする．

$\pi(K_1, a_0)$ と $\pi(K_2, a_0)$ とにおける生成元と基本関係を区別するために，生成元 $x_{j_u}(u=1, 2, \cdots, m)$ に対して形式的に二つの文字 $\hat{x}_{j_u}, \hat{\hat{x}}_{j_u}(j=1, 2, \cdots, m)$ を考え，基本関係 $\boldsymbol{r}_{j_u}(u=1, 2, \cdots, m)$，$\boldsymbol{r}_{j'_{u'}}(u'=1, 2, \cdots, m')$，$\boldsymbol{r}'_v(v=1, 2, \cdots, n)$，$'\boldsymbol{r}'_{v'}(v'=1, 2, \cdots n')$ における x_{j_u} を $\hat{x}_{j_u}$ に代えたものを $\hat{\boldsymbol{r}}_{j_u}, \hat{\boldsymbol{r}}_{j_{u'}}, \hat{\boldsymbol{r}}'_v$, $'\hat{\boldsymbol{r}}'_{v'}$ とし，基本関係 $\boldsymbol{r}_{j_u}(u=1,2,\cdots,m)$，$\boldsymbol{r}_{j''_{u''}}(u''=1,2,\cdots,m'')$，$\boldsymbol{r}'_v(v=1, 2, \cdots, n)$，$''\boldsymbol{r}'_{v'}(v'=1, 2, \cdots, n'')$ における x_{j_u} を $\hat{\hat{x}}_{j_u}$ に代えたものを $\hat{\hat{\boldsymbol{r}}}_{j_u}, \hat{\hat{\boldsymbol{r}}}_{j''_{u''}}, \hat{\hat{\boldsymbol{r}}}'_v, ''\hat{\hat{\boldsymbol{r}}}'_{v'}$ と書くことにすると，

$$\pi(K', a_0) = \{x_{j_1}, x_{j_2}, \cdots, x_{j_m};\ \boldsymbol{r}_{j_1}=\boldsymbol{r}_{j_2}=\cdots=\boldsymbol{r}_{j_m}=\boldsymbol{r}'_1=\boldsymbol{r}'_2 =\cdots=\boldsymbol{r}'_n=e\},$$

$$\pi(K_1, a_0) = \{\hat{x}_{j_1}, \hat{x}_{j_2}, \cdots, \hat{x}_{j_m}, x_{j'_1}, x_{j'_2}, \cdots, x_{j'_{m'}};\ \hat{\boldsymbol{r}}_{j_1}=\hat{\boldsymbol{r}}_{j_2} =\cdots=\hat{\boldsymbol{r}}_{j_m}=\hat{\boldsymbol{r}}_{j'_1}=\hat{\boldsymbol{r}}_{j'_2}=\cdots=\hat{\boldsymbol{r}}_{j'_{m'}}=\hat{\boldsymbol{r}}'_1=\hat{\boldsymbol{r}}'_2= \cdots=\hat{\boldsymbol{r}}'_n='\hat{\boldsymbol{r}}'_1='\hat{\boldsymbol{r}}'_2=\cdots='\hat{\boldsymbol{r}}'_{n'}=e\},$$

$$\pi(K_2, a_0) = \{\hat{\hat{x}}_{j_1}, \hat{\hat{x}}_{j_2}, \cdots, \hat{\hat{x}}_{j_m}, x_{j''_1}, x_{j''_2}, \cdots, x_{j''_{m''}};\ \hat{\hat{\boldsymbol{r}}}_{j_1}=\hat{\hat{\boldsymbol{r}}}_{j_2} =\cdots=\hat{\hat{\boldsymbol{r}}}_{j_m}=\hat{\hat{\boldsymbol{r}}}_{j''_1}=\hat{\hat{\boldsymbol{r}}}_{j''_2}=\cdots=\hat{\hat{\boldsymbol{r}}}_{j''_{m''}}=\hat{\hat{\boldsymbol{r}}}'_1=\hat{\hat{\boldsymbol{r}}}'_2= \cdots=\hat{\hat{\boldsymbol{r}}}'_n=''\hat{\hat{\boldsymbol{r}}}'_1=''\hat{\hat{\boldsymbol{r}}}'_2=\cdots=''\hat{\hat{\boldsymbol{r}}}'_{n''}=e\}$$

である．したがって，$\pi(K_1, a_0)*\pi(K_2, a_0)$ において，関係 $\hat{x}_{j_u}=\hat{x}_{j_u}$ $(u=1, 2, \cdots, m)$ を入れたものが $\pi(K, a_0)=\{x_{j_1}, x_{j_2}, \cdots, x_{j_m}, x_{j'_1}, x_{j'_2}, \cdots, x_{j'_{m'}}, x_{j''_1}, x_{j''_2}, \cdots, x_{j''_{m''}};\ \boldsymbol{r}_{j_1}=\boldsymbol{r}_{j_2}=\cdots=\boldsymbol{r}_{j_m}=\boldsymbol{r}_{j'_1}=\boldsymbol{r}_{j'_2}=\cdots=\boldsymbol{r}_{j'_{m'}}=\boldsymbol{r}_{j''_1}=\boldsymbol{r}_{j''_2}=\cdots=\boldsymbol{r}_{j''_{m''}}=\boldsymbol{r}'_1=\boldsymbol{r}'_2=\cdots=\boldsymbol{r}'_n={}'\boldsymbol{r}'_1={}'\boldsymbol{r}'_2=\cdots={}'\boldsymbol{r}'_{n'}={}''\boldsymbol{r}'_1={}''\boldsymbol{r}'_2=\cdots={}''\boldsymbol{r}'_{n''}=e\}$ となる．よって，$\pi(K, a_0)\cong(\pi(K_1, a_0)*\pi(K_2, a_0))/N$ である．∎

定理 7.13 の系としてつぎの定理がえられる．

定理 7.14　定理 7.13 においてとくに $\pi_1(|K'|, a_0)=\{e\}$ ならば，$\pi(K, a_0)\cong\pi(K_1, a_0)*\pi(K_2, a_0)$ である．

ファン・カンペンの定理の簡単な応用としてつぎの定理がえられる．

定理 7.15　m 個の円周 S^1 を 1 点 a_0 で交わらせて出来る図形を X_m とするとき (図 6.18)，$\pi_1(X_m)$ は m 個の生成元をもつ自由群である．$\pi_1(X_m)$ の生成元は各 S^1 によって代表されるホモトピー類である．

証明　X_m は明らかに単体分割可能である．$X_1=S^1$ であるから，$m=1$ の場合は定理 7.6 あるいは例 7.5 によってこの定理は正しい．$X_m\,(m\geqq 2)$ に対して，$X_m=X_{m-1}\cup S^1$，$X_{m-1}\cap S^1=a_0$ であるから，定理 7.14 から $\pi_1(X_m, a_0)\cong\pi_1(X_{m-1}, a_0)*\pi_1(S^1, a_0)$ である．よって，X_{m-1} について定理が成り立てば，X_m についても定理は正しいから，数学的帰納法によって定理は証明された．∎

閉曲面の基本群もファン・カンペンの定理によって計算される．

定理 7.16　閉曲面 $M_h\,(h=0, 1, 2, \cdots)$，$M'_k\,(k=1, 2, \cdots)$ (定理 6.14 参照) の基本群は

$$\pi_1(M_0)=\{e\},$$
$$\pi_1(M_h)=\{x_1, y_1, x_2, y_2, \cdots, x_h, y_h;\ x_1y_1x_1^{-1}y_1^{-1}x_2y_2x_2^{-1}y_2^{-1}\cdots x_hy_hx_h^{-1}y_h^{-1}=e\},$$
$$\pi_1(M'_k)=\{x_1, x_2, \cdots, x_k;\ x_1x_1x_2x_2\cdots x_kx_k=e\}$$

である．したがって閉曲面は基本群によって分類される．

証明 定理6.11のように閉曲面を正$2n$角形Ωの辺を文字の列にしたがって同一視したものと考える．図6.5のようにΩを単体分割したものを$\overline{K}$とし，$\overline{K}$からΩの周における同一視をしてえられる複体をKとするとKは閉曲面の単体分割である．

Ωの中心を$\bar{a}$とし，$S_K(\bar{a})$に属しないKの2単体全体とそのすべての辺単体とからなる部分複体をK'とすれば，$K=K'\cup S_K(\bar{a})$である．$|S_K(\bar{a})|$は可縮だから例7.3から$\pi_1(|S_K(\bar{a})|)=\{e\}$であり，$|K'\cap S_K(\bar{a})|$は$S^1$と同位相だから$\pi_1(|K'\cap S_K(\bar{a})|)\cong \boldsymbol{Z}$である(定理7.6).

定理6.14の証明中のように，Ωの周から同一視によってえられる$|K|$の部分集合をAとすれば，閉曲面がM_0であればAは線分であり，$M_h\,(h=1,2,\cdots)$あるいは$M'_k\,(k=1,2,\cdots)$であればAは(定理7.15の記号をつかえば)X_{2h}あるいはX_kである(図6.18)．$r:|K'|\to A$を収縮写像とし，$|K'|\cap|S_K(\bar{a})|$の1点a_0'を$r(a_0')$がX_{2h}あるいはX_kの基点a_0(定理7.15)になるようにえらんでおくと，$r_*:\pi_1(|K'|, a_0')\to\pi_1(A, a_0)$は同型である(定理7.8)．定理7.15により，閉曲面がM_hあるいはM'_kであるのにしたがって，$\pi_1(A)\cong\pi_1(|K'|)$は$2h$個の文字$x_i, y_i\,(i=1,2,\cdots,h)$あるいは$k$個の文字$x_i\,(i=1,2,\cdots,k)$によって生成される自由群である(図

6.18). $i_1: |K' \cap S_K(\bar{a})| \to |K'|$, $i_2: |K' \cap S_K(\bar{a})| \to |S_K(\bar{a})|$ を自然な単射とし，$\pi_1(|K' \cap S_K(\bar{a})|, a_0') \cong \boldsymbol{Z}$ の生成元を α とすると，ファン・カンペンの定理から $\pi_1(|K|, a_0')$ は $\pi_1(|K'|, a_0') * \pi_1(|S_K(\bar{a})|, a_0') = \pi_1(|K'|, a_0')$ に $i_{1*}(\alpha) = i_{2*}(\alpha)\ (=e)$ という関係を入れたものになる．α は $|K' \cap S_K(\bar{a})|$ によって代表されるホモトピー類だから，$r: |K'| \to A$ を $|K' \cap S_K(\bar{a})|$ に制限した写像を r' とすると，r の定義から $\pi_1(|K'|, a_0')$ に $i_{1*}(\alpha)=e$ という関係を入れてえられる群は，$\pi_1(A, a_0)$ に $r'_*(\alpha)=e$ という関係を入れたものに等しい．$r'_*(\alpha)$ は閉曲面が $M_0, M_h (h=1,2,\cdots)$, $M'_k (k=1,2,\cdots)$ にしたがって，それぞれ e, $x_1y_1x_1^{-1}y_1^{-1}\cdots x_hy_hx_h^{-1}y_h^{-1}$, $x_1x_1\cdots x_kx_k$ である．∎

§35　基本群とホモロジー群の関係

はじめに群の可換化について述べておく．G を群とする．α, β を G の元とするとき $\alpha^{-1}\beta^{-1}\alpha\beta$ を α, β の**交換子**という．交換子 $\alpha^{-1}\beta^{-1}\alpha\beta\ (\alpha, \beta \in G)$ すべてから生成される G の部分群を**交換子群**といい，C と書くことにする．

定理 7.17　G の部分群 H が，$H \supset C$ であれば，つぎのことが成り立つ．

(i) H は正規部分群である．とくに C は正規部分群である．

(ii) 商群 G/H は加群である．

証明　$\alpha \in H$, $\gamma \in G$ とするとき，$\gamma^{-1}\alpha\gamma = \alpha\alpha^{-1}\gamma^{-1}\alpha\gamma \in \alpha C \subset H$. よって H は正規部分群であり，(i) が成り立つ．また

$$\alpha\beta H = \beta\alpha(\alpha^{-1}\beta^{-1}\alpha\beta)H = \beta\alpha H$$

から

$$(\alpha H)(\beta H)=(\beta H)(\alpha H)$$

となり，(ii) が成り立つ． ▮

加群 G/C は G に関係 $\alpha^{-1}\beta^{-1}\alpha\beta=e\ (\alpha, \beta \in G)$ すなわち関係 $\alpha\beta=\beta\alpha\ (\alpha, \beta \in G)$ を入れたものである．この意味で G から加群 G/C をつくることを G の**可換化**という．

例 7.6　$G=\{x_\lambda\ (\lambda \in \Lambda);\ \boldsymbol{r}_\mu=1\ (\mu \in M)\}$ とすると，$G/C=\{x_\lambda\ (\lambda \in \Lambda);\ \boldsymbol{r}_\mu=1(\mu \in M),\ x_\lambda \circ x_{\lambda'}=x_{\lambda'} \circ x_\lambda\ (\lambda, \lambda' \in \Lambda)\}$ である． ▮

定理 7.18　$f: G \to G'$ を群 G から加群 G' への準同型とすると，$\mathrm{Ker}\, f \supset C$ である．

証明　G' は加群だから

$$f(\alpha^{-1}\beta^{-1}\alpha\beta)=(f(\alpha))^{-1}(f(\beta))^{-1}f(\alpha)f(\beta)=0.$$

したがって，$\alpha^{-1}\beta^{-1}\alpha\beta \in \mathrm{Ker}\, f$ である． ▮

さて，K を複体とし，a_0 を K の一つの頂点とする．l を a_0 を基点とする閉じた折線とするとき，l に同じ頂点が並んでいれば，§31 の基本変形 (I) を適用して l から a_0 を基点とする閉じた折線 $\bar{l}$ をつくり，$\bar{l}$ には同じ頂点が並んでいないようにする．

$\bar{l}=(a_0, a_{i_1}, \cdots, a_{i_{q-1}}, a_0)$ であるとき，K の 1 次元鎖 $c(l) \in C_1(K)$ を

$$c(l)=\langle a_0, a_{i_1}\rangle+\langle a_{i_1}, a_{i_2}\rangle+\cdots+\langle a_{i_{q-1}}, a_0\rangle$$

で定義すると，

$$\partial_1(c(l))=\langle a_{i_1}\rangle-\langle a_0\rangle+\langle a_{i_2}\rangle-\langle a_{i_1}\rangle+\cdots+\langle a_0\rangle-\langle a_{i_{q-1}}\rangle=0$$

であるから，$c(l)$ は 1 次元輪体である．

いま，§31 の基本変形 (I), (II) によって l から l' がえられたとすると，明らかに $c(l)=c(l')$ である．また，§31 の基本変形 (III) によって l から l' がえられたとすると，

$$c(l)-c(l')\in\partial_2(\langle a_{i_k}, a_{i_{k+1}}, a_{i_{k+2}}\rangle)$$

であるから $c(l)\backsim c(l')$ である．

したがって，$\pi(K, a_0)$ の元 $[l]$ に対して $H_1(K)$ の元 $[c(l)]$ を対応させると，$[c(l)]$ は $[l]$ の代表元 l のとり方に無関係にきまり，対応

$$\varPhi:\pi(K, a_0)\to H_1(K)$$

がえられる．$c(l)$ の定義から直ちに $c(l_1\cdot l_2)=c(l_1)+c(l_2)$ が成り立つから，$\varPhi$ は準同型である．

K の1単体全体に番号をつけて $\tau_1, \tau_2, \cdots, \tau_s$ とし，各 τ_j に向きをきめて $\langle\tau_j\rangle(j=1, 2, \cdots, s)$ とする．$z=\gamma_1\langle\tau_{j_1}\rangle+\gamma_2\langle\tau_{j_2}\rangle+\cdots+\gamma_u\langle\tau_{j_u}\rangle\,(\gamma_k\neq 0,\ k=1, 2, \cdots, u)$ を $Z_1(K)$ の任意の元とするとき，$l(\langle\tau_j\rangle)(j=1, 2, \cdots, s)$ を §33 で定義した a_0 を基点とする閉じた折線とし，$\varepsilon_k=\gamma_k/|\gamma_k|\,(k=1, 2, \cdots, u)$ として，a_0 を基点とする閉じた折線

$$l=\underbrace{l^{\varepsilon_1}(\langle\tau_{j_1}\rangle)\cdot l^{\varepsilon_1}(\langle\tau_{j_1}\rangle)\cdot\cdots\cdot l^{\varepsilon_1}(\langle\tau_{j_1}\rangle)}_{|\gamma_1|}\cdot\underbrace{l^{\varepsilon_2}(\langle\tau_{j_2}\rangle)\cdot\cdots\cdot l^{\varepsilon_2}(\langle\tau_{j_2}\rangle)}_{|\gamma_2|}$$
$$\cdots\cdots\underbrace{l^{\varepsilon_u}(\langle\tau_{j_u}\rangle)\cdot\cdots\cdot l^{\varepsilon_u}(\langle\tau_{j_u}\rangle)}_{|\gamma_u|}$$

をつくると，

$$\varPhi([l])=[z]$$

となる．なぜなら，$\langle\tau_{j_k}\rangle=\langle a_{j'_k}, a_{j''_k}\rangle$ に対して $c(l(\langle\tau_{j_k}\rangle))=c(l[a_{j'_k}])+\langle a_{j'_k}, a_{j''_k}\rangle-c(l[a_{j''_k}])$ だから

$$c(l)=z+\sum_k\gamma_k c(l[a_{j'_k}])-\sum_k\gamma_k c(l[a_{j''_k}])$$

となるが，$\partial_1(z)=0$ からこの右辺の第1番目の $\sum$ の中に $c(l[a_j])$ が出てくれば第2番目の $\sum$ の中に $c(l[a_j])$ が出てきて，それぞれ同数含まれていなければならないから，打消し

合って $c(l)=z$ となるのである．よって Φ は全射準同型である．

つぎに $\mathrm{Ker}\,\Phi$ を考えよう．$H_1(K)$ は加群だから，$\pi(K, a_0)$ の交換子群を C とすると，定理 7.18 によって $\mathrm{Ker}\,f \supset C$ である．いま $[l]$ を $\mathrm{Ker}\,\Phi$ の任意の元とする．$\Phi([l])=[c(l)]=0$ だから $c(l)\in B_1(K)$ であって，$C_2(K)$ の元 c' で $\partial_2(c')=c(l)$ となるものが存在する．$\sigma_{k_m}\,(m=1, 2, \cdots, v)$ を K の 2 単体とし，$\langle\sigma_{k_m}\rangle=\langle a'_{k_m}, a''_{k_m}, a'''_{k_m}\rangle$，$\varepsilon_m=\pm 1$ として

$$c' = \varepsilon_1\langle\sigma_{k_1}\rangle+\varepsilon_2\langle\sigma_{k_2}\rangle+\cdots+\varepsilon_v\langle\sigma_{k_v}\rangle$$

と書き表わす．a_0 を基点とする閉じた折線

$$l_{k_m} = l(\langle a'_{k_m}, a''_{k_m}\rangle)\cdot l(\langle a''_{k_m}, a'''_{k_m}\rangle)\cdot l(\langle a'''_{k_m}, a'_{k_m}\rangle) \qquad (m=1, 2, \cdots, v)$$

を考えると，

$$c(l_{k_m}) = \partial_2(\langle\sigma_{k_m}\rangle)$$

であるから，

$$l' = l\cdot l_{k_1}^{-\varepsilon_1}\cdot l_{k_2}^{-\varepsilon_2}\cdot\cdots\cdot l_{k_v}^{-\varepsilon_v}$$

とすると，$c(l')=c(l)-\partial_2(c')=0$ となる．一方，$l_{k_m}\simeq a_0\,(m=1, 2, \cdots, v)$ だから $l\simeq l'$ である．$\bar{l}'=(a_0, a_{i'_1}, a_{i'_2}, \cdots, a_{i'_{q'-1}}, a_0)$ とすると，

$$c(l') = \langle a_0, a_{i'_1}\rangle+\langle a_{i'_1}, a_{i'_2}\rangle+\cdots+\langle a_{i'_{q'-1}}, a_0\rangle$$

となるが，$c(l')=0$ で $c(l')$ は自由加群 $C_1(K)$ の元だから，$c(l')$ の右辺の和に $\langle a_{i'}, a_{i''}\rangle$ が出てくれば，右辺の和の中に $\langle a_{i'}, a_{i''}\rangle, \langle a_{i''}, a_{i'}\rangle$ が同数でてくる．したがって

$$l' \simeq \bar{l}' \simeq l(\langle a_0, a_{i'_1}\rangle)\cdot l(\langle a_{i'_1}, a_{i'_2}\rangle)\cdot\cdots\cdot l(\langle a_{i'_{q-1}}, a_0\rangle)$$

の右辺において $l\langle a_{i'}, a_{i''}\rangle$ と $l\langle a_{i''}, a_{i'}\rangle=(l(\langle a_{i'}, a_{i''}\rangle))^{-1}$ とが同数でてくる．よって，射影

$$\boldsymbol{p} : \pi(K, a_0) \to \pi(K, a_0)/C$$

に対して，$\boldsymbol{p}([l])=e$ となり(定理 7.17 (ii))，$[l]\in C$ である．すなわち $\mathrm{Ker}\,\Phi=C$ が成り立つ．以上をまとめれば，定理 7.9 によってつぎの定理をうる．

定理 7.19 K を複体とするとき，基本群 $\pi_1(|K|)$ を可換化すれば $H_1(K)$ となる．

例 7.7 $\pi_1(S^1)\cong \boldsymbol{Z}$ を可換化すれば $H_1(S^1)\cong \boldsymbol{Z}$ となる．閉曲面 M_h, M'_k に対して $\pi_1(M_h)$，$\pi_1(M'_k)$ (定理 7.16) を可換化すれば $H_1(M_h)$，$H_1(M'_k)$ (定理 6.14) となる． ▎

§36 3次元多様体(レンズ空間，正12面体空間)

3次元多様体の例としてこれまでに3次元球面 S^3，3次元射影空間 $P^3(\boldsymbol{R})$ や $S^2\times S^1$ などが出てきたが，この節ではレンズ空間と正12面体空間について述べる．この二つは3次元多様体の中でもとくに興味ある性質を持つものである．

(z_1, z_2) を二つの複素数 z_1, z_2 の列とする．$z_1=x_1+iy_1$，$z_2=x_2+iy_2$ (x_1, y_1, x_2, y_2 は実数) であるとき，(z_1, z_2) は4次元ユークリッド空間 $\boldsymbol{R}^4$ の点 (x_1, y_1, x_2, y_2) を表わすと考えると，$\{(z_1, z_2);\ |z_1|^2+|z_2|^2=1\}$ は S^3 である．いま，自然数 p，q が，$0<q<p$ であり，p と q の最大公約数 (p, q) は1であるとする．この p, q に対して，S^3 から S^3 への連続写像

$$g : S^3 \to S^3$$

を

$$g((z_1, z_2)) = (z_1e^{2\pi i/p}, z_2e^{2\pi qi/p})$$

によって定義すれば，明らかに g は同位相写像であって，g を r 回つづけた写像 $gg\cdots g$ (r 回) を g^r と書くことにすれば

(ただし g^0 は恒等写像とする)，g^p は恒等写像である．

S^3 において，$x \sim g^r(x)$ $(r=0,1,\cdots)$ という関係は同値関係であって，この同値関係 $\sim$ による商空間 $S^3/\sim$ を (p,q) 型の**3次元レンズ空間**といい，$L(p;q)$ と書く．いいかえれば，すべての $x \in S^3$ について，$x, g(x), g^2(x), \cdots, g^{p-1}(x)$ を同一視したものが $L(p;q)$ である．とくに $p=2$ の場合，$L(2;1)$ は3次元射影空間 $P^3(\boldsymbol{R})$ である．

S^3 の部分集合 S', S'' を，$S'=\{(z_1,0)\,;\,|z_1|=1\}$，$S''=\{(0,z_2);\,|z_2|=1\}$ と定義すると，S', S'' はともに S^1 と同位相である．§7の書き方をつかえば

$$(z_1,z_2)=|z_1|(z_1/|z_1|,0)+|z_2|(0,z_2/|z_2|) \quad (|z_1|^2+|z_2|^2=1)$$

と表わされる．ただし，$|z_1|=0$ の場合は $|z_1|(z_1/|z_1|,0)=0$ とし，$|z_2|=0$ の場合は $|z_2|(0,z_2/|z_2|)=0$ とする．逆に，$x' \in S'$, $x'' \in S''$ に対して，$y=\lambda' x'+\lambda'' x''$ $(\lambda', \lambda'' \in \boldsymbol{R},\ \lambda'^2+\lambda''^2=1)$ とすると，$y \in S^3$ である．よって

$$S^3=\{y;\ y=\lambda' x'+\lambda'' x'',\ \lambda', \lambda'' \in \boldsymbol{R},\ \lambda'^2+\lambda''^2=1,\ x' \in S',\ x'' \in S''\}$$

である．さらに $x'=(z_1,0) \in S'$，$x''=(0,z_2) \in S''$ とすると，

$$g(\lambda' x'+\lambda'' x'')=g(\lambda' z_1, \lambda'' z_2)=\lambda' g(x')+\lambda'' g(x'')$$

である．一般に $g^r(\lambda' x'+\lambda'' x'')=\lambda' g^r(x')+\lambda'' g^r(x'')$ が成り立つ．

任意の $x'=(z_1,0) \in S'$ に対して $g(x')=(z_1 e^{2\pi i/p},0)$ だから，適当な整数 t をとれば $g^t(x')=(z_1',0)$ と書くとき，$0 \leqq \arg z_1' \leqq 2\pi/p$ となる．したがって S^3 の部分集合 A を

$$A=\{y;\ y=\lambda' x'+\lambda'' x'',\ x'=(z_1,0) \in S',\ x'' \in S'',\ 0 \leqq \arg z_1 \leqq 2\pi/p,\ \lambda', \lambda'' \in \boldsymbol{R},\ \lambda'^2+\lambda''^2=1\}$$

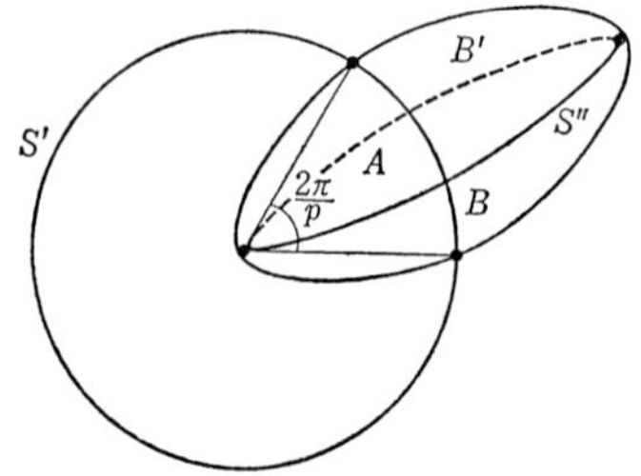

図 7.10

と定義すると(図 7.10)，$\boldsymbol{p}: S^3 \to S^3/\sim = L(p, q)$ を射影とするとき，

$$\boldsymbol{p}(A) = L(p, q)$$

である．A が 3 次元球体 D^3 と同位相であることは定義から明らかであろう(図 7.10)．A の部分集合 B, B' を

$$B = \{y;\ y = \lambda' x' + \lambda'' x'' \in A,\ \ x' = (z_1, 0),\ \ \arg z_1 = 0\},$$

$$B' = \{y;\ y = \lambda' x' + \lambda'' x'' \in A,\ \ x' = (z_1, 0),\ \ \arg z_1 = 2\pi/p\}$$

と定義すると，B, B' はともに 2 次元球体 D^2 と同位相であって(図 7.10)，$\lambda' x' + \lambda'' x'' \in B$ に対して $g(\lambda' x' + \lambda'' x'') \in B'$ であり，$y \in A - (B \cup B')$ とすると，$g^i(y) \notin A\ (i = 1, 2, \cdots, p-1)$ である．このことから，A において B と B' とを同位相写像 $g: B \to B'$ によって同一視すれば $L(p, q)$ がえられることがわかる．

B および B' を図 7.11(i)(これは $p=3$ の場合である)に示すように複体 $\hat{K}', \hat{K}''$ によって単体分割する．B, B' でのこの単体分割をさらに A 全体の単体分割 $\hat{K}$ に拡張するのであるが，そのため §26(図 6.5)の閉曲面の場合と同様に，はじめに $B \cup B'$ にへりをつけた部分(これは $(B \cup B') \times \boldsymbol{I}$ と同位相である)を A の中に考え，それを $(\hat{K}' \cup \hat{K}'') \times \boldsymbol{I}$ (§10) によっ

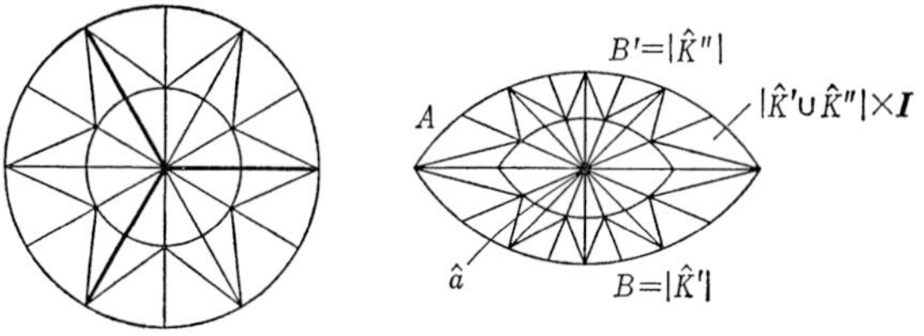

(i)　　　　(ii)

図 7.11

て単体分割し，$\hat{a}=(\cos(\pi/p)+i\sin(\pi/p),0)$ としてそれに図 7.11(ii)のように $\hat{a}$ を中心とする錐複体による単体分割を加えることによって A の単体分割 $\hat{K}$ をつくる．

$g((z_1,z_2))=(z_1e^{2\pi i/p},z_2e^{2\pi qi/p})$ であるから，$g\,|\,|\hat{K}'|:\hat{K}'\to\hat{K}''$ は単体写像で，$\hat{K}$ において $\sigma\in\hat{K}'$ と $g(\sigma)$ とを同一視してえられる複体を K とすると，K は $L(p,q)$ の単体分割である．明らかに K は連結である．

いま，x'' を $B\cap B'=S''$ 上の点とすると，$x'',g(x''),g^2(x''),\cdots,g^{p-1}(x'')$ は S'' 上の p 個の点で，これらはすべて同一視されるから，$(0,e^{2\pi ki/p})$ $(k=0,1,\cdots,p-1)$ はすべて同一視される．したがって S'' の部分集合 $E=\{(0,e^{2\pi ti/p});\ 0\leqq t\leqq 1\}$ を考えると，射影 $\boldsymbol{p}:S^3\to L(p,q)$ に対して $\boldsymbol{p}(S'')=\boldsymbol{p}(E)$ であってこれは S^1 と同位相である．

レンズ空間は 3 次元多様体である．なぜなら，y を A の 1 点とし，$\boldsymbol{p}(y)=\bar{y}$ とするとき，$y\in A-(B\cup B')$ なら，明らかに K における $\bar{y}$ のまつわり複体 $L_K(\bar{y})$ は $K(\partial\sigma^3)$ と組合せ的に同値である．また，$y\in B-S''$（あるいは $y\in B'-S''$）とすると，A において y と同一視されるのは $g(y)$（あるいは

$g^{-1}(y)$ だけで，すぐわかるように $L_K(\bar{y})$ は $K(\partial\sigma^3)$ と組合せ的に同値である．さらに，$y \in S''$ の場合には p 個の点 $y, g(y), \cdots, g^{p-1}(y)$ が同一視され，$\bar{y}$ の近傍は図 7.12 のようになるが，$L_K(\bar{y})$ はやはり $K(\partial\sigma^3)$ と組合せ的に同値である．したがって $L(p, q)$ は 3 次元組合せ多様体である．

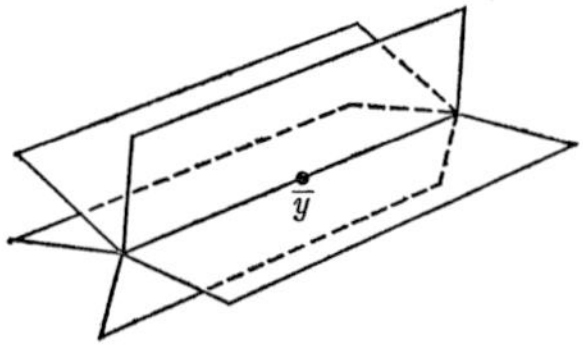

図 7.12

つぎに基本群 $\pi_1(L(p, q))=\pi_1(|K|)$ を計算しよう．$(\hat{K}' \cup \hat{K}'')\times \boldsymbol{I}$ から $\sigma \in \hat{K}'$ と $g(\sigma)$ との同一視でえられる K の部分複体を $\overline{K}$ とすれば，$K=\overline{K} \cup S_K(\hat{a})$ である．$|S_K(\hat{a})|$ は可縮だから $\pi_1(|S_K(\hat{a})|)=\{e\}$ であり，$|\overline{K}| \cap |S_K(\hat{a})|$ は S^2 と同位相だから $\pi_1(|\overline{K}| \cap |S_K(\hat{a})|)=\{e\}$ である．したがって，ファン・カンペンの定理の特別な場合(定理 7.14)によって，$\pi_1(|K|)=\pi_1(|\overline{K}|)*\pi_1(S_K(\hat{a}))=\pi_1(|\overline{K}|)$ である．

B の単体分割 $\hat{K}'$ から，$\sigma \in \hat{K}' \cap \hat{K}''$ に対して，$\sigma, g(\sigma), \cdots, g^{p-1}(\sigma)$ を同一視してえられる 2 次元複体を K' とすると，K' は $\overline{K}$ の部分複体であって，すぐわかるように $|K'|$ は $|\overline{K}|$ の変形収縮である．したがって，例 7.3 によって，$\pi_1(|\overline{K}|)\cong \pi_1(|K'|)$ である．

$(1, 0)$ によって代表される K' の頂点を $\hat{a}'$ とし，$\hat{a}'$ を含まない K' の単体すべてからなる部分複体を $\overline{K}'$ とすると，$K' = \overline{K}' \cup S_{K'}(\hat{a}')$ となる．$|S_{K'}(\hat{a}')|$ は可縮だから $\pi_1(|S_{K'}(\hat{a}')|)$

$=\{e\}$ であり，$|\overline{K'}|\cap|S_{K'}(\hat{a}')|$ は S^1 と同位相だから $\pi_1(|\overline{K'}|\cap|S_{K'}(\hat{a}')|)\cong \boldsymbol{Z}$ である．$\pi_1(|\overline{K'}|\cap|S_{K'}(\hat{a}')|)\cong\boldsymbol{Z}$ の生成元を α とし，$\boldsymbol{i}:|\overline{K'}|\cap|S_{K'}(\hat{a}')|\to|\overline{K'}|$ を自然な単射とすると，$\overline{K'}\cap S_{K'}(\hat{a}')$ の一つの頂点 a_0 に対してファン・カンペンの定理から

$$\pi_1(|K|, a_0)\cong\pi_1(|K'|, a_0)\cong\pi_1(|\overline{K'}|, a_0)/i_*(\alpha)$$

が成り立つ．

K' の単体で $\boldsymbol{p}(S'')$ 上にあるもの全体のなす部分複体を $\overline{\overline{K'}}$ とすると，$\overline{\overline{K'}}$ は $\overline{K'}$ の変形収縮であるから，$\boldsymbol{r}:\overline{K'}\to\overline{\overline{K'}}$ を収縮写像とすると，

$$\pi_1(|\overline{K'}|, a_0)\cong\pi_1(|\overline{\overline{K'}}|, \boldsymbol{r}(a_0))$$

である．$|\overline{\overline{K'}}|=\boldsymbol{p}(S'')$ は S^1 と同位相だから

$$\pi_1(|\overline{\overline{K'}}|, \boldsymbol{r}(a_0))\cong\boldsymbol{Z}$$

で，この生成元を β とするとすぐわかるように

$$i_*(\alpha)=\pm p\beta$$

である．以上のことから

$$\pi_1(|K|, a_0)\cong\boldsymbol{Z}/p\boldsymbol{Z}=\boldsymbol{Z}_p,$$

したがって

$$\pi_1(L(p, q))\cong\boldsymbol{Z}_p$$

をうる．

さらに定理7.19によって

$$H_1(L(p, q))\cong\boldsymbol{Z}_p$$

である．また，$\hat{K}$ は S^3 の部分集合 A の単体分割であって，$\hat{K}$ を S^3 のある単体分割の部分複体と見做すことができるから，$\hat{K}$ の各3次元単体に互いに同調する向きをきめることができる．K の3次元単体は $\hat{K}$ の3次元単体と同じであるか

ら，$\hat{K}$ における向きを K の各3次元単体に考えることができるが，g の定義からすぐわかるようにこれは互いに同調する向きである．したがって，$L(p, q)$ は向きづけ可能である．(このことは $H_1(L(p, q))$ が有限群だから問題 VI, 5 をつかってもいえる.) よって定理6.8から

$$H_3(L(p, q)) \cong \boldsymbol{Z}$$

であり，ポアンカレの双対定理(定理6.23)によって

$$H_2(L(p, q)) = 0$$

である．以上のことをまとめてつぎの定理をうる．

定理7.20 3次元レンズ空間 $L(p, q)$ は向きづけ可能な3次元組合せ多様体で，基本群およびホモロジー群は

$$\pi_1(L(p, q)) \cong \boldsymbol{Z}_p,$$
$$H_0(L(p, q)) \cong H_3(L(p, q)) \cong \boldsymbol{Z},$$
$$H_1(L(p, q)) \cong \boldsymbol{Z}_p, \qquad H_2(L(p, q)) = 0$$

である．

レンズ空間 $L(p, q)$ の基本群およびホモロジー群はこのように p によってきまり，q には無関係である．いま p を固定して，$0<q<p$, $(p, q)=1$ の q に対してレンズ空間 $L(p, q)$ を考えると，実は一般にそれらの中に同位相でないものやホモトピー同型でないものが含まれることが知られている．たとえば，$L(7, 1)$ と $L(7, 2)$ とはホモトピー同型であるが同位相でない．また，$L(5, 1)$ と $L(5, 2)$ とはホモトピー同型でない．したがって，3次元多様体を完全に分類するためには，基本群あるいはホモロジー群だけでは不十分であって，ホモトピー型不変ではない別種の不変量が要求されるのである．

つぎに正 12 面体空間について述べよう．正 12 面体は 3 次元ユークリッド空間の部分集合で，その境界は正 5 角形からなる面 12 個からなっている(図 4.6, 図 7.13)．面は二つずつ平行で向い合った位置にある．向い合っているといっても，正確にいえば一方は他方に対し正 5 角形の中心に関して $\pi/5$ だけ回転した状態になっている．正 12 面体において二つずつ向い合った 6 組の面を，それぞれその一方を中心に関して $\pi/5$ だけ回転して向い合った面と図 7.13 に示すように同一視してできる位相空間を Π と書き，**正 12 面体空間**という．図 7.13 は平面上に置いた正 12 面体を上から見たところを展開して書いたもので，面 B_1 と(底面になっている)面 B_7，面 B_2 と面 B_8，面 B_3 と面 B_9，面 B_4 と面 B_{10}，面 B_5 と面 B_{11}，面 B_6 と面 B_{12} とがそれぞれ同一視される．この同一視から正 12 面体の稜および頂点の間の同一視が行われるが，同一視される頂点は同じ記号で書かれている．

正12面体の境界の各正 5 角形を図6. 5 と同様に単体分割し，

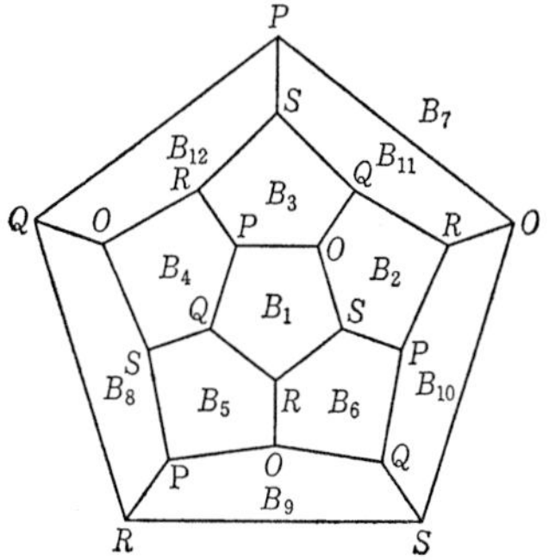

図 7.13

これからレンズ空間の場合と同様な方法で正12面体の単体分割 $\hat{K}$ を構成する．$\hat{K}$ から上述の同一視によってえられる複体を K とすると，K は正12面体空間 Π の単体分割である．このとき，$|K|$ が連結で向きづけ可能な3次元多様体になることが，レンズ空間の場合と同様にして証明できる．

Π の基本群 $\pi_1(\Pi)$ を計算しよう．$\hat{K}$ の単体で正12面体の境界上にあるものすべてからなる部分複体を $\hat{K}'$ とし，$\hat{K}'$ の単体で正12面体の稜上にあるものすべてからなる部分複体を $\hat{K}''$ とする．$\hat{K}'$ および $\hat{K}''$ から上述の同一視によってえられる K の部分複体を K' および K'' とする．レンズ空間の場合と全く同じ論法によって，ファン・カンペンの定理から

$$\pi_1(|K|) \cong \pi_1(|K'|)$$

をうる．$|K''|$ は図7.13からすぐわかるように図7.14に示す図形である．したがって，O, P, Q, R, S を頂点とし，$\overline{OP}, \overline{PQ}$ 等を1単体とする1次元複体を $\overline{K}''$ とすると，$\overline{K}''$ は $|K''|$ の単体分割である(図7.14)．

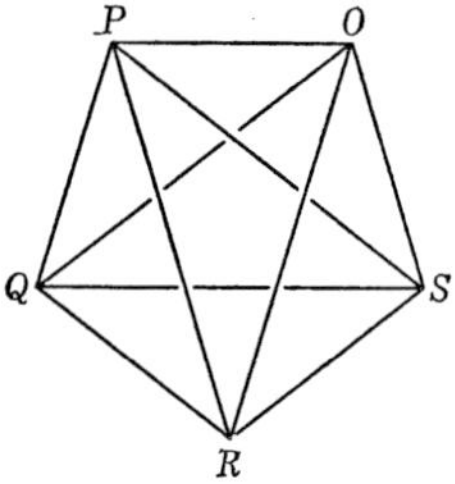

図7.14

O を基点とし，$\pi(\overline{K}'', O)$ を定理7.11によって計算するために折線 $l[O]$，$l[P]$，$l[Q]$，$l[R]$，$l[S]$(§33参照)を

$$l[O]=(O),\quad l[P]=(O,P),\quad l[Q]=(O,Q),$$
$$l[R]=(O,R),\quad l[S]=(O,S)$$

と定義すると，

$$l(\langle O,P\rangle)\simeq(O,P,O),\qquad l(\langle O,Q\rangle)\simeq(O,Q,O),$$
$$l(\langle O,R\rangle)\simeq(O,R,O),\qquad l(\langle O,S\rangle)\simeq(O,S,O),$$
$$l(\langle P,Q\rangle)\simeq(O,P,Q,O),\qquad l(\langle Q,R\rangle)\simeq(O,Q,R,O),$$
$$l(\langle R,S\rangle)\simeq(O,R,S,O),\qquad l(\langle P,R\rangle)\simeq(O,P,R,O),$$
$$l(\langle P,S\rangle)\simeq(O,P,S,O),\qquad l(\langle Q,S\rangle)\simeq(O,Q,S,O)$$

である．ここで

$$l(\langle O,P\rangle)\simeq(O,P)(O,P)^{-1}$$

だから，$\pi(\overline{K}'',O)$ の元として $[l(\langle O,P\rangle)]=e$ である．同様に $[l(\langle O,Q\rangle)]=[l(\langle O,R\rangle)]=[l(\langle O,S\rangle)]=e$ である．このことと，$\overline{K}''$ は2次元単体を含まないことから，

$$l(\langle P,Q\rangle),\ l(\langle Q,R\rangle),\ l(\langle R,S\rangle);$$
$$l(\langle P,R\rangle),\ l(\langle P,S\rangle),\ l(\langle Q,S\rangle)$$

にそれぞれ

$$\alpha,\qquad \beta,\qquad \gamma;$$
$$\delta,\qquad \zeta,\qquad \eta$$

を対応させると，$\pi_1(|K''|)\cong\pi(\overline{K}'',O)$ は6個の文字 $\alpha,\beta,\gamma,\delta,\zeta,\eta$ によって生成される自由群である．

面 B_1 と面 B_7 とが同一視されてできる $|K|$ の部分集合を B_1' とすると，レンズ空間の場合と同じ論法によって（ファン・カンペンの定理をつかって），$\pi_1(|K''|\cup B_1')$ は $\pi(K'',O)$ に面 B_1 の周である折線 $(O,P,Q,R,S)\simeq e$ であるという関係を入れたものである．同様な方法をすべての面について適用すれば，$\pi_1(|K'|)$ は $\pi(K'',O)$ に関係

$$[(O,P,Q,R,S,O)]=e, \qquad [(O,S,P,R,Q,O)]=e,$$
$$[(O,Q,S,R,P,O)]=e, \qquad [(O,S,Q,P,R,O)]=e,$$
$$[(O,R,Q,S,P,O)]=e, \qquad [(O,Q,P,S,R,O)]=e$$

を入れたものである．これから

(1) $e=[(O,P,Q,R,S,O)]$
$=[l(\langle O,P\rangle)\cdot l(\langle P,Q\rangle)\cdot l(\langle Q,R\rangle)\cdot l(\langle R,S\rangle)\cdot l(\langle S,O\rangle)]$
$=\alpha\beta\gamma,$

(2) $e=[(O,S,P,R,Q,O)]$
$=[l(\langle O,S\rangle)\cdot l(\langle S,P\rangle)\cdot l(\langle P,R\rangle)\cdot l(\langle R,Q\rangle)\cdot l(\langle Q,O\rangle)]$
$=\zeta^{-1}\delta\beta^{-1},$

(3) $e=[(O,Q,S,R,P,O)]$
$=[l(\langle O,Q\rangle)\cdot l(\langle Q,S\rangle)\cdot l(\langle S,R\rangle)\cdot l(\langle R,P\rangle)\cdot l(\langle P,O\rangle)]$
$=\eta\gamma^{-1}\delta^{-1},$

(4) $e=[(O,S,Q,P,R,O)]$
$=[l(\langle O,S\rangle)\cdot l(\langle S,Q\rangle)\cdot l(\langle Q,P\rangle)\cdot l(\langle P,R\rangle)\cdot l(\langle R,O\rangle)]$
$=\eta^{-1}\alpha^{-1}\delta,$

(5) $e=[(O,R,Q,S,P,O)]$
$=[l(\langle O,R\rangle)\cdot l(\langle R,Q\rangle)\cdot l(\langle Q,S\rangle)\cdot l(\langle S,P\rangle)\cdot l(\langle P,O\rangle)]$
$=\beta^{-1}\eta\zeta^{-1},$

(6) $e=[(O,Q,P,S,R,O)]$
$=[l(\langle O,Q\rangle)\cdot l(\langle Q,P\rangle)\cdot l(\langle P,S\rangle)\cdot l(\langle S,R\rangle)\cdot l(\langle R,O\rangle)]$
$=\alpha^{-1}\zeta\gamma^{-1}$

が成り立つ．

(1) から

(7) $$\gamma=\beta^{-1}\alpha^{-1},$$

(6) と (7) とから

(8) $$\zeta = \alpha\gamma = \alpha\beta^{-1}\alpha^{-1},$$

(5)と(8)とから

(9) $$\eta = \beta\zeta = \beta\alpha\beta^{-1}\alpha^{-1},$$

(3)と(7),(9)とから

(10) $$\delta = \eta\gamma^{-1} = (\beta\alpha\beta^{-1}\alpha^{-1})(\alpha\beta) = \beta\alpha$$

となる．このように $\gamma, \delta, \zeta, \eta$ は α, β で表わされるから，$\pi_1(|K|) \cong \pi_1(|K'|)$ は α, β を生成元とし，(2),(4)から出る関係

(11) $$e = \zeta^{-1}\delta\beta^{-1} = (\alpha\beta\alpha^{-1})(\beta\alpha)\beta^{-1} = \alpha\beta\alpha^{-1}\beta\alpha\beta^{-1},$$

(12) $$e = \eta^{-1}\alpha^{-1}\delta = (\alpha\beta\alpha^{-1}\beta^{-1})\alpha^{-1}(\beta\alpha) = \alpha\beta\alpha^{-1}\beta^{-1}\alpha^{-1}\beta\alpha$$

を基本関係とする群

$$\{\alpha, \beta;\ \alpha\beta\alpha^{-1}\beta\alpha\beta^{-1} = e,\ \ \alpha\beta\alpha^{-1}\beta^{-1}\alpha^{-1}\beta\alpha = e\}$$

である．いま，

$$\theta = \beta\alpha^{-1}$$

とおき，生成元 α, β を生成元 θ, β でおきかえると，$\alpha = \theta^{-1}\beta$ だから(11),(12)はそれぞれ

(13) $$e = \theta^{-1}\beta\theta\beta\theta^{-1}$$

(14) $$e = \theta^{-1}\beta\theta\beta^{-2}\theta\beta\theta^{-1}\beta$$

となる．(13)から

(15) $$\theta^2 = \beta\theta\beta$$

であり，これをつかえば(14)は

(16) $$\beta^5 = \theta^3$$

となる．(15),(16)をまとめれば

(17) $$\beta^5 = (\beta\theta)^2 = \theta^3$$

となり，$\pi_1(|K'|)$ したがって $\pi_1(\Pi)$ は β, θ を生成元とし，(17)を基本関係とする群

$$\{\beta, \theta;\ \beta^5=(\beta\theta)^2=\theta^3\}$$

である．

群 $\{\beta, \theta;\ \beta^5=(\beta\theta)^2=\theta^3\}$ を可換化すれば，β, θ によって代表される類 $[\beta], [\theta]$ により生成され関係式

$$5[\beta] = 2([\beta]+[\theta]) = 3[\theta]$$

をもつ加群になるが，この関係式から容易に

$$[\beta] = [\theta] = 0$$

がえられるから，可換化した群は単位元だけからなる群になる．したがって定理 7.19 により

$$H_1(\Pi) = 0$$

である．これからポアンカレの双対定理(定理 6.23)により

$$H_2(\Pi) = 0$$

がえられる．

補助定理 7.21 群 $\pi_1(\Pi)=\{\beta, \theta; \beta^5=(\beta\theta)^2=\theta^3\}$ は単位元だけからなる群ではない．

証明 S_5 を 5 次の対称群とし，$f(\beta)=\begin{pmatrix}1&2&3&4&5\\2&3&4&5&1\end{pmatrix}$，$f(\theta)=\begin{pmatrix}1&2&3&4&5\\4&1&3&2&5\end{pmatrix}$ とすると，$(f(\beta))^5=(f(\theta))^3=(f(\beta\theta))^2=e$ となるから，準同型

$$f : \pi_1(\Pi) \to S_5$$

がえられる．$\mathrm{Im}\, f \neq \{e\}$ だから $\pi_1(\Pi)$ は単位元だけからなる群ではない． ∎

以上のことをまとめればつぎの定理をうる．

定理 7.22 正 12 面体空間 Π は連結で向きづけ可能な 3 次元多様体で，Π の基本群は

$$\pi_1(\Pi) \cong \{\beta, \theta;\ \beta^5=(\beta\theta)^2=\theta^3\}$$

であって，この群は単位元だけからなる群でないから Π は3次元球面 S^3 と異なるホモトピー型をもち，したがって Π と S^3 とは同位相でない．しかし，Π のホモロジー群は

$$H_0(\Pi) \cong H_3(\Pi) \cong \boldsymbol{Z}, \qquad H_1(\Pi) \cong H_2(\Pi) = 0$$

であって，Π と S^3 とのホモロジー群は同じである．

3次元多様体でホモロジー群が S^3 と同じものを**ポアンカレ球面**という．正12面体空間は S^3 と異なるポアンカレ球面の一例である．

§26で述べたように2次元多様体はホモロジー群によって分類された．これに反してレンズ空間および正12面体空間の例が示すように，ホモロジー群あるいは基本群で3次元多様体を分類することは不可能である．それならば一般的な分類はできないにしても，“3次元多様体のうちで最も簡単な3次元球面 S^3 は基本群とホモロジー群で決定されるのではないだろうか”ということがつぎに問題になってくる．弧状連結な3次元組合せ多様体 M が単連結 $\pi_1(M)=\{e\}$ とすると，定理7.19から $H_1(M)=0$ であり，これから M は向きづけ可能であることがいえ(問題VI,5参照)，$H_3(M)\cong\boldsymbol{Z}$ でポアンカレの双対定理(定理6.23)から $H_2(M)=0$ となる．したがって弧状連結で単連結な3次元多様体 M は S^3 と同じ基本群，同じホモロジー群をもつ．よって上述の問題は“弧状連結で単連結な3次元多様体は3次元球面と同位相か”ということになる．これが有名な**ポアンカレ予想**であって現在未解決である．

問 題 VII

1. $\pi_1(A\times B)\cong\pi_1(A)\oplus\pi_1(B)$ を証明せよ.
2. T^n を n 次元円環面とするとき，T^n の基本群 $\pi_1(T^n)$ を求めよ.
3. n 次元射影空間 P^n の基本群 $\pi_1(P^n)$ を求めよ.
4. K を 4 次元ユークリッド空間 $\boldsymbol{R}^4$ の中の 1 次元複体とするとき，$\boldsymbol{R}^4-|K|$ は単連結であることを示せ.
5. 定理 7.5 においてとくに $x_0=x_1$ の場合で，同型 $u_*:\pi_1(X,x_0)\to\pi_1(X,x_0)$ が恒等写像ではない例をつくれ(例 3.10 参照).
6. 3 次元レンズ空間 $L(p,q)$ は，$S^1\times D^2$ と $D^2\times S^1$ の境界をある同位相写像 $f:S^1\times S^1\to S^1\times S^1$ によって同一視してえられることを示せ.
7. $\{K,t\}$ を正 12 面体空間 Π の単体分割とするとき，$|K(\partial\sigma^1)*K|$ は 4 次元ホモロジー多様体であるが，局所ユークリッド的でないことを示せ.（したがって $K(\partial\sigma^1)*K$ は組合せ多様体にはならない.）

あ と が き

複体 K のホモロジー群 $H_q(K)$ の拡張として，K とその部分複体 L との対 (K, L) のホモロジー群 $H_q(K, L)$ を定義することができるが，入門書ということと紙数の制限からこの本では全く触れないことにした．したがっていわゆるホモロジー完全系列も出てこないが，それに代わるものがマイヤー-ビートリス完全系列であって実際の計算にはこの方が有力である．ホモロジーおよびコホモロジーについての形式的理論を学ぶ前に，トポロジーに関するこの本程度の知識はぜひ必要と思う．

複体は単体から構成され個々の単体は非輪状だから，マイヤー-ビートリス完全系列を反覆適用することによって複体のホモロジーを求めることができる．この意味でマイヤー-ビートリス完全系列は局所的なものから大域的なものを導く役割を果す．定理 3.19，定理 6.17 などはこのような考え方で証明されている．これらの定理は普通ホモトピーを代数化した鎖ホモトピーによって証明されているが，どちらの証明も本質的には局所的に非輪状ということから大域的性質を導くもので，対比させてみるのも興味あることであろう．この本では形式化よりも幾何学的理解を優先させたわけであって，コホモロジー群をポアンカレ双対定理の直前で導入するようにしたのも同じ理由からである．

各章末に付けた問題は，それを考えることによってその章の内容を復習するためのものである．本文を読みかえしながらじっくり考えていただきたい．解答を付けることは省略した．

この本で述べたのはトポロジーのほんの入口にすぎない．さらに本格的な知識を得ようとする人は

河田敬義編　位相幾何学(現代数学演習叢書 2)　岩波書店
小松醇郎，中岡稔，菅原正博著　位相幾何学(現代数学 6)　岩波書店

をみられたい．その巻末にまとめてある参考書のリストはトポロジーを学ぶ人のためのよい手引きとなろう．

索　　引

あ 行

位数(order)　72
位相(topology)　21
位相空間(topological space)　21
位相的図形　1, 16, 24
位相不変性(topological invariance)　146
1次従属(linearly dependent)　37, 82
1次独立(linearly independent)　37, 82
1対1の写像(one to one mapping)　5
一般的な位置(general position)　38
上への写像(onto mapping)　5
ε 近傍(ε-neighborhood)　19
円環面(torus)　26, 70
オイラー数(Euler number)　102, 147
同じホモトピー型(same homotopy type)　130
折線　241

か 行

開集合(open set)　20, 22
開集合系(system of open sets)　21
階数(rank)　82
開星状体(open star)　132
可換化　259
可換群(commutative group)　80
可換な図式(commutative diagram)　90
核(kernel)　78
加群(module)　80
加群の基本定理　88
可縮(contractible)　131
下半球(lower hemisphere)　25
関数(function)　4
完全(exact)　91
完全系列(exact sequence)　91
簡約する　246
基(basis)　83
幾何学的実現(geometric realization)　50
奇置換(odd permutation)　74
基点(base point)　242
基本関係(defining relation)　248
基本群(fundamental group)　235, 237
基本群のホモトピー型不変性　240
基本変形　201
基本ホモロジー類(fundamental homology class)　195, 196

逆元(inverse element) 72
逆写像(inverse mapping) 6
逆像(inverse image) 6
逆の向き(inverse orientation) 94
球体(ball, disk) 24
球面(sphere) 24
境界(boundary) 20, 44, 96
境界準同型(boundary homomorphism) 97
境界輪体(boundary) 98
境界輪体群(group of boundaries) 98
共通細分 187
共通集合(intersection) 3, 4
局所ホモロジー群(local homology group) 181, 184
局所ユークリッド的(locally euclidean) 185
曲単体 65
距離(metric) 9, 17
距離空間(metric space) 17
空集合(empty set) 2
偶置換(even permutation) 74
組合せ多様体(combinatorial manifold) 187
組合せ的に同値(combinatorially equivalent) 187
組合せ的にホモトープ 242
クラインの壺(Klein bottle) 30
グラフ(graph) 162
群(group) 71
系列(sequence) 91
元(element) 2
懸垂(suspension) 165
交換子(commutator) 258
交換子群(commutator subgroup) 258
合成(composition) 7, 109
合同(congruent) 10
合同〔q を法として〕(modulo q) 72
恒等写像(identity mapping) 5
互換(transposition) 74
5項補助定理(five lemma) 91
弧状連結(arcwise connected) 33
弧状連結成分(arcwise connected component) 34
コホモロジー群(cohomology group) 222, 223, 224

さ 行

鎖(chain) 95
細分(subdivision) 187
鎖群(group of chains) 95, 96, 154
鎖群の系列 97
差集合(difference set) 4
鎖準同型(chain homomorphism) 109
3角形分割(triangulation) 65
次元(dimension) 39, 45, 185
次元の不変性 149
自然な単射(natural injection) 5, 77
始点(initial point) 230, 241
射影(projection) 9

射影空間(projective space)　31
写像(mapping, map)　4
写像度(mapping degree)　159
自由加群(free abelian group)　83
集合(set)　1,2
収縮写像(retraction)　131
重心(barycenter)　55
重心細分(barycentric subdivision)　59
重心座標(barycentric coordinate)　41
自由積(free product)　247
収束(convergence)　14
終点(terminal point)　230,241
巡回群(cyclic group)　72
準同型(homomorphism)　76, 110,111,142,148
準同型写像(homomorphism)　76
準同型定理　79
商空間(quotient space)　29
商群(factor group)　76
商集合(quotient set)　8
上半球(upper hemisphere)　25
正規部分群(normal subgroup)　74
正 12 面体空間(dodecahedron space)　269
正多面体(regular polyhedron)　150
錐複体(cone complex)　106
図形　10
図式(diagram)　90
制限(restriction)　6
星状複体(star complex)　47, 180
生成元(generator)　82
生成される　79,80,247
成分(component)　9,36
積(product)　71,246
積空間(product space)　18
積集合(product)　4,6
赤道(equator)　25
積複体(product complex)　64
切片(skeleton, section)　46
全射(surjection)　5
全射準同型(surjective homomorphism)　76
全単射(bijection)　5
像(image)　4,5
双対境界準同型(coboundary homomorphism)　221,224
双対境界輪体(coboundary)　222
双対境界輪体群(group of coboundaries)　222
双対鎖(cochain)　220
双対鎖群(group of cochains)　220,223
双対的な分割　219
双対分割(dual decomposition)　219
双対胞体(dual cell)　211
双対輪体(cocycle)　222
双対輪体群(group of cocycles)　222
属する　2

た 行

対称群(symmetric group) 73
代数学の基本定理 171
代表元(representative) 8
互いに分離する 204
多面体(polyhedron) 47
多様体(manifold) 187
単位元(unit element) 71
単射(injection) 5
単射準同型(injective homomorphism) 76
単体(simplex) 39
単体近似(simplicial approximation) 133
単体近似定理 138
単体写像(simplicial map) 50
単体分割(simplicial decomposition) 65
単体分割可能(triangulable) 65
単連結(simply connected) 237
置換(permutation) 73
抽象単体(abstract simplex) 48
抽象複体(abstract simplicial complex) 48, 49
中心(center) 106
頂点(vertex) 45
直和(direct sum) 81
直和分解(direct sum decomposition) 81
直径(diameter) 60
同位相(homeomorphism) 14, 19, 23
同位相写像(homeomorphism) 14, 22
同型(isomorphism) 49, 52, 76
同型写像(isomorphism) 76
同値関係(equivalence relation) 7
同調(coherent, concordant) 191
同値類(equivalence class) 8
凸集合(convex set) 41
トーラス(torus) 26, 70

な 行

内点(inner point) 19, 43
内部(interior) 43
内部自己同型(inner automorphism) 77
ねじれ係数(torsion coefficient) 102
ねじれ部分加群(torsion group) 88

は 行

表示(presentation) 248
標準基(canonical basis) 153
非輪状(acyclic) 104, 147
複体(complex) 45
複体の次元の不変性 184
符号(sign) 74
不動点(fixed point) 160
部分加群(submodule) 80
部分群(subgroup) 73
部分集合(subset) 2
部分複体(subcomplex) 46
不変系(invariant) 90

ブロウアーの不動点定理 (Brouwer's fixed point theorem)　160
閉折線　242
閉曲面(closed surface)　199
閉集合(closed set)　20
ベクトル(vector)　35
ベッチ数(Betti number)　102
変形収縮(deformation retract) 131
辺単体(face)　43
ポアンカレ球面(Poincaré sphere)　275
ポアンカレ群(Poincaré group) 235
ポアンカレの双対定理(Poincaré duality theorem)　228
ポアンカレ予想(Poincaré conjecture)　275
ホップの定理(theorem of Hopf) 170
ホモトピー(homotopy)　127
ホモトピー型不変性(homotopy type invariance)　146
ホモトピー群(homotopy group) 235
ホモトピー同型(homotopy equivalent)　130
ホモトピー類(homotopy class) 232
ホモトープ(homotopic)　127, 231
ホモローグ(homologous)　100
ホモロジー群(homology group) 99, 147, 155
ホモロジー多様体(homology manifold)　185
ホモロジー類(homology class) 99, 100

ま 行

マイヤー-ビートリス完全系列 (Mayer-Vietoris exact sequence)　117
まつわり多面体(link)　181
まつわり複体(link complex) 181
道(path)　230, 231
向き(orientation)　93, 190, 195
向きのついた単体(oriented simplex)　94
無限群(infinite group)　72
無限巡回群(infinite cyclic group)　72
結(join)　105
mesh　60
メービウスの帯(Möbius band) 30

や 行

有限位数(finite order)　88
有限群(finite group)　72
有限集合(finite set)　2
有限生成(finitely generated) 82
有限表示(finitely presented) 248
ユークリッド空間(Euclidean space)　9
要素(element)　2

ら 行

輪体(cycle) 98
輪体群(group of cycles) 98
類別(classification) 8
零準同型(zero homomorphism) 91
連結(connected) 103
連結成分(connected component) 103
レンズ空間(lens space) 263
連続(continuous) 14, 19, 22
連続曲線(continuous curve) 33
連続写像(continuous map) 14, 19, 22, 54
連続写像のホモトピー類 128

わ 行

和(sum) 36, 80
和集合(union) 3, 4

■岩波オンデマンドブックス■

トポロジー

1972年4月27日　第1刷発行
2010年10月5日　第35刷発行
2015年8月11日　オンデマンド版発行

著　者　田村一郎（たむらいちろう）

発行者　岡本　厚

発行所　株式会社　岩波書店
〒101-8002 東京都千代田区一ツ橋2-5-5
電話案内 03-5210-4000
http://www.iwanami.co.jp/

印刷／製本・法令印刷

ISBN 978-4-00-730257-2　　Printed in Japan